运营期悬索桥
纵向服役性能评估

李光玲◎著

中国石化出版社

内 容 提 要

本书通过开展分析平台研发、悬索桥纵向振动分析、构件评估、纵向约束体系最优化设计这一系列研究，实现悬索桥纵向服役性能评估及减振优化。首先，建立可考虑车辆制动模块的风－车－桥耦合分析系统，为后续结构仿真提供分析手段；其次，通过随机车流、极端风及车流制动荷载的精细化重构分析悬索桥的纵向振动特性；再次，以纵向振动响应为基础，融合机构运动及磨损机理建立伸缩缝构件的磨损寿命评估方法，同时考虑时变退化进程，建立吊索构件的疲劳寿命评估方法；最后，实现悬索桥纵向约束体系的最优化设计。

本书可供桥梁工程领域的科研工作者、工程设计人员、运营管理者参考。

图书在版编目(CIP)数据

运营期悬索桥纵向服役性能评估／李光玲著．—北京：中国石化出版社，2022.4

ISBN 978－7－5114－6669－3

Ⅰ．①运…　Ⅱ．①李…　Ⅲ．①悬索桥－结构性能－评估　Ⅳ．①U448.25

中国版本图书馆 CIP 数据核字(2022)第 064723 号

未经本社书面授权，本书任何部分不得被复制、抄袭，或者以任何形式或任何方式传播。版权所有，侵权必究。

中国石化出版社出版发行

地址：北京市东城区安定门外大街 58 号

邮编：100011　电话：(010)57512500

发行部电话：(010)57512575

http://www.sinopec-press.com

E-mail：press@sinopec.com

北京艾普海德印刷有限公司印刷

全国各地新华书店经销

*

710×1000 毫米 16 开本 10.5 印张 184 千字

2022 年 6 月第 1 版　2022 年 6 月第 1 次印刷

定价：60.00 元

前　言

由于在役悬索桥受循环交变荷载(如风及车流)、自然灾害(如台风)及环境侵蚀等因素的影响，构件因出现损伤、开裂等病害而导致功能失效或性能退化的现象时有发生，这将严重威胁桥梁结构的耐久性及安全性。

针对运营期内悬索桥因过度纵向振动引发的伸缩缝磨损失效及吊索开裂损伤等问题，本书以运营期荷载精细重构下悬索桥的纵向振动特性分析为核心，以基于机构运动机理及时变退化进程的构件(伸缩缝及吊索)寿命评估为过程，以悬索桥纵向约束体系的最优化设计为目的，开展风和车流作用下悬索桥纵向服役性能评估及减振优化研究。首先，建立可考虑车辆制动模块的风-车-桥耦合分析系统，为后续结构仿真提供分析手段；其次，通过随机车流、极端风及车流制动荷载的精细化重构分析悬索桥的纵向振动特性；再次，以纵向振动响应为基础，融合机构运动及磨损机理建立伸缩缝构件的磨损寿命评估方法，同时考虑时变退化进程，建立吊索构件的疲劳寿命评估方法；最后，实现悬索桥纵向约束体系的最优化设计。本书通过开展分析平台研发-悬索桥纵向振动分析-构件评估-纵向约束体系最优化设计这一系列研究，实现悬索桥纵向服役性能评估及减振优化。

本书凝聚了作者多年的研究工作成果，但对于自然现象本质的认识总是不断前进的，书中的成果是阶段性的、局限性的，这也将激励作者不断继续深入研究下去。

由于水平有限，书中难免有表述不当或纰漏之处，希望同行与读者给予批评指正。

目　录

1 绪 论

1.1 悬索桥纵向服役性能概述

悬索桥以其结构形式独特、跨越能力大、造型优美等优点被广泛应用于跨海跨江等交通网络的咽喉部位，极大地推进了区域间的战略合作。当前，国内主跨跨径超过800m的已建及在建悬索桥共36座，已超世界悬索桥总数的一半。在役悬索桥受循环交变荷载(如风及车流)、自然灾害(如台风)及环境侵蚀等因素的影响，构件因出现损伤、开裂等病害而导致功能失效或性能退化的现象时有发生，严重影响着结构的服役性能。在桥梁服役年限内，运营期风和车流作用下悬索桥结构的服役状态评估至关重要，基于风－车－桥理论开展风和车流作用下悬索桥结构振动特性分析是核心。

运营期内悬索桥的结构振动问题非常突出，尤其是较大的纵向振动及其时间累加效应，直接关系着伸缩缝及吊索构件的服役状态，图1.1为伸缩缝构件因出现挤死或拉裂现象而退出工作，图1.2为吊杆底部裂纹及内部钢丝出现磨损锈蚀断裂损伤。江阴长江大桥伸缩缝服役年限仅8年便被更换，部分短吊索服役10年后因出现腐蚀断裂被更换，严重威胁着桥梁结构的安全性。通过对监测数据的

图1.1 伸缩缝挤死或拉裂失效

图1.2 吊索底部裂纹及内部钢丝损伤

分析发现，运营期内的循环交变荷载是引发伸缩缝和吊索损伤及失效的外在诱因。因此，运营期悬索桥的纵向服役性能可通过对风和车流作用下悬索桥的纵向振动、构件(伸缩缝及吊索)服役状态的评估进行研究。

已有学者通过开展风及车辆荷载下悬索桥的结构振动及振动控制、构件损伤评估等方面的研究，以实现悬索桥结构服役性能的评估及减振优化研究，但仍存在以下不足：

(1)运营期正常及极端交变荷载作用下悬索桥纵向振动特性的研究较少，尤其在风和车流作用等方面，且运营荷载的精细化模拟有待进一步完善；

(2)伸缩缝及吊索构件的服役状态的评估方法并不完善；

(3)悬索桥的合理纵向约束体系减振优化考虑不全面，以往研究较多针对极端地震荷载布设纵向约束体系，并未综合考虑运营期荷载下悬索桥结构的纵向振动。

以已有研究成果为基础，开展风和车流作用下悬索桥纵向服役性能评估及减振优化的研究具有以下方面的意义：

(1)进一步完善运营期内服役荷载的高真实度模拟，如随机车流、极端风及车流制动荷载，可为研究随机车流 - 风、极端风及车流制动荷载下悬索桥纵向振动特性提供前提条件；

(2)探明伸缩缝机构的运动机理，以促进伸缩缝与桥梁结构振动响应的融合，为风和随机车流荷载下伸缩缝服役状态评估提供理论基础；

(3)考虑吊索钢丝受力特性及性能退化状态，建立随机车流 - 风联合下吊索疲劳寿命评估模型，可为吊索构件的运维及更换提供理论支持；

(4)同时考虑随机车流 - 风、极端风及车流制动荷载下悬索桥结构的纵向振动响应，开展纵向约束体系的减振最优化分析，可为防控伸缩缝及吊索损伤降低运维投入提供支持。

1.2 悬索桥纵向振动特性分析现状

1.2.1 伸缩缝滑动支承磨损寿命评估

随机车流和风是大跨桥梁在役期间最常见和最主要的动力荷载，也是导致大跨桥梁伸缩缝损伤及失效、吊索发生腐蚀疲劳损伤的主要因素。针对伸缩缝维护管养和更换费用高昂、吊索断裂影响结构安全等特点，开展运营阶段随机车流和风作用下的悬索桥纵向振动特性研究十分必要。

随机车流模拟方面，运营期内桥上交通流荷载是集随机性、时变性、复杂性的随机过程，即描述交通流荷载状态的交通量、车型占比、车头时距、车质量、轴质量及轴距等荷载参数均存在一定随机性。为开展桥梁结构运营阶段的仿真、评估及智慧管养决策等工作，建立与桥梁运营状态交通组成相匹配的交通流荷载模型是一个亟待完善的工程问题。精细化随机车流的模拟是以真实车流特性参数的边缘概率分布模型为前提条件的，基于交通监测及动态称重数据，梅刚[1]、贡金鑫[2,3]、郭彤[4]、孙守旺[5]、吕硕[6]、袁阳光[7]及宗周红[8]等采用参数估计法对部分交通流及车辆特性参数的边缘分布模型进行了研究。韩万水等基于监测数据获取车辆到达时刻、行驶速度、车辆类型和车重，建立了考虑车辆荷载特性的仿真平台[9,10]。周军勇等研究了高速公路多车道间在交通流量、车辆类型及分布的差异性，分析了不同交通运营状态状况下斜拉桥的车致结构振动响应[11]，基于改进 CGPD 模型对车辆荷载作用下大跨桥梁结构响应极值进行估计预测[12]；朱荣等对正常服役期内某一跨海大桥的交通流、车辆及车队参数特性、行驶位置及分布进行了分析[13]；阮欣针对大跨径桥梁的车辆加载区域较长的特点，考虑车辆的横向行驶位置提出了多车道车载概念模型[14,15]，基于多元胞自动机（MCA）模型实现了可模拟车流量、车头时距、车速及车重的随机车流[16]；宗周红基于车重及轴距相关性分析，联合 Copula 理论运用抽样法模拟了拥堵流样本[17]；基于蒙特卡洛抽样方法，鲁乃唯等[18,19]、刘扬[20]、张辰辰等[21]通过对监测数据的车型比例、车重、行车速度及车时距等参数进行概率密度边缘分布拟合，以获取随机车流样本；李明等采用联合 Copula 理论及非参数估计法实现了考虑车型轴重相关性的随机车流模拟[22]。张明等结合南溪长江大桥的监测数据，从不同时段及时间周期角度分析车重、车头时距等车辆荷载参数概率分布模型，进一步获取随机车流样本[23]。综上所述，运营期大跨桥梁随机车载的模拟，较少综合考虑监测车流特性及车辆参数间的相关性，如何建立与实际交通荷载水平相匹配的随机车流样本仍需要进一步完善。

在运营期内悬索桥纵向振动分析方面，目前分析和评估悬索桥纵向振动有两个途径：基于桥梁健康监测数据，即利用拉线式传感器实时记录悬索桥梁端纵向变形；数值仿真法，即针对多因素作用进行结构响应仿真。学者 Ni[24]、邓杨[25,26]、张宇峰[27]及郭彤[28,29]基于大跨缆索桥梁的监测数据，建立梁端纵向位移－温度模型，开展伸缩缝状态监测、损伤识别及寿命评估，并探讨了病害控制措施的效果。基于桥梁健康监测系统仅能得到随机车流－风联合作用下的悬索桥纵向振动特性，单一影响因素下的结构响应难以剥离，且监测系统的建造及运维成本较高。基于商业有限元分析软件，淳立基[30]、殷新锋[31]、孙璋鸿[32]等研究了随机车流下大跨悬索桥的纵向振动，韩大章[33]研究了随机车流样本的车速、车致振动频率、车流量和重型车等参数对悬索桥梁端伸缩缝纵向位移的影响，以上研究成果仅从瞬态动力分析的角度实现了随机车流下悬索桥结构振动响应分析，并未考虑车－桥间的耦合作用及风荷载的影响。由于风－车－桥耦合振动研究的复杂性，国内外学者通过引入多种分析理论及方法，建立了多种分析框架。李光玲等建立了风－随机车流－钢桁悬索桥分析系统，研究了实测交通流作用下悬索桥伸缩缝纵向位移响应[34]，李永乐等研究了随机风－车流联合下悬索桥梁端纵向振动特性[35]。

综上所述，随机车流和风荷载下悬索桥的纵向振动研究较多集中在主梁梁端纵向位移响应方面，而同时受纵向振动影响较大的吊索构件位移响应较少涉及，导致运营期内悬索桥吊索构件的损伤主因不明晰，且已有研究未能实现考虑风－车－桥耦合振动的精细化仿真。因此，正常运营荷载下悬索桥的纵向振动研究仍不完善，考虑风－桥、车－桥多元素耦合关系研究随机车流－风联合下悬索桥的纵向振动特性是十分必要的。

1.2.2 极端风(台风)下悬索桥纵向振动研究现状

大跨悬索桥结构跨径大、质量小及结构阻尼较低，对风荷载非常敏感，尤其是极端风荷载，因此，开展极端风荷载(台风)下悬索桥结构安全评估研究十分必要，而非平稳台风风场的模拟是前提条件。

实现非平稳台风风场模拟的关键是非平稳脉动风谱的生成。在非平稳风场特性分析及模拟方面，Priestley 等利用演变谱密度(EPSD)建立了非平稳风场模拟框架[36]，在此基础上，Li 等通过时频谱解耦引入 FFT 技术提升模拟效率[37]。Y. L. Xu 等基于平稳风场模型引入时变趋势项[38]；McCullough 等提出了基于时变平均风速的变时距法[39]。丁幼亮以台风“麦莎”为对象，建立了演化谱估计时域方法[40]；王浩等以“达维”和“海葵”为对象[41,42]，姚程渊以“韦帕”为对象[43]，采用小波变换提取了实测台风演变功率谱密度；陶天友基于短时平稳假设推导了考虑高频子区的“海葵”台风广义经验演变谱模型[44－46]；陈斌等基于九堡大桥的监测数据研究了台风“海葵”的风场特性[47]；武隽、刘焕举等分别以“海鸥”及“威尔玛”为对象，基于进化谱理念获取台风时变功率谱，利用谐波合成法及调制进化谱对实测风场特性进行模拟及验证[48,49]，同时实现了台风通过桥址范围时其风速及风向这两个关键参数的动态变化模拟[50]。此外，为基于实测数据准确模拟台风风场风速的瞬态幅值及频率，还有学者采用短时傅里叶变换[51]、希尔伯特－黄变换[52－54]、维纳分布研究非平稳风场随时间变化进行台风风场的重构。目前，在台风风场非平稳特性分析及模拟方面的研究成果较多，但在非平稳台风的实测分析及模拟方面的认识及研究工作仍远未成熟。因此，开展基于实测数据台风的非平稳特性分析及模拟对推动大跨桥梁风致响应的研究具有重要意义。

台风下大跨缆索桥梁结构风致响应分析方面，王浩基于监测数据分别研究了台风下润扬长江大桥主梁、缆索抖振响应[55,56]及苏通大桥斜拉桥主梁及斜拉索的振动响应[57,58]；赵林分析了台风下新光拱桥的风振振动响应[59]；谢丹采用 AR 模型模拟了考虑时间及空间相关性的悬索桥台风风场，基于能量变分法推导了横向、竖向及扭转振动的频率公式，并对虎门大桥进行了风致响应分析[60]；丁幼亮研究了台风“麦莎”下悬索桥润扬长江大桥主梁振动响应的演化谱分析[40]；吴楚鹏采用瞬态动力分析法研究了台风下斜拉桥主梁的抖振响应[61]；周建华等利用长期健康监测数据研究了苏通大桥在台风“海葵”作用下主梁的振动响应[62]。综上所述，基于监测数据及非平稳台风风场的模拟加载，实现了台风下跨海缆索桥梁主梁、缆索、斜拉索等构件的风致响应分析，在主梁风致振动方面，重点关注了主梁跨中的竖向、横向及扭转等结构刚度方面的研究，但较少涉及因台风下悬索桥结构的纵向振动以引发的伸缩缝失效、吊索疲劳损伤等结构耐久性方面的研究。

1.2.3 极端车流制动事件下悬索桥纵向振动研究现状

在桥梁结构服役期内，因桥面不平顺、恶劣环境及疲劳驾驶状态等行车不利因素的存在，造成桥上偶有车辆事故的发生。事故车道中交通流车辆的连续制动及车辆拥堵将会引发桥梁顺桥向水平荷载的突增及竖向荷载的持续变化。桥梁因车流的制动现象可能产生超过正常服役状态下的结构响应而造成局部构件不可逆转的损伤或破坏，极端车流制动状况下悬索桥的纵向响应评估十分必要，考虑车辆制动的车－桥耦合分析及极端制动车流的动态模拟是前提。

极端制动车流荷载模拟方面，除正常运行的车流状态之外，桥面交通事故、极端天气及超大流量都可能使桥上车流出现车道合并行驶及堵塞等状态。桥上车流的极端行驶状况严重威胁结构的正常服役状态，而车流堵塞状态的模拟是关键问题。目前的研究较多基于实测车辆荷载数据建立对应的车队模型，主要包括拥堵状态及车辆怠速模型、并道运行状态、刹车车流运行状态。胡益良等基于市区桥梁车流堵塞的监测数据，建立了对应状态的荷载模型[63]；Wu 等采用微观交通流模拟方法实现了极端车流拥堵状况的模拟[64]；基于高速车辆监测数据，宗周红等[17]及夏樟华等[65]基于车辆监测数据概率分布模型分别采用随机数法及 MC 法生成拥堵运行、并道运行状态的随机车流，赵信建立了城市桥梁的服役荷载谱以确定较易出现的怠速车辆拥堵模型[66]；刘焕举等考虑驾驶人状态实现了车辆制动状况下多状态车流并行的动态演化车流模拟[78]。综上所述，因实际监测的交通流数据大多属于自由流状态，较难捕捉到极端交通荷载事件，而采用抽样方法模拟的极端车流状态，较少考虑交通流 - 密度 - 速度模型进行拥堵运行状态的建立，且较少考虑驾驶人的制动反应时间模拟车辆连续刹车的极端运行状态。因此，开展极端制动车流荷载的模拟对完善运营期内极端荷载下桥梁结构的安全及耐久性研究具有重要意义。

目前，考虑单车制动的车 - 桥耦合分析的研究成果较为广泛，Law 等[67]、Ju[68]等分别将车辆制动力假定为斜坡函数及单一滑动摩擦力，研究单一车辆制动激励下桥梁结构响应；殷新锋等分别基于势能不变原理及路面激励时域模型，建立了车 - 路面 - 桥梁系统运动方程，研究了单车制动对桥梁结构响应的影响[69]；Deng[70,71]等融合车辆制动力及车 - 桥耦合关系，对单车匀减速制动作用下桥梁结构响应冲击系数进行了参数敏感性分析。对大跨缆索桥梁而言，当某一车辆发生制动时，桥上车辆将发生跟驰制动现象，因此仅考虑单车制动的车 - 桥耦合分析将不再适用。陈斌等建立了考虑车辆制动状态的车 - 桥耦合程序，并对制动荷载下一悬索桥主梁竖向振动响应进行了研究[72]；吕龙等分析了列车制动激励下大跨公铁两用斜拉桥的纵向振动[73-75]；郭辉等研究了列车制动力下五峰山长江大桥梁端变位特征以确定结构约束体系的最优化设计[76]；马长飞等以一大跨钢桁梁悬索桥为背景，研究车辆制动力下变参数黏滞阻尼约束体系对悬索桥纵向振动响应的影响[77]；刘焕举等基于监测车流数据实现了车辆制动状况下多状态车流并行动态演化的模拟，构建了考虑车辆制动力的车 - 桥耦合分析系统，对一大跨斜拉桥多制动工况下的结构响应进行分析[78]。桥梁在使用过程中除承受持续正常运营荷载外，还可能承受特殊运营荷载（拥堵等）极端状况等作用，对桥梁使用寿命期内的极端时变荷载的模拟，为预测、评估和桥梁全寿命期内安全评估提供分析平台[79]。

与正常行驶状况对比，桥梁因车流的制动现象极易造成局部构件不可逆转的损伤或破坏，极端车流制动状况下悬索桥的纵向响应评估十分必要，当前研究仅从监测车流数据中获取最不利制动车流样本，并未考虑桥梁运营期内可能出现的最不利极端制动车流，势必造成低估运营期车流制动激励对结构服役性能的影响。

1.3 构件评估现状

1.3.1 伸缩缝滑动支承磨损寿命评估

运营期内，伸缩缝作为大跨桥梁结构的关键附属构件，在温度、风及车辆等因素下时刻发生着拉压、错位及扭转等变形，造成伸缩缝间滑动支承反复磨损以致其实际服役年限小于设计年限。因伸缩缝的运维管养及更换耗费较大，基于悬索桥纵向振动特性的研究开展伸缩缝滑动支承磨损评估是非常必要的。

目前，已有研究主要侧重于以大跨桥梁梁端变形的监测数据为基础进行伸缩缝服役状态及性能评估。Ni 等提出了斜拉桥 - 香港青马大桥正常服役状态下环境温度与伸缩缝纵向位移的相关性模型、贝叶斯线性回归模型以实现伸缩缝性能劣化预警[80,81]；Ding 等[82,83]及蔡邦国等[84]研究了斜拉桥环境因素对桥梁伸缩缝位移的影响，选取数据均值为控制指标以对伸缩缝的服役状态进行预警；Huang 等基于新型结构温度场描述指标，建立了斜拉桥温致伸缩缝位移模型以实现性能劣化预警[85]；邓扬等[25]及张宇峰等[27,86]分别研究了两座跨海悬索桥伸缩缝纵向位移与环境因素间的相关关系，以评估伸缩缝的服役状态；Hu 等基于某悬索桥的长期监测数据，分析了温度和车辆荷载对伸缩缝位移的影响，揭示了伸缩缝纵向振动的机理和响应特性[87]；郭彤等联合仿真分析、实桥监测及室内试验，分别从整体及局部角度对伸缩缝的失效机理进行探究，并探讨导致伸缩缝早坏的原因[88-90]；刘成才以监测数据为基础，以梁端累计位移为指标，建立了悬索桥伸缩缝、支座磨损失效的寿命评估方法[91]；王高新基于采用广义极值分布函数对梁端支座纵向位移实测数据进行概率统计分析并拟合，通过 MC 法模拟支座设计使用寿命的累计行程，并采用失效概率指标进行支座磨损状态的安全评估[92]。

综上所述，基于大跨桥梁梁端纵向位移的监测数据对伸缩缝的工作状态进行评估是间接评判，这主要是由于大位移伸缩缝机构的运动机理尚不明确且滑动支承的滑动轨迹较难通过监测设备直接获取，造成滑动支承起耐磨作用的构件的磨损状态无法直接评估。因此，运营期内大跨桥梁梁端伸缩缝滑动支承的累计行程、滑动磨损的变化规律及对应磨损状态的安全评估方法尚不明确。

1.3.2 吊索疲劳寿命评估现状

目前，考虑强度退化模型平行钢丝索及钢绞线索的寿命评估研究较为集中[93-95]，而对考虑环境侵蚀及运营荷载效应下钢丝绳吊索结构的性能退化及寿命评估较少。已有研究表明，影响吊索服役性能的三个主要因素是腐蚀、磨损及疲劳开裂，目前在钢丝腐蚀、磨损及疲劳裂纹开展等方面已有广泛研究。腐蚀主要包括均匀腐蚀及点状腐蚀两种类型，且直接影响着高强钢丝的力学特性。在腐蚀退化模型建立方面，目前主要研究方式是进行室内腐蚀试验。Li 等采用室内腐蚀试验对高强钢丝的腐蚀性能进行研究，并建立了对应的概率分析模型[97,98]；Sun 等通过开展钢丝腐蚀性能的研究，分析了腐蚀进程对斜拉索受力性能的影响[99]；陈小雨等采用正交试验法研究了钢丝的腐蚀特性，并以速率为指标建立了主缆钢丝的腐蚀模型[100]；蒋超等研究了在高腐蚀环境下钢丝的点状腐蚀深度、均匀腐蚀深度的进程规律，建立了不同腐蚀环境下腐蚀深度计算的预测模型[101]。对钢绞线吊索及钢丝绳吊索而言，因吊索内钢丝间存在一定的捻角而造成钢丝间存在一定的接触荷载，循环交变荷载下钢丝拉伸变形将使得钢丝间发生极小的相对运动，因接触荷载及微动振幅的同时作用使得钢丝接触面发生微动磨损的现象。Wang 等建立了拉伸荷载作用下钢丝绳微动磨损深度的演化模型，对内部钢丝间交叉角及接触荷载的影响进行了敏感性分析[102]，随后，刘沐宇参考钢丝绳的微动磨损模型建立了钢绞线斜拉索的退化模型，并对斜拉桥拉索进行可靠性评估[103]。Guo 等对悬索桥用钢丝绳吊索钢丝开展了微动疲劳试验，研究了疲劳荷载幅、微动振幅及摩擦系数等参数对钢丝微动疲劳特性的影响[104]。在腐蚀及磨损的共同作用下高强钢丝的力学特性随有效截面面积的减小而逐渐退化[105]，循环交变荷载下钢丝内部疲劳裂纹继续扩展至断裂，这一过程通常采用“裂纹三阶段扩展模型”描述[106]。刘中祥考虑腐蚀、磨损及疲劳等因素的耦合作用建立了钢丝绳吊索的耦合疲劳模型，并采用时变可靠度方法对吊索寿命进行评估[96]，但并未考虑运营荷载作用下钢丝绳吊索内部钢丝的实际拉伸位移及接触微动磨损。

综上所述，国内外学者在钢丝的腐蚀、磨损及疲劳裂纹发展方面已有广泛研究，基于此，对采用平行钢丝或钢绞线的吊索寿命评估方面亦取得了丰富的研究成果，但在钢丝绳吊索性能退化模型，尤其是考虑服役期荷载下钢丝微动磨损深度计算方法的构建及寿命评估等方面仍有待进一步完善，为悬索桥钢丝绳吊索的服役性能及寿命评估提供数据基础。

1.4 悬索桥纵向约束体系减振优化设计现状

目前，悬索桥纵向约束构造主要有中央扣及阻尼器两大类，学者对单一中央扣或阻尼器提升悬索桥动力特性、风致抖振响应及抗震性能等开展了大量研究。

中央扣方面，王浩等研究了中央扣对润扬大桥动力特性[107]、风致抖振响应[108]及泰州大桥的抗震性能[109]的影响；徐勋等研究了地震及车列荷载作用下，不同中央扣构造对主梁内力及位移响应的影响[110]，发现中央扣通过加强索塔、主梁及主缆间的耦合以限制纵飘[111]；彭旺虎等基于哈密顿理论及里兹法求解悬索桥的扭转基频，探讨了扭转振动频率受中央扣构造的影响[112]；王连华等研究了中央扣对不同车载工况下加劲梁纵向刚度及梁端动力响应的影响[113]。目前，已有研究主要集中于中央扣构造对结构的振动特性、抗震及抗风性能的影响方面，较少针对局部构件如短吊索的位移及应力响应进行研究。郭彤等建立了短吊索损伤疲劳评估流程，分析了运营荷载下中央扣对短吊索寿命的影响[114]，综上所述，基于车－桥耦合仿真进行中央扣对短吊索车载激励的影响分析较少涉及。

黏滞阻尼器方面，大跨桥梁黏滞阻尼器的减振效果及其参数优化方面已被广泛研究[115-117]。在风致减振方面，Xu 等[118]及梁剑青等[119]分别研究了黏滞阻尼器对桥梁主梁结构竖向及侧向振动的影响，均对阻尼参数进行了优化设计；车致减振方面，Nie 等采用矩阵转化法建立了单自由度的阻尼器方程以研究黏滞阻尼器的减振效果[120]；Yang 等研究黏滞阻尼器对车辆制动激励作用下梁端伸缩缝变形的约束作用[121,122]；郭彤等以润扬长江大桥、苏通大桥及江阴长江大桥为对象，研究了黏滞阻尼器对风及车流作用下悬索桥梁端纵向位移的控制作用，阐释了黏滞阻尼器对梁端伸缩缝变形的约束作用[88-90]。吕龙等以斜拉桥主梁的纵向振动为研究对象，探索了地震、列车运行及制动激励下阻尼器的减振效果，提出了合理约束体系的优化建议[73-75]；吕江等[123]、马长飞等[77]以武汉杨泗港长江大桥主桥为背景，研究车辆制动力、风及地震作用下黏滞阻尼约束体系对缆索桥结构主梁纵向振动的影响。综上所述，中央扣是否设置及阻尼器参数取值均直接影响悬索桥结构的振动响应，目前较少涉及同时考虑风和车流作用下纵向约束构造对悬索桥纵向减振效果的分析、基于智能优化算法的纵向约束体系的减振优化设计研究。因此，联合中央扣及黏滞阻尼器进行风和车流作用下悬索桥纵向约束体系的最优化设计是十分必要的。

参考文献

[1]梅刚，秦权，林道锦．公路桥梁车辆荷载的双峰分布概率模型[J]．清华大学学报：自然科学版，2003(10)：1394－1396＋1404.

[2]贡金鑫，李文杰，赵君黎，冯苠．公路桥梁车辆荷载概率模型研究(一)——非治超地区[J]．公路交通科技，2010，27(06)：40－45＋57.

[3]贡金鑫，李文杰，赵君黎，冯苠．公路桥梁车辆荷载概率模型研究(二)——计重收费地区和强制治超地区[J]．公路交通科技，2010，27(07)：56－60.

[4]郭彤，李爱群，赵大亮．用于公路桥梁可靠性评估的车辆荷载多峰分布概率模型[J]．东南大学学报：自然科学版，2008(05)：763－766.

[5]孙守旺，孙利民．基于实测的公路桥梁车辆荷载统计模型[J]．同济大学学报：自然科学版，2012，40(02)：198－204.

[6]吕硕．基于 WIM 数据的多车道随机车流模拟及汽车荷载效应[D]．长安大学，2015.

[7]袁阳光，郭雷，裴浩楠，胡锋．G104 国道卡车荷载概率特性分析[J]．北京工业大学学报，2017，43(11)：1697－1705.

[8]宗周红，薛程，杨泽刚，袁微微，夏叶飞．基于 WIM 的江苏省高速公路桥梁汽车荷载模型[J]．东南大学学报：自然科学版，2020，50(01)：143－152.

[9]韩万水，陈艾荣．随机车流下的风－汽车－桥梁系统空间耦合振动研究[J]．土木工程学报，2008(09)：97－102.

[10]韩万水，马麟，汪炳，院素静，武隽．随机车流－桥梁系统耦合振动精细化分析与动态可视化[J]．中国公路学报，2013，26(04)：78－87.

[11]周军勇，石雪飞，阮欣，涂辉招．高速公路分车道荷载差异及其响应特性[J]．同济大学学报：自然科学版，2018，46(04)：458－464.

[12]周军勇，石雪飞，阮欣．多事件混合影响的桥梁车辆荷载效应组合极值预测[J]．哈尔滨工业大学学报，2018，50(09)：11－18.

[13]朱荣，石雪飞，阮欣．某跨海大桥运营期交通特性及荷载效应研究[J]．重庆交通大学学报：自然科学版，2015，34(06)：1－7＋67.

[14]阮欣，周军勇，石雪飞，周可攀．公路桥梁长加载区间的多车道车辆荷载概念模型[J]．同济大学学报：自然科学版，2015，43(10)：1497－1502.

[15]阮欣，周可攀，周军勇．某八车道高速公路车流特性及荷载效应[J]．同济大学学报：自然科学版，2015，43(04)：555－561.

[16]阮欣，金泽人，周军勇，涂辉招．基于多元胞模型的桥梁车流合成及荷载模拟[J]．同济大学学报：自然科学版，2017，45(07)：941－947.

[17]宗周红，杨泽刚，夏叶飞，袁微微．拥堵运行状态下新沂河大桥车辆荷载模型[J]．中国公路学报，2016，29(02)：44－51.

[18]鲁乃唯．随机车流下悬索桥加劲梁动力响应概率模型与可靠度研究[D]．长沙理工大学，2014.

[19]鲁乃唯，刘扬，邓扬．随机车流作用下悬索桥钢桥面板疲劳损伤与寿命评估[J]．中南大学学报：自然科学版，2015，46(11)：4300－4306.

[20]刘扬，李明，鲁乃唯，邓扬．随机车流作用下悬索桥钢箱梁细节疲劳可靠度[J]．长安大学学报：自然科学版，2016，36(02)：44－51.

[21]张辰辰．基于随机车流的多塔连跨悬索桥钢桥面铺装力学行为研究[D]．东南大学，2019.

[22]李明，刘扬，杨兴胜．考虑轴重相关的随机车流荷载效应[J]．浙江大学学报：工学版，2019，53(01)：78－88.

[23]张明，孔艳冬，刘扬，鲁乃唯，殷新锋，颜巍．分时段交通流荷载效应分析[J]．铁道科学与工程学报，2020，17(12)：3216－3223.

[24]NI Y Q, HUA X G, WONG K Y, et al. Assessment of bridge expansion joints using long－term displacement and temperature measurement[J]. Journal of Performance of Constructed Facilities, 2007, 21(2): 143－151.

[25]邓扬，李爱群，丁幼亮，孙鹏．基于长期监测数据的大跨桥梁结构伸缩缝损伤识别[J]．东南大学学报：自然科学版，2011，41(02)：336－341.

[26]邓扬，李爱群，丁幼亮．大跨悬索桥梁端位移与温度的相关性研究及其应用[J]．公路交通科技，2009，26(05)：54－58.

[27]张宇峰，陈雄飞，张立涛，孙震．大跨悬索桥伸缩缝状态分析与处理措施[J]．桥梁建设，2013，43(05)：49－54.

[28]GUO Tong, LIU Jie, ZHANG Yu－feng, et al. Displacement monitoring and analysis of expansion joints of long－span steel bridges with viscous dampers[J]. Journal of Bridge Engineering, 2015, 20(9): 04014099－1－11.

[29]GUO Tong, HUANG Ling－yu, et al. Damage Mechanism of Control Springs in Modular Expansion Joints of Long－Span Bridges[J]. Journal of bridge engineering, 2018, 23(7): 04018038. 1－04018038. 11.

[30]淳立基．大跨度悬索桥振动控制分析[D]．华中科技大学，2016.

[31]殷新锋，丰锦铭，刘扬，蔡春声．随机车流作用下大跨度悬索桥振动分析[J]．湖南大学

学报：自然科学版，2017，44(01)：47－53.

[32]孙璋鸿．车辆激励下大跨悬索桥梁端位移响应与减振[D]．湖南大学，2018.

[33]韩大章，郭彤，黄灵宇，刘中祥．随机车辆荷载下大跨钢桥伸缩缝纵向位移响应及病害控制研究[J]．振动与冲击，2019，38(24)：172－178.

[34]李光玲，韩万水，陈笑，许昕，刘修平．风和随机车流下悬索桥伸缩缝纵向变形[J]．交通运输工程学报，2019，19(05)：21－32.

[35]李永乐，钱逸哲，朱金，等．随机风、车流联合作用下大跨公路悬索桥纵向振动特性研究[J]．中国公路学报：1－16.

[36]Priestley M B. Evolutionary Spectra and Non－Stationary Processes[J]. Journal of the Royal Statistical Society, 1965, 27(2): 204－237.

[37]Li Y, Kareem A. Simulation of Multivariate Nonstationary Random Processes by FFT[J]. Journal of Engineering Mechanics, 1991, 117(5): 1037－1058.

[38]Xu Y L, Chen J. Characterizing Nonstationary Wind Speed Using Empirical Mode Decomposition [J]. Journal of Structural Engineering, 2004, 130(6): 912－920.

[39]Mccullough M, Kwon D K, Kareem A, et al. Efficacy of Averaging Interval for Nonstationary Winds[J]. Journal of Engineering Mechanics, 2013, 140(1): 1－19.

[40]丁幼亮，周广东，李万恒，王晓晶，闫昕．基于演化谱理论的桥梁风致响应非平稳性分析[J]．中国公路学报，2013，26(05)：54－61.

[41]王浩，杨敏，陶天友，茅建校．苏通大桥桥址区实测强风非平稳风特性分析[J]．振动工程学报，2017，30(02)：312－318.

[42]Wang H., Xu Z. D., Wu T., et al. Evolutionary power spectral density of recorded typhoons at Sutong Bridge using harmonic wavelets[J]. Journal of Wind Engineering and Industrial Aerodynamics, 2018, 177: 197－212.

[43]姚程渊．台风作用下大跨度悬索桥非平稳抖振时域模拟与分析[D]．东南大学，2019.

[44]陶天友．台风作用下大跨斜拉桥抖振非平稳效应模拟与实测研究[D]．东南大学，2018.

[45]陶天友，王浩．大跨度桥梁主梁节段模型非平稳抖振时域模拟与分析[J]．振动工程学报，2019，32(05)：830－836.

[46]Tao T, Wang H, Zhao K. Efficient Simulation of Fully Non－stationary Random Wind Field Based on Reduced 2D Hermite Interpolation[J]. Mechanical Systems and Signal Processing, 2020: 150.

[47]陈斌，王旭，孙得璋，谢旭．九堡大桥桥址台风“海葵”近地风特性实测研究[J]．桥梁建设，2014，44(04)：34－39.

[48]刘焕举，韩万水，武隽，肖强，闫利．大跨径桥梁三维台风风场数值模拟[J]．振动与冲击，2017，36(24)：77－84.

[49]武隽，刘焕举，韩万水，史文海，刘晓东．大跨桥梁非平稳台风风场数值模拟与验证

[J]. 振动工程学报, 2018, 31(04): 662 - 670.

[50]武隽, 刘焕举, 黄平明, 韩万水, 刘晓东. 大跨桥梁台风风场全过程动态数值模拟[J]. 振动与冲击, 2019, 38(14): 260 - 266.

[51]苏延文. 非平稳激励下大跨桥梁随机响应方法研究与应用[D]. 西南交通大学, 2016.

[52]Huang N. E., Chen X. Y., Lo M. T., et al. On Hilbert spectral representation: a true time - frequency representation for nonlinear and nonstationary data [J]. Advances in Adaptive Data Analysis, 2011, 3(1 - 2): 63 - 93.

[53]Huang N. E., Wu Z. H., Long S. R., et al. On instantaneous frequency[J]. Advances in Adaptive Data Analysis, 2009, 1(2): 177 - 229.

[54]Huang N. E., Young V., Lo M., et al. The uniqueness of the instantaneous frequency based on intrinsic mode function[J]. Advances in Adaptive Data Analysis, 2013, 5(3): 1350011.

[55]王浩, 李爱群, 谢以顺. 台风"麦莎"作用下润扬悬索桥抖振响应实测研究[J]. 空气动力学学报, 2008(03): 297 - 303.

[56]王浩, 李爱群. 斜风作用下大跨度桥梁抖振响应时域分析(Ⅱ): 现场实测验证[J]. 土木工程学报, 2009, 42(10): 81 - 87.

[57]王浩, 李爱群, 谢静, 焦常科. 台风作用下超大跨度斜拉桥抖振响应现场实测研究[J]. 土木工程学报, 2010, 43(07): 71 - 78.

[58]Wang H., Hu R. M., Xie J., et al. Comparative study on buffeting performance of Sutong Bridge based on design and measured spectrum[J]. ASCE Journal of Bridge Engineering, 2013, 18(7): 587 - 600.

[59]赵林, 葛耀君, 朱乐东. 台风气候大跨度桥梁风振响应研究[J]. 振动工程学报, 2009, 22(03): 237 - 245.

[60]谢丹. 极端风风场数值模拟与悬索桥风致振动研究[D]. 东北石油大学, 2013.

[61]吴楚鹏. 台风和内陆风作用下大跨度桥梁抖振响应对比研究[D]. 西南交通大学, 2015.

[62]周建华, 马如进. 台风"海葵"作用下苏通大桥风振响应[J]. 湖南交通科技, 2018, 44(01): 84 - 87 + 142.

[63]胡益良. 城市桥梁在车辆拥堵作用下的动静力分析[D]. 华南理工大学, 2012.

[64]Wu, J. Chen, S. R. Probabilistic dynamic behavior of a long - span bridge under extreme events [J]. Engineering Structures, 2011, 33(5): 1657 - 1665.

[65]夏樟华, 陈俊民, 宗周红, 林友勤. 并道运行状态下高速公路桥梁车辆荷载效应[J]. 长安大学学报: 自然科学版, 2017, 37(01): 76 - 84.

[66]赵信. 拥堵条件下怠速车辆 - 桥梁耦合振动分析[D]. 重庆交通大学, 2018.

[67]Law S S, Zhu X Q. Bridge dynamic responses due to road surface roughness and braking of vehicle[J]. Journal of Sound & Vibration, 2005, 282(3 - 5): 805 - 830.

[68]Ju S H, Lin H T. A finite element model of vehicle - bridge interaction considering braking and

acceleration - ScienceDirect[J]. Journal of Sound & Vibration, 2007, 303(1): 46 - 57.

[69]殷新锋，方志．车辆制动作用下的车辆 - 路面 - 桥梁系统随机振动分析[J]．计算力学学报，2010，27(05)：936 - 941.

[70]Deng L, Wang F. Impact Factors of Simply Supported Prestressed Concrete Girder Bridges due to Vehicle Braking[J]. Journal of Bridge Engineering, 2015, 20(11): 6015002.

[71]邓露，王芳．汽车制动作用下预应力混凝土简支梁桥的动力响应及冲击系数研究[J]．湖南大学学报：自然科学版，2015，42(09)：52 - 58.

[72]陈斌．刹车行为对大跨度悬索桥的振动分析[D]．重庆交通大学，2014.

[73]吕龙，李建中．黏滞阻尼器对地震、列车制动和运行作用下公铁两用斜拉桥振动控制效果分析[J]．工程力学，2015，32(12)：139 - 146.

[74]吕龙，李建中．列车制动和运行下大跨度公铁两用斜拉桥纵向振动分析[J]．铁道学报，2017，39(03)：90 - 95.

[75]吕龙，薛小强．列车制动力对大跨度铁路斜拉桥地震响应影响[J]．地震工程与工程振动，2018，38(04)：180 - 185.

[76]郭辉，苏朋飞，赵欣欣，刘晓光，乐思韬．设计荷载作用下大跨度铁路悬索桥的梁端变位特征[J]．铁道建筑，2019，59(01)：14 - 19.

[77]马长飞，汪正兴，王波，李兴华．武汉杨泗港长江大桥变参数黏滞阻尼约束体系研究[J]. 桥梁建设，2019，49(S1)：45 - 50.

[78]刘焕举，韩万水，刘宁，高颖，韩晓斌．刹车状况下桥上随机车流动态演化及车 - 桥耦合振动分析[J]．中国公路学报，2020，33(04)：76 - 88.

[79]韩万水，赵越，刘焕举，陈笑，袁阳光．风 - 车 - 桥耦合振动研究现状及发展趋势[J]．中国公路学报，2018，31(07)：1 - 23.

[80]Ni Y Q, Hua X G, Wong K Y, et al. Assessment of bridge expansion joints using long - term displacement and temperature measurement [J]. Journal of Performance of Constructed Facilities, 2007, 21(2): 143 - 151.

[81]Ni Y Q, Wang Y W, Zhang C. A Bayesian approach for condition assessment and damage alarm of bridge expansion joints using long - term structural health monitoring data [J]. Engineering Structures, 2020, 212: 1 - 13.

[82]Ding Y L, Li A Q. Assessment of bridge expansion joints using long - term displacement measurement under changing environmental conditions [J]. Frontiers of Architecture and Civil Engineering in China, 2011, 5(3): 374 - 380.

[83]丁幼亮，周凯，王高新，王晓晶，张宇峰．苏通大桥斜拉桥伸缩缝位移的长期监测与分析[J]．公路交通科技，2014，31(07)：60 - 64 + 71.

[84]蔡邦国，楼允鹏，尹恒，白雪梅．基于监测数据的斜拉桥伸缩缝服役性能评估[J]．公路，2020，65(05)：98 - 105.

[85] Huang H B, Yi T H, Li H N, et al. New representative temperature for performance alarming of bridge expansion joints through temperature – displacement relationship[J]. Journal of Bridge Engineering, 2018, 23(7): 04018043.

[86] Sun Z, Zhang Y. Failure Mechanism of Expansion Joints in a Suspension Bridge[J]. Journal of Bridge Engineering, 2016, 21(10): 5016005.

[87] Hu J H, Wang L H, Song X P, et al. Field monitoring and response characteristics of longitudinal movements of expansion joints in long – span suspension bridges [J]. Measurement, 2020, 162: 107933.

[88] Guo T, Liu J, Zhang YF, Pan SJ. Displacement Monitoring and Analysis of Expansion Joints of Long – Span Steel Bridges with Viscous Dampers. Journal of Bridge Engineering. 2015, 20: 11.

[89] Tong G, Jie L, Huang L. Investigation and control of excessive cumulative girder movements of long – span steel suspension bridges[J]. Engineering Structures, 2016, 125: 217 – 226.

[90] Guo T, Huang L, Liu J, et al. Damage Mechanism of Control Springs in Modular Expansion Joints of Long – Span Bridges [J]. Journal of bridge engineering, 2018, 23 (7): 04018038.1 – 04018038.11.

[91] 刘成才，刘杰，黄灵宇．缆索承重桥梁附属结构工作状态分析[J]．金陵科技学院学报，2017，33(01)：29 – 34.

[92] 王高新，丁幼亮，刘华，岳青．基于支座动位移监测的高铁桥梁支座磨损状态安全评估[J]．中国铁道科学，2019，40(01)：39 – 46.

[93] 郑祥隆，谢旭，李晓章，钱利芹，申永刚．钢丝裂纹扩展估算模型及其在预腐蚀疲劳寿命计算中的应用[J]．土木工程学报，2017，50(03)：101 – 107.

[94] 马亚飞，陈志铖，叶钧，王磊，张建仁．桥梁吊索高强钢丝疲劳裂纹扩展试验与数值模拟[J]．防灾减灾工程学报，2019，39(01)：23 – 30.

[95] 高文博，袁阳光，黄平明，许昕，王俊峰，韩万水．大件运输车载下考虑强度退化过程的钢绞线斜拉索安全评估[J]．中国公路学报，2020，33(08)：169 – 181.

[96] 刘中祥．桥梁吊索锈蚀 – 磨损耦合疲劳机理及寿命评估方法研究[D]．东南大学，2019.

[97] Li S, Xu Y, Li H, Guan X. Uniform and Pitting Corrosion Modeling for High – Strength Bridge Wires[J]. Journal of Bridge Engineering, 2014, 19(7): 04014025.

[98] Li S, Xu Y, Zhu S, Guan X, Bao Y. Probabilistic Deterioration Model of High – strength Steel Wires and its Application to Bridge Cables[J]. Structure and Infrastructure Engineering, 2015, 11(9): 1240 – 1249.

[99] Sun H, Xu J, Chen W, Yang J. Time – Dependent Effect of Corrosion on the Mechanical Characteristics of Stay Cable[J]. Journal of Bridge Engineering, 2018, 23(5): 04018019.

[100] 陈小雨，唐茂林．悬索桥主缆钢丝腐蚀速率计算方法[J]．公路交通科技，2019，36(02)：43 – 49.

[101]蒋超，吴冲，姜旭．桥梁缆索高强钢丝均匀腐蚀及点蚀的规律[J]．同济大学学报：自然科学版，2018，46(12)：1615－1621.

[102]Wang D, Zhang D, Wang S, Ge S. Finite Element Analysis of Hoisting Rope and Fretting Wear Evolution and Fatigue Life Estimation of Steel Wires[J]. Engineering Failure Analysis, 2013, 27: 173－193.

[103]刘沐宇，陈齐风，吴志强．考虑微动疲劳的斜拉桥钢绞线斜拉索时变可靠性分析[J]．土木工程学报，2012，45(07)：141－147.

[104]Guo T, Liu Z, Correia J, et al. Experimental study on fretting－fatigue of bridge cable wires[J]. International Journal of Fatigue, 2020, 131(Feb.): 105321.1－105321.9.

[105]Li H, Lan C M, Li D S. Experimental and Numerical Study of the Fatigue Properties of Corroded Parallel Wire Cables[J]. Journal of Bridge Engineering, 2012, 17(2): 211－220.

[106]Mahmoud K M. Fracture strength for a high strength steel bridge cable wire with a surface crack[J]. Theoretical & Applied Fracture Mechanics, 2007, 48(2): 152－160.

[107]王浩，李爱群，杨玉冬，李建慧．中央扣对大跨悬索桥动力特性的影响[J]．中国公路学报，2006(06)：49－53.

[108]王浩，李爱群．中央扣对大跨度悬索桥风致抖振响应的影响[J]．土木工程学报，2009，42(07)：78－84.

[109]焦常科，李爱群，王浩，杨玉冬，吉林．中央扣对三塔悬索桥地震反应的影响[J]．东南大学学报：自然科学版，2010，40(01)：160－164.

[110]徐勋，强士中，贺拴海．中央扣对大跨悬索桥动力特性和汽车车列激励响应的影响[J]．中国公路学报，2008(06)：57－63.

[111]徐勋，强士中．中央扣对大跨悬索桥动力特性和地震响应的影响研究[J]．铁道学报，2010，32(04)：84－91.

[112]彭旺虎，邵旭东．设置中央扣悬索桥的扭转自振分析[J]．中国公路学报，2013，26(05)：76－87.

[113]王连华，孙璋鸿，崔剑锋，黄国平，胡思聪．车辆激励下中央扣对悬索桥梁端位移的影响[J]．湖南大学学报：自然科学版，2019，46(03)：18－24.

[114]Liu Z, Guo T, Huang L, et al. Fatigue Life Evaluation on Short Suspenders of Long－Span Suspension Bridge with Central Clamps[J]. Journal of Bridge Engineering, 2017, 22(10): 04017074.1－04017074.11.

[115]赵国辉，刘健新，李宇．基于随机振动的液体黏滞阻尼器参数优化[J]．西南交通大学学报，2013，48(06)：1002－1007.

[116]胡国辉．大跨度混合梁斜拉桥地震响应分析及阻尼器参数优化[D]．西南交通大学，2017.

[117]王波，马长飞，刘鹏飞，汪正兴．基于随机地震响应的斜拉桥黏滞阻尼器参数优化[J].

桥梁建设，2016，46(03)：17－22.

[118]Xu X, Li Z, Liu W, et al. Investigation of the wind－resistant performance of seismic viscous dampers on a cable－stayed bridge[J]. Engineering Structures, 2017, 145：283－292.

[119]梁剑青，欧进萍．大跨斜拉桥桥面风致抖振的黏滞阻尼控制分析[J]．地震工程与工程振动，2006(01)：139－144.

[120]Nie L, Song H, Fan L. Discussion on effects of fluid viscous damper on protecting function for expansion joints in long span bridges[J]. Journal of Earthquake Engineering & Engineering Vibration, 2007, 27(2)：131－136.

[121]Yang M G, Yang Z Q. Investigation Concerning Vibration Reduction of Self－Anchored Suspension Bridge under Vehicle Braking Forces[J]. Advanced Materials Research, 2011, 163－167：2689－2692.

[122]Yang M G, Yang Z Q. Longitudinal Vibration Control of Floating System Bridge Subject to Vehicle Braking Force with Viscous Dampers[J]. Advanced Materials Research, 2012, 446－449：1256－1260.

[123]吕江，张仲勇，宋腾腾，汪正兴．新型多功能黏滞阻尼器研究及应用[J]．世界桥梁，2020，48(06)：60－63.

2 引入车辆制动模块的风－车－桥耦合振动分析系统

风－车－桥耦合振动分析系统是解析风、车辆及桥梁三个元素之间的相互影响的系统，主要包含元素模拟及元素间耦合关系的模拟，通过求解三者间耦合运动方程以实现桥梁风致及车致响应的研究[1]。为实现后续风和车流(随机车流及极端制动车流)作用下悬索桥结构纵向振动特性分析，以已有研究系统为基础[1-9]，考虑车辆制动过程编制分析模块，建立更完善的分析系统是首要解决的任务。

鉴于此，首先，描述分析系统的元素及元素间耦合关系、系统运动方程的求解；其次，将考虑车辆制动过程的分析模块融入至分析系统，基于实桥荷载试验验证该分析模块的有效性，为后续第3、4章及第7章提供仿真分析平台。

2.1 风－车－桥耦合振动分析系统

2.1.1 系统元素模型

(1)三维风场模型

桥梁三维风场的模拟是实现桥梁风载激励响应仿真的前提条件。采用谐波合成法模拟任一模拟点顺风向、横风向及竖向这三个方向的脉动风速[1]，为：

$$f_j(t) = 2\sqrt{\Delta\omega}\sum_{m=1}^{j}\sum_{l=1}^{N}|H_{jm}(\omega_{ml})|\cos[\omega_{ml}t - \theta_{jm}(\omega_{ml}) + \varphi_{ml}] \qquad (2.1)$$

式中，$f_j(t)$为模拟点j的顺风向、横风向及竖向脉动风速；N为正整数；$\Delta\omega$、ω_{ml}分别为频率增量、双索引频率；$H_{jm}(\omega_{ml})$为矩阵$H(\omega_{ml})$元素，可通过对风功率谱的Cholesky分解获取，同时选取三次拉格朗日多项式插值以减少分解次数。$\theta_{jm}(\omega)$为$H_{jm}(\omega_{ml})$的复角。

基于式(2.1)实现不同模拟点三个方向的脉动风速，需选用相应的风功率谱，顺风向、横风向及竖向功率谱进行模拟[10,11]，谱方程为：

$$\begin{cases}\text{顺风向 } Kaimal \text{ 谱：} \dfrac{\omega S(f,\ t)}{u_*^2}=\dfrac{200f}{(1+50f)^{5/3}} \\ \text{顺风向 } Kaimal \text{ 谱：} \dfrac{\omega S(f,\ t)}{u_*^2}=\dfrac{15f}{(1+9.5f)^{5/3}} \\ \text{顺风向 } Panofsky \text{ 谱：} \dfrac{\omega S(f,\ t)}{u_*^2}=\dfrac{6f}{(1+4f)^2}\end{cases} \tag{2.2}$$

式中，$S(f,\ t)$、u_*、f 分别为风速功率谱密度函数、风摩阻速度、Monin 坐标及脉动频率。

在风场中，因模拟点位置的不同造成模拟点间的风速存在相干性，通常采用点之间的空间位置相干函数 $Coh(\omega,\ t)$ 进行表示：

$$Coh(\omega)=\exp\left(-\lambda\frac{\omega D}{2\pi U_z}\right) \tag{2.3}$$

式中，ω、D、λ 分别为圆频率、点间的空间距离、衰减系数。

基于谐波合成法可实现桥梁三维风场模拟，为后续风荷载下悬索桥结构的纵向振动特性研究提供理论基础。

(2)车辆模型

系统中车辆模型主要包括微观力学模型及宏观交通模型两个层次，即车辆动力分析模型和随机车流模型。车辆动力分析模型将实际车辆处理成力学模型以进行结构动力学仿真分析，随机车流模型是基于现场实测或随机函数对车流构成进行的模拟。以三轴车为例，车辆动力分析模型示意如图 2.1 所示。

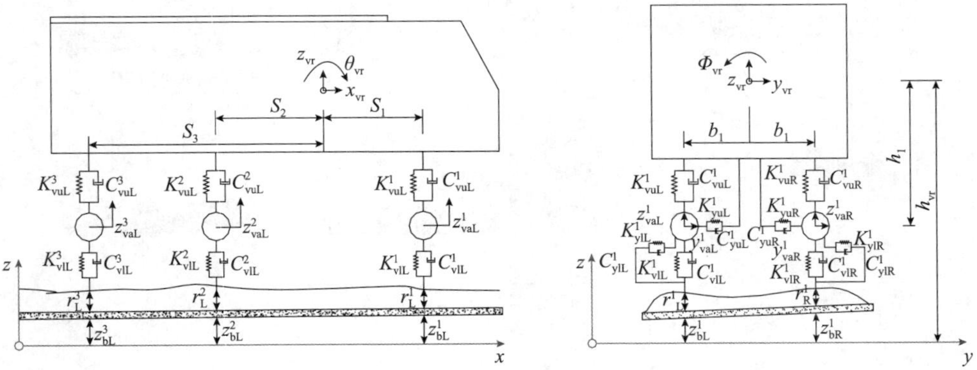

图 2.1 车辆动力分析模型示意

图中 z_{vr}(浮沉)、y_{vr}(横移)、x_{vr}(前进)、θ_{vr}(点头)、φ_{vr}(摇头)及 ϕ_{vr}(侧滚)分别为车体 6 个方向的位移，K_{vuL}^i(K_{vuR}^i)、K_{yuL}^i(K_{yuR}^i)和 K_{vlL}^i(K_{vlR}^i)、K_{ylL}^i(K_{ylR}^i)分别为第 i 轴左侧(右侧)上、下悬挂的弹簧刚度，C_{vuL}^i(C_{vuR}^i)、C_{yuL}^i(C_{yuR}^i)和 C_{vlL}^i(C_{vlR}^i)、

C_{ylL}^{i}（C_{ylR}^{i}）分别为第 i 轴左侧（右侧）上、下悬挂的阻尼。车辆独立自由度 $\boldsymbol{u}_{\mathrm{v}}$ 为：

$$\boldsymbol{u}_{\mathrm{v}}=\begin{Bmatrix} z_{\mathrm{vr}} & y_{\mathrm{vr}} & \theta_{\mathrm{vr}} & \varphi_{\mathrm{vr}} & \phi_{\mathrm{vr}} & z_{\mathrm{vaL}}^{1} & y_{\mathrm{vaL}}^{1} & z_{\mathrm{vaR}}^{1} & y_{\mathrm{vaR}}^{1} \\ z_{\mathrm{vaL}}^{2} & y_{\mathrm{vaL}}^{2} & z_{\mathrm{vaR}}^{2} & y_{\mathrm{vaR}}^{2} & z_{\mathrm{vaL}}^{3} & y_{\mathrm{vaL}}^{3} & z_{\mathrm{vaR}}^{3} & y_{\mathrm{vaR}}^{3} & \end{Bmatrix} \tag{2.4}$$

式中，z_{vaL}^{i}、z_{vaR}^{i} 分别为第 i 轴左侧及右侧车轴质点的竖向位移；y_{vaL}^{i}、y_{vaR}^{i} 分别为第 i 轴左侧及右侧车轴质点的横向位移。

车体及车轴悬挂质量分别为 M_{vr}、M_{vaL}^{i} 及 M_{vaR}^{i}（$i=1, 2, 3$），俯仰转动惯量为 J，车轮轮面与桥面间接触点的侧向独立自由度为 y_{c}^{i}。

基于车辆动力分析模型及路面粗糙度，建立车轮－桥面接触运动方程[1]：

$$M_{\mathrm{c}}^{i}\ddot{Z}_{\mathrm{c}}^{i}+C_{\mathrm{vl}}^{i}(\dot{Y}_{\mathrm{c}}^{i}-\dot{Y}_{\mathrm{va}}^{i})+K_{\mathrm{vl}}^{i}(Y_{\mathrm{c}}^{i}-Y_{\mathrm{va}}^{i})=F_{\mathrm{h}i} \tag{2.5}$$

式中，$F_{\mathrm{h}i}$ 为第 i 个轮胎的侧滑力；Y_{c}^{i}、Y_{va}^{i} 为第 i 个轮胎的侧向位移及竖向位移。

随机车流模拟的方式为现场实测车流模拟或随机函数抽样模拟。现场实测车流模拟主要是基于交通信息采集系统数据建立与之相对应的车流及车辆模型。随机函数抽样模拟的主要思路如下：首先，获取交通信息采集系统获取监测车流数据，并对车流参数概率分布进行分析，建立对应的多峰分布拟合函数，确定与之对应的典型车辆类型；其次，建立车型的车辆动力分析模型并进行可视化；最后，基于交通流及车辆特性分布函数采用抽样法生成随机车流样本模型。随机车流的模拟流程如图 2.2 所示。

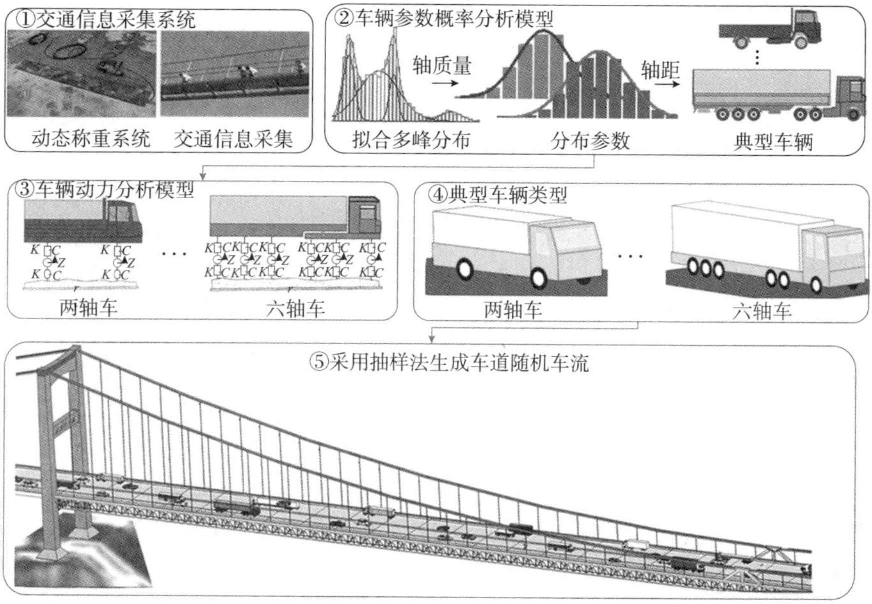

图 2.2　随机车流模拟流程

(3)桥梁模型

桥梁模型采用空间有限元方法进行仿真，根据构件受力性能特点选取模拟单元类型，并采用单元组集的方式形成结构的整体矩阵。结构阻尼采用 Rayleigh 阻尼表达。

2.1.2 元素间耦合关系

(1)风－桥耦合

桥梁结构风荷载主要采用静风力作用、抖振力作用及自激力作用进行表达，且桥梁气动力系数是关键参数，可由节段模型的风洞试验及数值模拟获取。静风力由平均风产生，主要包括静风升力、静风阻力及静风扭矩，即：

$$\begin{cases}L_{\mathrm{st}}=C_L(\alpha)qB\\D_{\mathrm{st}}=C_D(\alpha)qB\\M_{\mathrm{st}}=C_M(\alpha)qB^2\end{cases}\tag{2.6}$$

式中，L_{st}、D_{st}、M_{st}分别为桥梁构件的静风升力、阻力及扭矩；q、B 分别为气流动压及构件的参考长度；$C_L(\alpha)$、$C_D(\alpha)$、$C_M(\alpha)$分别为以风轴为坐标系的静风升力系数、阻力系数及扭矩系数；α 为风攻角。

抖振力由脉动风产生，通常采用 Scanlan 抖振力模型计算，以主梁为例，抖振力为：

$$\begin{cases}L_{\mathrm{b}}(t)=\dfrac{1}{2}\rho U^2B\left\{2C_L(\alpha)\dfrac{u(t)}{U}+[C_L'(\alpha)+C_D(\alpha)]\dfrac{w(t)}{U}\right\}\\D_{\mathrm{b}}(t)=\dfrac{1}{2}\rho U^2B\left[2C_D(\alpha)\dfrac{u(t)}{U}+C_D'(\alpha)\dfrac{w(t)}{U}\right]\\M_{\mathrm{b}}(t)=\dfrac{1}{2}\rho U^2B\left[2C_M(\alpha)\dfrac{u(t)}{U}+C_M'(\alpha)\dfrac{w(t)}{U}\right]\end{cases}\tag{2.7}$$

式中，$L_{\mathrm{b}}(t)$、$D_{\mathrm{b}}(t)$、$M_{\mathrm{b}}(t)$分别为抖振升力、抖振阻力及抖振扭矩；$C_L'(\alpha)$、$C_D'(\alpha)$、$C_M'(\alpha)$分别为静力三分系数对风攻角的导数。

采用响应不变原则，通过获取节点自激力以实现在桥梁结构上荷载的加载。基于 Y. K. Lin 等的研究成果，自激力表达式为：

$$
\begin{cases}
L^{se}(t) = L_h(t) + L_p(t) + L_\alpha(t) \\
\quad = \int_{-\infty}^{t} f_{Lh}(t-\tau)h(\tau)\mathrm{d}\tau + \int_{-\infty}^{t} f_{Lp}(t-\tau)p(\tau)\mathrm{d}\tau + \int_{-\infty}^{t} f_{L\alpha}(t-\tau)\alpha(\tau)\mathrm{d}\tau \\
D^{se}(t) = D_{\mathrm{h}}(t) + D_{\mathrm{p}}(t) + D_\alpha(t) \\
\quad = \int_{-\infty}^{t} f_{Dh}(t-\tau)h(\tau)\mathrm{d}\tau + \int_{-\infty}^{t} f_{Dp}(t-\tau)p(\tau)\mathrm{d}\tau + \int_{-\infty}^{t} f_{D\alpha}(t-\tau)\alpha(\tau)\mathrm{d}\tau \\
M^{se}(t) = M_h(t) + M_p(t) + M_\alpha(t) \\
\quad = \int_{-\infty}^{t} f_{Mh}(t-\tau)h(\tau)\mathrm{d}\tau + \int_{-\infty}^{t} f_{Mp}(t-\tau)p(\tau)\mathrm{d}\tau + \int_{-\infty}^{t} f_{M\alpha}(t-\tau)\alpha(\tau)\mathrm{d}\tau
\end{cases}
\tag{2.8}
$$

式中，$L^{se}(t)$、$D^{se}(t)$、$M^{se}(t)$分别为作用于主梁弹性中心的竖弯、侧弯及扭转方向的自激力；f为脉冲响应函数；h、p、α分别为竖向、横向及扭转位移。

(2)车－桥耦合

当桥梁采用单主梁、梁格法模型进行模拟时，在处理车－桥系统的几何及力学耦合关系存在一定的差异，车－单主梁及车－梁格法主梁对应的车－桥间几何耦合关系如图2.3所示。

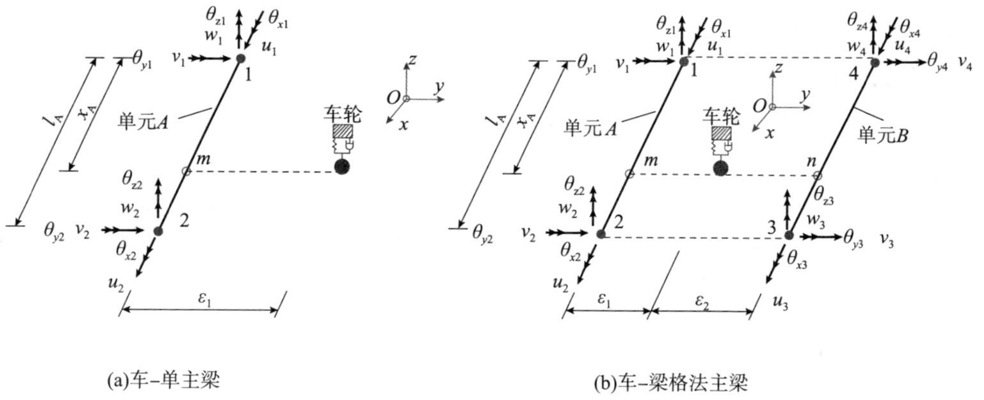

图2.3　车－桥几何耦合关系

以车－梁格法为例对车－桥间耦合关系进行描述。由图2.3(b)可知，轮面与桥面接触点位于纵梁间，则接触点位移可由单元A、B的节点插值获取。图中，O、l_A、x_A分别为整体坐标系原点、单元A长度及点m距节点1的长度；u_i、v_i、w_i、θ_{xi}、θ_{yi}和θ_{zi}分别为节点i在x、y、z三个方向的线位移及角位移；ε_1、ε_2分别为轮面距两侧单元的横向距离。基于变形协调的原则，点m竖向位移z_m可由插值关系得到，即

$$z_m = N_1 w_1 + N_2 \theta_{y1} + N_3 w_2 + N_4 \theta_{y2} \tag{2.9}$$

$$\begin{cases} N_1 = 1 - 3x_A^2/l_A^2 + 2x_A^3/l_A^3 \\ N_2 = x_A - 2x_A^2/l_A + x_A^3/l_A^2 \\ N_3 = 3x_A^2/l_A^2 - 2x_A^3/l_A^3 \\ N_4 = -x_A^2/l_A + x_A^3/l_A^2 \end{cases} \tag{2.10}$$

由式(2.11)、式(2.12)联合可得点 m、n 的竖向位移，则轮面竖向位移 z_{b} 为：

$$z_{\mathrm{b}} = \frac{\varepsilon_2 z_m}{\varepsilon_1 + \varepsilon_2} + \frac{\varepsilon_1 z_n}{\varepsilon_1 + \varepsilon_2} \tag{2.11}$$

因车辆竖向力的作用，单元 A 和单元 B 的竖向力 F_m 和 F_n 分别为：

$$\begin{cases} F_m = \dfrac{\varepsilon_2 F_{\mathrm{v}}}{\varepsilon_1 + \varepsilon_2} \\ F_n = \dfrac{\varepsilon_1 F_{\mathrm{v}}}{\varepsilon_1 + \varepsilon_2} \end{cases} \tag{2.12}$$

式中，F_{v} 为轮面作用于桥面的竖向激励。

(3)风-车耦合

基于风洞试验或数值模拟可获取不同类型车辆的气动力系数，则风作用于车辆上的气动力[1]为：

$$\begin{cases} F_D = \dfrac{1}{2}\rho U_r^2 C_D(\psi) A_f & F_S = \dfrac{1}{2}\rho U_r^2 C_S(\psi) A_f \\ F_L = \dfrac{1}{2}\rho U_r^2 C_L(\psi) A_f & M_X = \dfrac{1}{2}\rho U_r^2 C_{MR}(\psi) A_f h_{\mathrm{v}} \\ M_Y = \dfrac{1}{2}\rho U_r^2 C_{MP}(\psi) A_f h_{\mathrm{v}} & M_Z = \dfrac{1}{2}\rho U_r^2 C_{MY}(\psi) A_f h_{\mathrm{v}} \end{cases} \tag{2.13}$$

式中，F_{D}、F_S、F_L、M_X、M_Y、M_Z 分别为作用于车体质心 6 个方向的气动力；C_D、C_S、C_L、C_{MR}、C_{MP}、C_{MY}分别为与之对应的系数。

2.1.3 风-车-桥耦合振动运动方程求解

考虑风-桥、车-桥及风-车间的耦合关系，将风、车及桥三者作为一个相互作用的系统，风-车-桥耦合振动运动方程表达式为：

$$\begin{bmatrix} \boldsymbol{M}_{\mathrm{b}} & \boldsymbol{0} \\ \boldsymbol{0} & \boldsymbol{M}_{\mathrm{v}} \end{bmatrix} \begin{bmatrix} \ddot{\boldsymbol{u}}_{\mathrm{b}} \\ \ddot{\boldsymbol{u}}_{\mathrm{v}} \end{bmatrix} + \begin{bmatrix} \boldsymbol{C}_{\mathrm{b}} & \boldsymbol{0} \\ \boldsymbol{0} & \boldsymbol{C}_{\mathrm{v}} \end{bmatrix} \begin{bmatrix} \dot{\boldsymbol{u}}_{\mathrm{b}} \\ \dot{\boldsymbol{u}}_{\mathrm{v}} \end{bmatrix} + \begin{bmatrix} \boldsymbol{K}_{\mathrm{b}} & \boldsymbol{0} \\ \boldsymbol{0} & \boldsymbol{K}_{\mathrm{v}} \end{bmatrix} \begin{bmatrix} \boldsymbol{u}_{\mathrm{b}} \\ \boldsymbol{u}_{\mathrm{v}} \end{bmatrix} = \begin{bmatrix} \boldsymbol{F}_{\mathrm{bg}} + \boldsymbol{F}_{\mathrm{bst}} + \boldsymbol{F}_{\mathrm{bbu}} + \boldsymbol{F}_{\mathrm{bse}} + \boldsymbol{F}_{\mathrm{bv}} \\ \boldsymbol{F}_{\mathrm{vg}} + \boldsymbol{F}_{\mathrm{vst}} + \boldsymbol{F}_{\mathrm{vb}} \end{bmatrix} \tag{2.14}$$

式中，$\boldsymbol{M}$、$\boldsymbol{C}$、$\boldsymbol{K}$分别桥梁或车辆的质量矩阵、阻尼矩阵及刚度矩阵；$\mathbf{b}$、$\mathbf{v}$分别表示桥梁和车辆子系统，$\boldsymbol{F}_{\mathrm{bg}}$、$\boldsymbol{F}_{\mathrm{bv}}$分别为桥梁自重和桥面的车－桥接触力；$\boldsymbol{F}_{\mathrm{vg}}$、$\mathbf{F}_{\mathrm{vb}}$分别为车辆自重和轮面的车－桥接触力；$\boldsymbol{F}_{\mathrm{bst}}$、$\boldsymbol{F}_{\mathrm{bbu}}$、$\boldsymbol{F}_{\mathrm{bse}}$分别为桥梁自激力作用、抖振力作用及静风力作用；$\boldsymbol{F}_{\mathrm{vst}}$为准静风力和车辆间的相互作用力，采用非线性分离迭代方法对车辆和桥梁子系统进行分离迭代求解。

2.2　考虑车辆制动过程的耦合分析模块的建立及验证

为进行后续极端车流制动工况下悬索桥纵向振动特性的分析，建立考虑车辆制动过程的车－桥耦合分析模块，主要思路是：基于已建立的车－桥耦合分析系统，采用制动惯性力及俯仰力矩模拟车辆制动过程中车辆作用于桥梁的制动力，将其融入至车－桥耦合振动的运动平衡方程以实现车辆制动全过程的车－桥耦合分析。

2.2.1　车辆制动物理过程描述

车辆发生紧急制动时，轮胎与桥面间的摩擦力突增，这将对桥面造成较大的水平力[13]。为精确仿真制动过程中桥梁结构的动态响应，考虑车辆运动状态建立了制动运动模型，如图 2.4 所示。假定车辆制动初始位置速度、恒定减速度分别为 v_0、a_0，制动终止位置速度、减速度分别为 $v_{\mathrm{E}}=0$、$a_{\mathrm{E}}=0$，则对应制动距离为 $D=v_0^2/2a_0$。

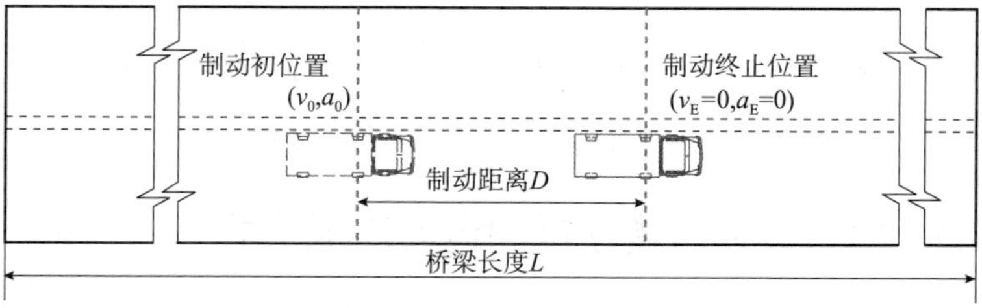

图 2.4　车辆制动运动模型

2.2.2　考虑车辆制动过程的耦合分析模块的建立

在 2.2.1 节车辆动力分析模型的基础上，考虑车辆沿 x 方向的制动运动，如

图2.1所示，当车辆发生紧急制动，各车轴处车轮制动力同时发生，且与左(右)侧轮胎作用于桥面制动力 $F_{Li}(F_{Ri})(i=1, 2, 3)$ 方向相反，基于达朗贝尔原理，建立车辆沿 x 方向的运动平衡方程为：

$$\sum_{i=1}^{3}(F_{Li}+F_{Ri})+\left(M_{vr}+\sum_{i=1}^{3}M_{vaL}^{i}+\sum_{i=1}^{3}M_{vaR}^{i}\right)\cdot\ddot{x}_{vr}=0 \tag{2.15}$$

因车辆惯性力的存在，车体以质心点为中心绕 y 方向发生俯仰运动，运动平衡方程为：

$$\begin{aligned}J\ddot{\theta}&-C_{vuL}^{1}\dot{\Delta}_{vuL}^{1}-C_{vuR}^{1}\dot{\Delta}_{vuR}^{1}+C_{vuL}^{2}\dot{\Delta}_{vuL}^{2}+C_{vuR}^{2}\dot{\Delta}_{vuR}^{2}+C_{vuL}^{3}\dot{\Delta}_{vuL}^{3}+C_{vuR}^{3}\dot{\Delta}_{vuR}^{3}\\&-K_{vuL}^{1}\Delta_{vuL}^{1}-K_{vuR}^{1}\Delta_{vuR}^{1}+K_{vuL}^{2}\Delta_{vuL}^{2}+K_{vuR}^{2}\Delta_{vuR}^{2}+K_{vuL}^{3}\Delta_{vuL}^{3}+K_{vuR}^{3}\Delta_{vuR}^{3}-T_{P}=0\end{aligned} \tag{2.16}$$

式中，T_P 为车辆制动力产生的俯仰力矩，$T_P=-\sum_{i=1}^{3}(F_{Li}+F_{Ri})\cdot h_{vr}$；$\Delta_{vuL}^{i}$、$\Delta_{vuR}^{i}$分别为上层悬挂系统左、右侧弹簧的竖向相对位移，即：

$$\begin{cases}\Delta_{vuL}^{i}=z_{vr}+\varepsilon_{i}L_{i}\theta_{vr}-b_{1}\phi_{vr}-z_{vaL}^{i}\\\Delta_{vuR}^{i}=z_{vr}+\varepsilon_{i}L_{i}\theta_{vr}-b_{1}\phi_{vr}-z_{vaR}^{i}\end{cases} \tag{2.17}$$

式中，$i=1$ 时，ε_i 取 -1；$i=2, 3$ 时，ε_i 取1。

左、右侧车轴沿 z 方向的运动平衡方程为：

$$\begin{cases}M_{vaL}^{i}z_{vaL}^{i}-C_{vuL}^{i}\dot{\Delta}_{vuL}^{i}-K_{vuL}^{i}\Delta_{vuL}^{i}+C_{vlL}^{i}\dot{\Delta}_{vlL}^{i}+K_{vlL}^{i}\Delta_{vlL}^{i}=0\\M_{vaR}^{i}z_{vaR}^{i}-C_{vuR}^{i}\dot{\Delta}_{vuR}^{i}-K_{vuR}^{i}\Delta_{vuR}^{i}+C_{vlR}^{i}\dot{\Delta}_{vlR}^{i}+K_{vlR}^{i}\Delta_{vlR}^{i}=0\end{cases} \tag{2.18}$$

式中，$i=1, 2, 3$；第 i 轴下层弹簧的竖向相对位移 Δ_{vlL}^{i}、Δ_{vlR}^{i} 为：

$$\begin{cases}\Delta_{vlL}^{i}=z_{vaL}^{i}\\\Delta_{vlR}^{i}=z_{vaR}^{i}\end{cases} \tag{2.19}$$

联立式(2.17)、式(2.18)、式(2.20)及其他自由度方向的运动平衡方程[12]，即可获取考虑制动状况的车辆运动平衡方程。考虑车辆轮面与桥面接触间的变形及力学协调关系，建立考虑制动状况的车－桥耦合系统的动力学方程，即式(2.7)中 $\boldsymbol{F}_{vb}$、$\boldsymbol{F}_{bv}$分别更新为考虑轮胎制动力的分别作用于桥上与车辆上的车－桥接触力。值得注意的是，车辆假设匀变速过程，与已有研究一致[71]。

2.2.3 基于荷载试验车辆制动模块的验证

为了验证所建立的车辆制动分析模块准确性，以一大跨悬索桥为背景，进行车辆制动荷载试验工况的加载，全桥有限元模型如图 2.5 所示[34]。

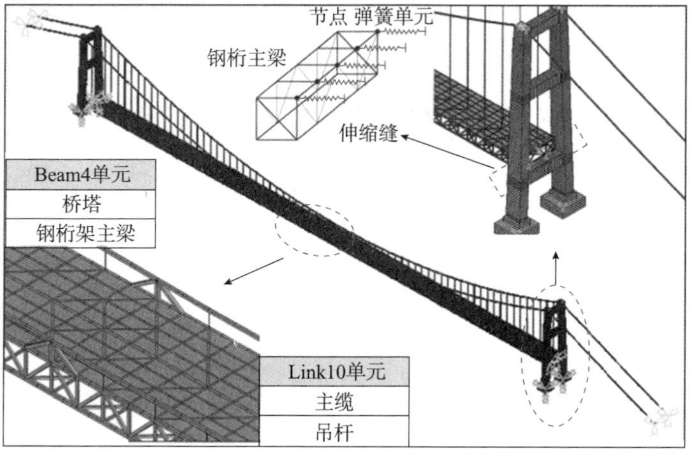

图 2.5　背景桥梁有限元模型

车辆制动现场试验工况的具体实施方案如图 2.6 所示，试验车辆为 2 辆 40t 的三轴车，以车速 30km/h 从一侧上桥，当行驶至跨中中央扣位置时车辆同时制动，在这一过程中，采用加速度及拉线式传感器记录制动全过程关键位置的结构响应。采用秒表记录驾驶员从桥头行驶至跨中中央扣的时间 t，以获取车辆行驶的速度平均值；采用激光测速仪用于量测制动过程中试验车辆的瞬时速度；车辆停止后记录位置并用长度测量工具确定制动距离；基于瞬时速度、制动时长及距离可求解得到试验车辆的制动减速度。由现场试验结果可知，试验车辆速度平均值、制动长度分别为 23.42km/h、4.5m，则平均制动减速度值为 5.27m/s^2。基于此，利用 BDANS 系统实现车辆制动试验工况的有限元仿真分析，以获取车辆制动过程的仿真计算值，对梁端纵向位移与纵向加速度试验值与 BDANS 仿真计算值进行比较，对比结果如图 2.7 所示。

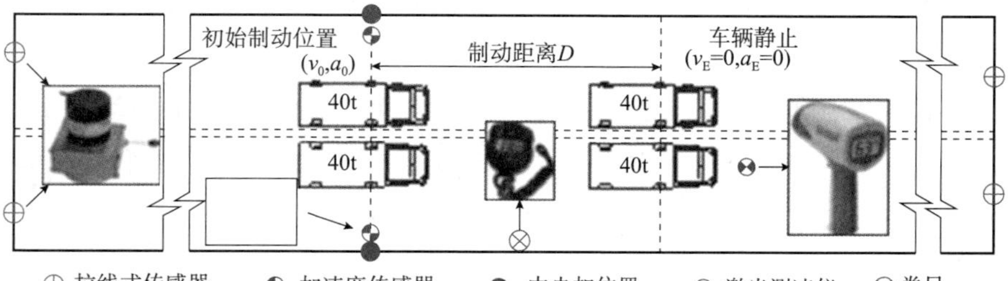

图 2.6　车辆制动荷载试验工况

图 2.7(a)为试验工况下梁端纵向位移的试验实测值及计算值，试验值与计算值的位移极值分别为 -22.40mm、-20.65mm，误差为 7.80%。图 2.7(b)为试验工况下跨中纵向加速度的试验实测值及计算值，试验值与计算值的加速度值绝对值最大值分别为 0.072 与 0.066，误差为 8.0%。因人为测量误差及环境因素的影响可能造成试验值与计算值间存在一定的误差，因响应实测值与计算值的变化规律一致且误差相对较小，故可认为考虑车辆制动模块的分析系统是满足仿真需求的，可为后续章节结构的仿真分析提供分析手段。

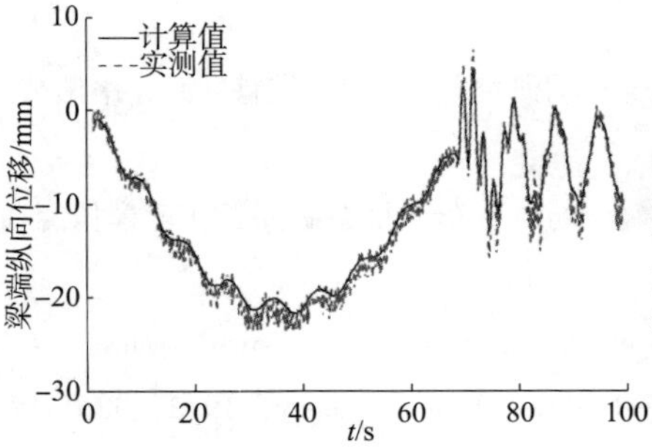

(a)梁端纵向位移

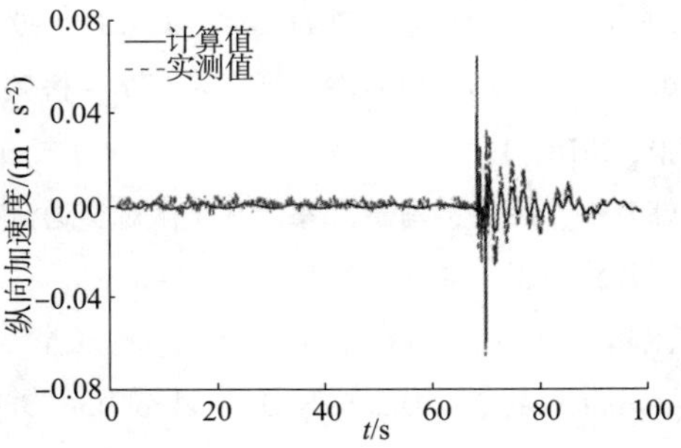

(b)纵向加速度

图 2.7 车辆制动工况荷载试验值与计算值

2.3 本章小结

本章为后续实现风和车流作用下悬索桥纵向服役性能的结构响应分析提供了分析手段。首先，对已有风-车-桥耦合分析系统理论进行描述；其次，基于达朗贝尔原理推导了考虑制动惯性力及俯仰力矩的车辆运动平衡方程，根据轮胎-桥面接触点协调关系建立了模拟制动状况下的车-桥耦合分析模块，通过现场制动加载试验验证了分析模块的准确性与适用性，验证后的分析系统可为后续第 3 章及第 4 章的仿真提供分析手段。

参考文献

[1]韩万水．风-汽车-桥梁系统空间耦合振动研究[D]．同济大学，2006.

[2]韩万水，王涛，李永庆，等．基于模型修正梁格法的车桥耦合振动分析系统[J]．中国公路学报，2011，24(5)：47-55.

[3]韩万水，陈艾荣．随机车流下的风-汽车-桥梁系统空间耦合振动研究[J]．土木工程学

报, 2008, 41(9): 97 – 102.

[4]韩万水, 马麟, 汪炳, 等. 随机车流 – 桥梁系统耦合振动精细化分析与动态可视化[J]. 中国公路学报, 2013, 26(4): 78 – 87.

[5]刘焕举, 韩万水, 丁晓婷, 等. 斜风作用下风 – 车 – 桥非线性分析系统建立[J]. 中国公路学报, 2018, 31(7): 110 – 118.

[6]韩万水, 刘焕举, 包大海, 等. 大跨钢桁梁悬索桥风 – 车 – 桥分析系统建立与可视化实现[J]. 土木工程学报, 2018, 51(3): 99 – 108.

[7]韩万水, 马麟, 院素静, 等. 路面粗糙度非一致激励对车桥耦合振动系统响应影响分析[J]. 土木工程学报, 2011, 44(10): 81 – 90.

[8]韩万水, 赵越, 刘焕举, 等. 风 – 车 – 桥耦合振动研究现状及发展趋势[J]. 中国公路学报, 2018, 31(7): 1 – 23.

[9]韩万水, 武隽, 马麟, 等. 基于微观交通流模型的风 – 车 – 桥系统高真实度模拟[J]. 中国公路学报, 2015, 28(11): 37 – 45.

[10]Kaimal J. C., Wyngaard J. C., Izumi Y., et al. Spectral characteristics of surface – layer turbulence[J]. Quarterly Journal of the Royal Meteorological Society, 1972, 98(417): 563 – 589.

[11]Panofsky H. A., McCormick R. A. The spectrum of vertical velocity near the surface[J]. Quarterly Journal of the Royal Meteorological Society, 1960, 86(370): 495 – 503.

[12]院素静. 公路车 – 桥耦合典型车辆运动方程的建立及软件设计[D]. 长安大学, 2012.

[13]Zhao Z, Uddin N. Field calibrated simulation model to perform bridge safety analyses against emergency braking of trucks[J]. Engineering Structures, 2013, 56: 2253 – 2262.

3　随机车流－风作用下悬索桥纵向振动特性分析

运营期内大跨悬索桥在风、车流荷载下的结构振动问题非常突出，目前基于针对风、车作用下桥梁结构竖向及横向的耦合振动及减振研究较为广泛，较少关注桥梁结构的纵向振动特性[1]。因悬索桥主梁较大的纵向振动及累计效应将会影响大型附属结构伸缩缝装置及关键构件吊索的服役状态[2]，因此，非常有必要开展运营期荷载如随机车流、风荷载及其联合作用下大跨悬索桥的纵向振动特性研究，为悬索桥结构的设计及运维提供理论指导，而运营期随机车流荷载的精细重构是首要条件。公路桥梁正常运营阶段的交通车流荷载是一集随机性、时变性、复杂性的随机过程，且交通流状态特性参数均存在一定随机性。为开展桥梁结构运营阶段的仿真、评估及智慧管养决策等工作，建立与桥梁运营状态交通构成相匹配的随机车流模型是一个亟待完善的实际工程问题。当前精细化的随机车流模拟较多采用基于交通监测及动态称重数据[3,19]和基于蒙特卡洛抽样方法[20－25]这两种方法，但运营期大跨桥梁随机车载的模拟较少综合考虑监测车流特性及车辆参数间的相关性，如何建立与实际交通荷载水平相匹配的随机车流样本仍需要进一步完善。在运营期内悬索桥纵向振动分析方面，主要的分析和评估途径有两个：基于桥梁健康监测数据[26、31]和基于有限元仿真分析手段[32、35]。当前已有研究未能实现考虑风－车－桥耦合振动的精细化仿真。

鉴于此，首先，以车流监测数据为基础，建立适应不同交通运营状况的车道车流密度－速度关系模型，形成了融合监测交通流及车辆特性并考虑变量相关的拉丁超立方抽样法（LHS－C），以实现随机车流的精细重构；其次，以一大跨悬索桥为算例，采用第2章建立的分析系统，进一步对随机车流、风及联合作用下悬索桥的纵向振动特性深入研究。

3.1 融合交通流及车辆特性并考虑变量相关性的随机车流模拟

目前，车流模拟方面的研究较广泛，Castillo 利用贝叶斯理论及 Gamma 随机过程建立了车流量预测模型[38]；余志武考虑了交通量的增长特性，利用马尔可夫链实现了随机车流的模拟[39]；基于 WIM 数据，郭彤建立了车辆荷载的多峰分布模型[4]；孙守旺对交通流车辆进行分类，基于车辆荷载特性参数及损伤等效原则建立了对应不同车型的疲劳等效车辆模型[5]。目前，考虑车辆特性参数相关性实现随机车流模拟的研究相对较少，基于监测数据融合交通流及车辆特性并考虑特性参数间的相关性进行随机车流模拟，是实现悬索桥车致纵向振动分析的前提条件。

鉴于此，以监测车流数据为基础，首先分别从宏观及微观两个层面采用非参数估计法对交通流及车辆荷载关键参数进行概率分布特性分析，融合变量相关性及超立方抽样方法进行不同密度随机车流样本的模拟，力求得到一个更符合实际状况的随机车流样本，从而为后续车流加载分析奠定基础，融合交通流及车辆特性并考虑变量相关性的随机车流模拟流程如图 3.1 所示。

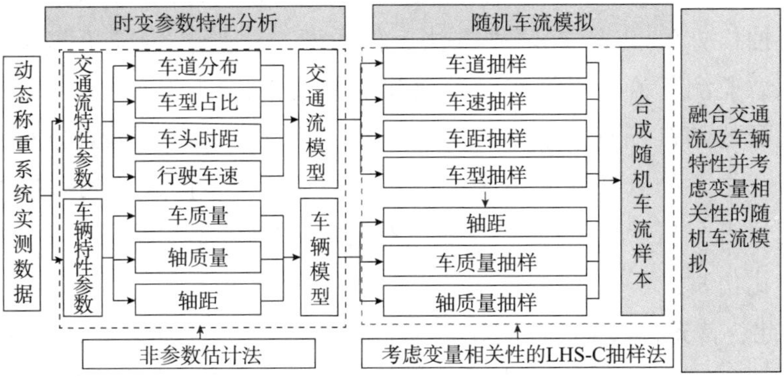

图 3.1 考虑随机变量相关性融合交通流及车辆特性的随机车流模拟

3.1.1 WIM 数据采集及处理

WIM 数据采集系统主要自动监测并记录车辆到达时间、车速、行驶方向及车道位置、车质量、轴数、轴质量等信息。动态称重系统采集的车辆荷载数据受环境因素、系统误差等因素的影响，难免产生测量误差并记录了超现实的“坏数据”。原始记录数据筛选原则：①车速范围(20～120km/h)；②轴数为整数，且大于2，单个轴重小于40t；③轴距范围(0.6～20m)。

选取某高速12个月连续监测数据为分析对象，监测天数为240d，涵盖了不同季节、节假日等条件下的交通状况。经筛选，共得到265243组车辆荷载数据，日均交通量为1105辆，车质量分布如图3.2所示，由图可知，车质量的主要分布范围0～80t，且小于3t的车质量概率达到57.2%，这主要是由小型二轴车组成，另外，车质量最大达到141t，但超过80t的车辆出现概率非常小。

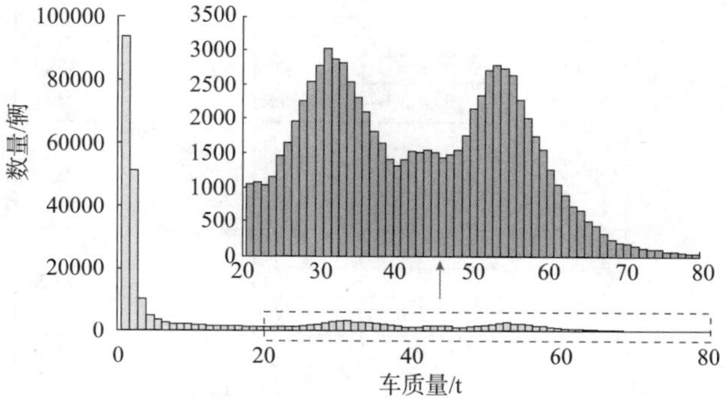

图3.2 总体车质量分析

以文献[40]中典型车辆数据库为基准，对实测WIM的车辆数据进行车型归类分析。监测时段内高速各车道各车型的交通量如表3.1所示，其中，车道1为道路靠外侧车道，车道2为靠内侧车道。监测时段内车辆类型共划分为五大类，通过对每一类车型详细识别后共确定13种车辆类型，其中，小型双轴车的数量最多，占比达54.0%，但其车质量均不超过3.0t，中型双轴车(客车、货车)的数量次之，占比8.6%，对应车质量主要分布范围为0.6～48.6t。仅剔除小型双轴车作为WIM数据的简化筛选原则，通过进一步优化WIM数据为后续的交通及车辆荷载特性分析提供数据基础。经处理，共获取车辆荷载数据121952组，日均交通量约为508辆。

表3.1 各车道车型交通量统计

车型	轴数	编号	车型示意	车道1/辆	车道2/辆	合计/辆
第一类	2	2－1	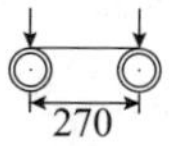	97849	45442	143291

续表

车型	轴数	编号	车型示意	车道 1/辆		车道 2/辆		合计/辆
第二类	2	2-3	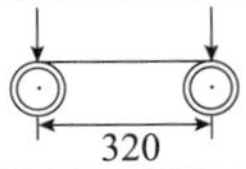	9148		13658		22806
第三类		2-5	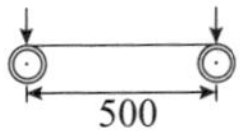	4178		7564		11742
	3	15-1	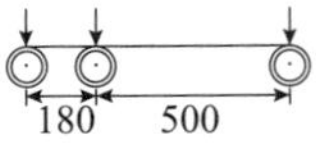	332		2016		
第四类		3-2	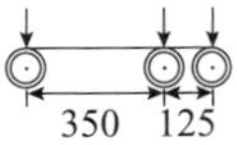	181	1034	693	5993	7027
	4	4-3	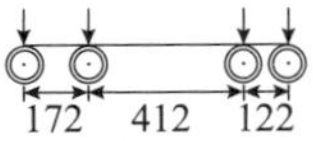	521		3284		
	3	7-1	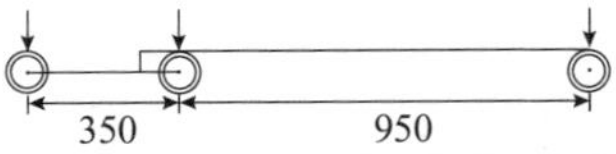	25		121		
	4	8-1	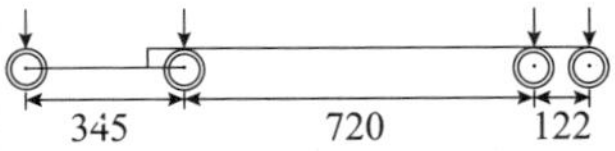	83		612		
	5	9-2	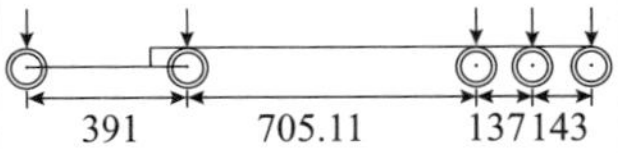	103		1207		
第五类		10-2	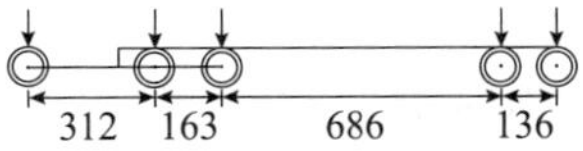	41	12158	291	68219	80377
		11-5	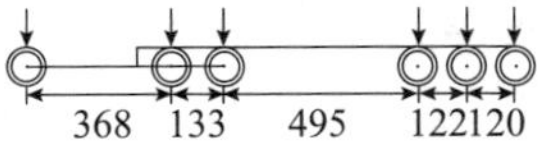	7252		41666		
	6	11-6	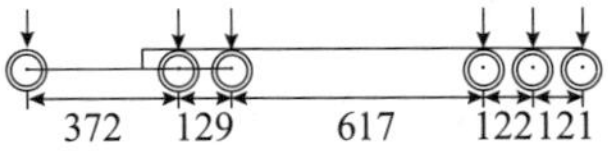	4606		24220		
		11-7	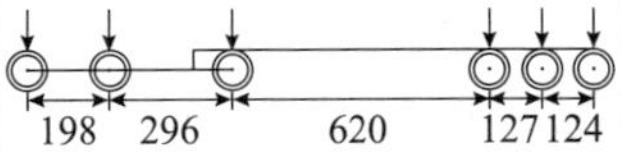	48		102		
合计				124367		140876		265243

3.1.2 交通流和车辆荷载参数概率分布特性

为进一步从宏观及微观两个层面对高速公路荷载水平深入研究，达到模拟更符合实际状况的随机车流的目的，分别从交通流及车辆荷载参数两个角度着手，对荷载特性参数进行概率密度分析。已有研究成果大多采用参数估计法[7]，即先假定实测数据的概率密度函数再估计未知分布参数，传统的荷载参数概率分布模型大多采用单峰或多峰分布模型，但在进行数据的边缘分布拟合时往往是十分困难且耗时耗力的。为简化数据统计分析流程并提高数据的处理效率，尝试采用非参数估计法—核密度估计，对交通流特性和车辆特性参数的边缘分布特性进行统计。

3.1.2.1 非参数核密度估计法

非参数核密度估计法无需假定数据样本的边缘分布，可直接从样本数据直接获取对应的边缘概率密度分布及累计概率密度分布，变量 x^i 边缘概率密度 $\hat{f}(x^i)$ 的表达式为：

$$\hat{f}(x^i) = \frac{1}{Nh_i}\sum_{j=1}^{N} K_i\left(\frac{x^i - x_j^i}{h_i}\right) \tag{3.1}$$

式中，K_i 为核函数（Gaussian、Box、Triangle 及 Epanechnikov 等核函数）；h_i 为光滑参数；x_j^i 为变量 x^i 的实测数据样本。

相应地，变量 x^i 在任意一点 x_j^i 处的累计概率密度分布函数 X_j^i 为：

$$X_j^i = \int_{-\infty}^{x_j^i} \hat{f}(x^j) = \mathrm{d}x \tag{3.2}$$

在荷载参数的统计分析过程中，选取 K－S 法对结果进行后验，其中，显著性水平统一取定为 0.01。

3.1.2.2 交通流参数特性

对于加载区间较大且布设车载较多的缆索承重桥梁结构而言，交通组成特性如交通量、车道的车型分布、车头时距及行车速度等参数对大跨桥梁荷载效应的影响较为突出。为精细化模拟更符合大跨桥梁的运营随机车流，须从实测时变数据统计分析并提取对应的交通参数特性模型。

(1)交通量

交通量直接反映通行道路的交通拥挤状况，具有一定的随机性及时变性，监测期内各车道的日均交通量如图 3.3 所

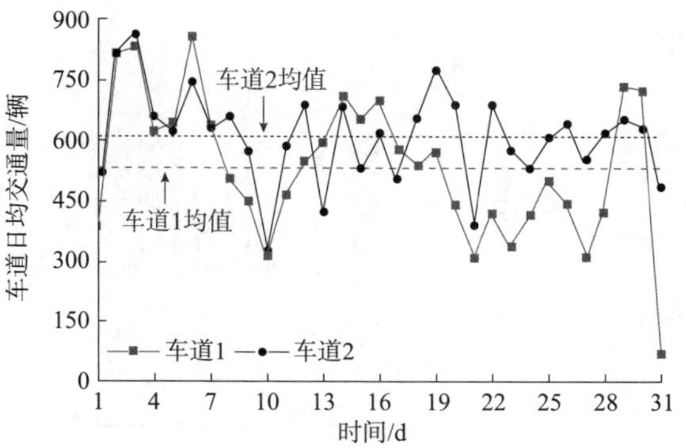

图 3.3 车道日均交通变化量

示，其中，车道 1 及车道 2 分别代表道路断面的慢车道、快车道。单位时段内车道交通量及荷载水平如图 3.4、图 3.5 所示，其中，车道时均交通量、时均交通质量分别反映了车道的车辆分布及荷载水平。

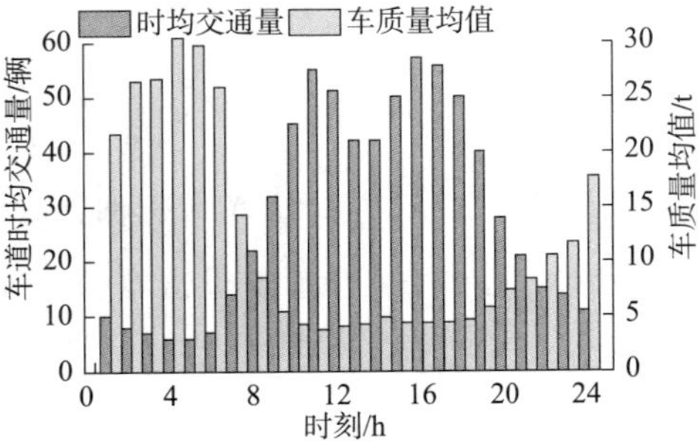

图 3.4　车道 1 时均交通量及车质量均值分布

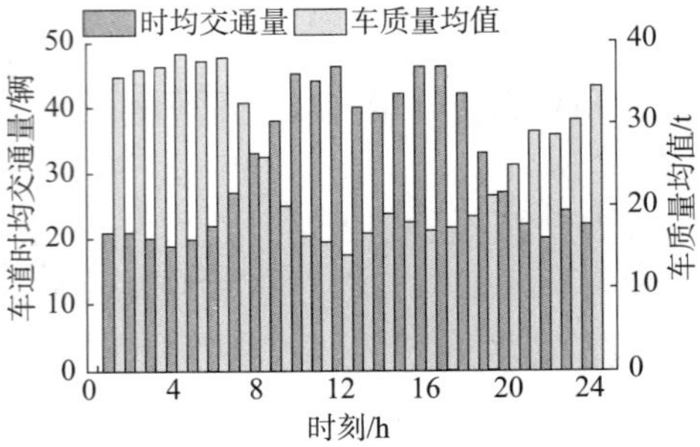

图 3.5　车道 2 时均交通量及车质量均值分布

由图 3.4、图 3.5 可知，车道的日均交通量差距较大，且存在一定的时变特性；车道 1 日均交通量大于车道 2；白天交通量大于夜晚；车道时均交通质量与交通量的时变特性相反，这主要由于时段交通流的车型构成差距较大，白天交通流车型以轻载车为主，而夜晚以重载车为主。

(2) 车道车型分布

不同车型的横向行驶车道存在差异性，图 3.6 为各车型在双车道断面的车道选择概率，二轴车中 2 - 1 车型在两个车道中的占比均最大，分别为 78.7%、36.5%，因车载较小且车速较快，大多行驶在道路断面的内侧车道 1；11 - 5 车型和 11 - 6 车型在车道 2 交通占比较大，分别为 33.5% 和 19.5%，车载较重的车辆大多行驶在道路断面的外侧车道，这一结果符合当前的交通行驶规律。

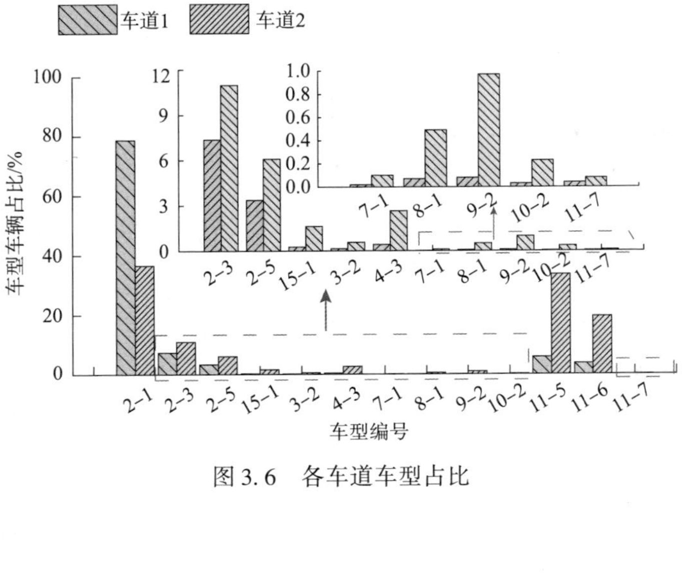

图 3.6　各车道车型占比

对于多车道的宏观交通流特性而言，不同车道的车型占比选择将直接影响交通量及密度，进一步影响车载下大跨桥梁的结构响应。结合监测数据及文献[11]的研究成果，多车道通行断面下的交通组成及各轴数车型占比统计结果如表3.2所示。

表3.2　多车道下各轴数车型占比

车道	车道车型占比/%				
	2轴	3轴	4轴	5轴	6轴
2车道	67.05	1.27	1.70	0.62	29.37
2车道[11]	85.12	4.66	3.83	2.33	4.06
3车道[11]	78.89	4.97	3.54	4.04	8.56
4车道[11]	89.88	2.11	2.75	0.73	4.53

由表可知，在不同车道数量的通行断面下，2轴车占比均最大，在重载交通区域，大型6轴车占比近30%，3～5轴车的车型占比均相对较小。多车道通行断面下各轴数车型在不同车道的占比统计结果如图3.7所示。由图可知，同一轴数车型在同一断面的不同车道的占比存在很大的差异，且不同车道数量的通行断面各车道车流的车型组成存在较大差异。监测车流的车道车型占比结果如图3.8、图3.9所示，为实现更符合实际交通特性的随机车流样本，基于WIM数据考虑车型的车道选择概率这一交通流特性是十分必要的。

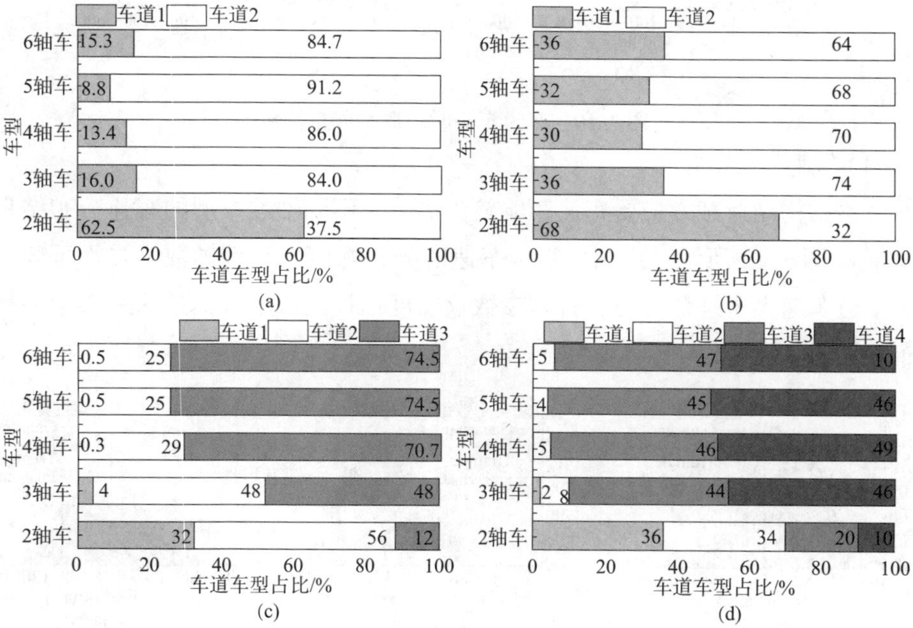

图3.7　多车道下各轴数车型选择车道的概率

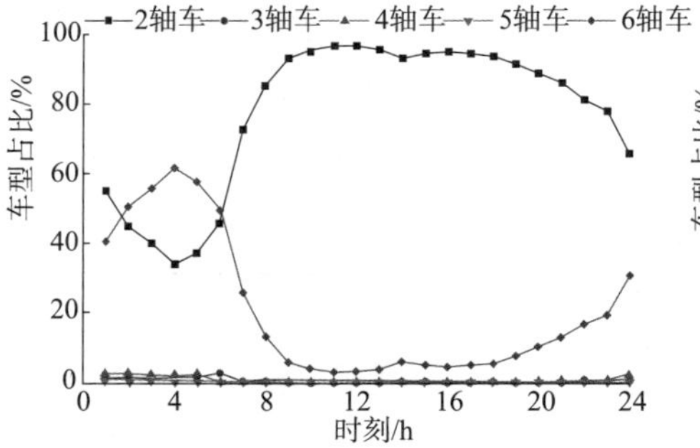

图 3.8　车道 1 车型占比

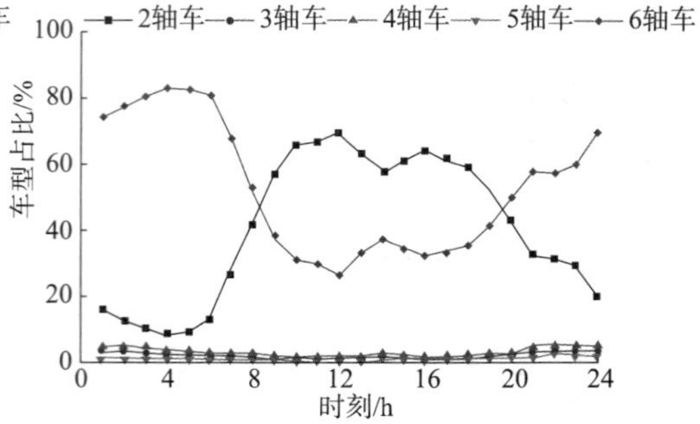

图 3.9　车道 2 车型占比

(3)车头时距

车头时距可由监测车辆到达 WIM 数据采集断面的时间间隔获取，是表征交通流密度的重要特性参数且是随机车流模拟的必备参数。车道车头时距的概率密度分布结果如图 3.10 所示。由图可知，采用非参数核密度估计法可较好描述这一参数的概率分布特性。

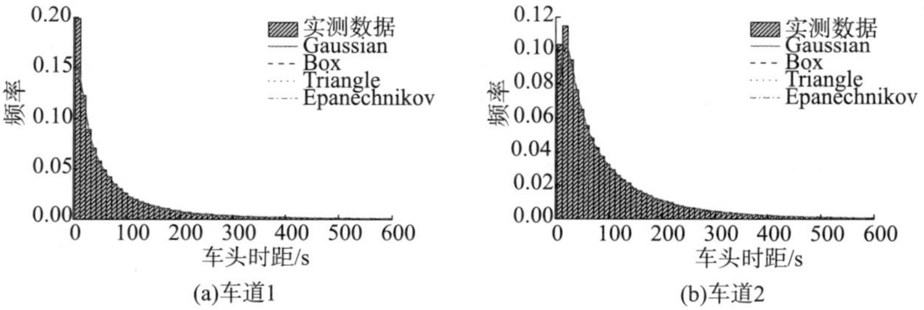

图 3.10　车道车头时距概率分布特性

(4)车速

桥梁结构动荷载效应受车速影响较为显著，不同轴数车型的车速分布结果如图 3.11、图 3.12 所示。由图可知，车速的分布峰值随车型轴数增加而下降，且内侧车道车速大于外侧车道，且非参数核密度估计法可较好描述这一参数的概率分布特性。

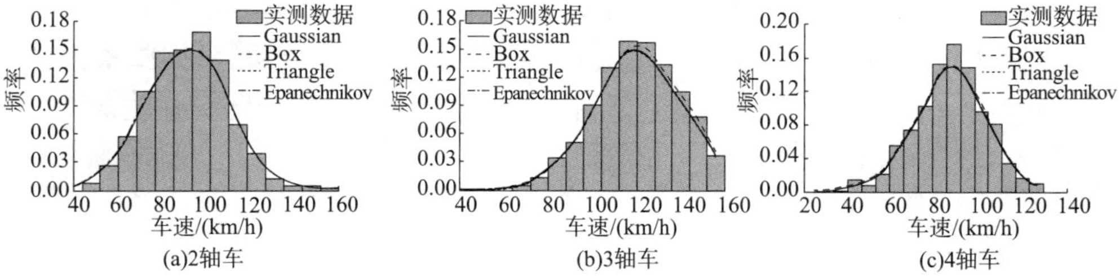

图 3.11　车道 1 行驶速度概率分布

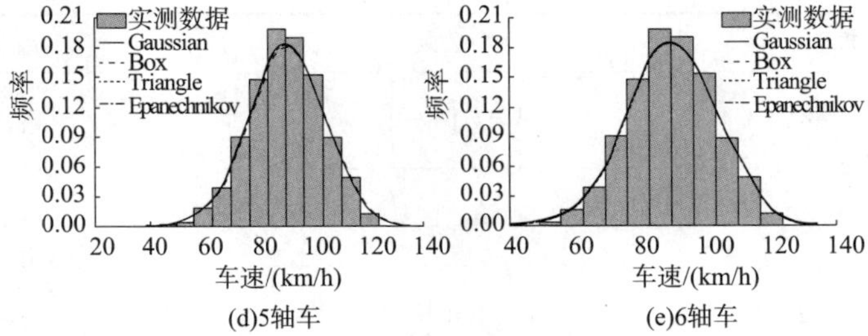

图 3.11 车道 1 行驶速度概率分布(续)

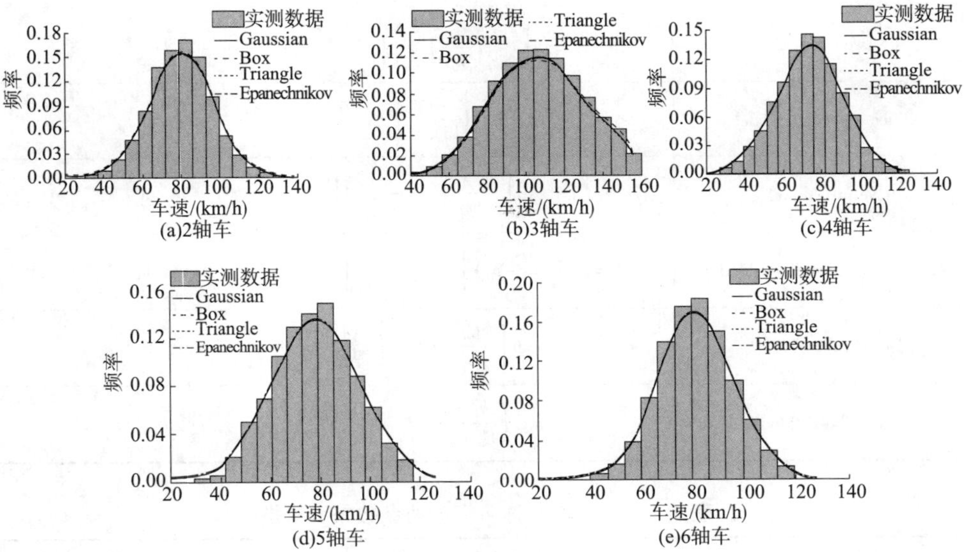

图 3.12 车道 2 行驶速度概率分布

(5)基于监测数据的交通流－密度－速度关系模型

随机交通流特性三个关键参数为：交通流量 Q、平均车速 v 和交通流密度 k，参数间的关系为：

$$Q = k \cdot v \tag{3.3}$$

目前，已有研究成果建立了多种单区段密度－行车速度($k-v$)的参数关系模型[41]，如表 3.3 所示。由于单区段模型不能兼顾自由流区和拥挤流区经验数据的拟合，因此提出了更具适应性的多区段密度－行车速度模型，如 Edie 模型、两区段模型、基于聚类算法的多区段模型、改进的 Greenberg 模型及三区段模型，如表 3.4 所示。

表 3.3　单区段车速 – 密度两参数关系模型

单区段模型	公式	参数
Greenshields Model	$V=v_{\mathrm{f}}\left(1-\frac{k}{k_{\mathrm{j}}}\right)$	v_{f}、k_{j}
Greenberg Model	$V=v_{\mathrm{m}}\log\frac{k_{\mathrm{j}}}{k}$	v_{m}、k_{j}
Underwood Model	$V=v_{\mathrm{f}}\exp\left(-\frac{k}{k_{\mathrm{j}}}\right)$	v_{f}、k_{j}
Northwestern Model	$V=v_{\mathrm{f}}\exp\left[-\frac{1}{2}\left(\frac{k}{k_{\mathrm{o}}}\right)^2\right]$	v_{f}、k_{o}
Drew Model	$V=v_{\mathrm{f}}\left[1-\left(\frac{k}{k_{\mathrm{j}}}\right)^{n+\frac{1}{2}}\right]$	v_{f}、k_{j}
Pipes – Munjal Model	$V=v_{\mathrm{f}}\left[1-\left(\frac{k}{k_{\mathrm{j}}}\right)^{n}\right]$	v_{f}、k_{j}
Newell Model	$V=v_{\mathrm{f}}\left\{1-\exp\left[-\frac{\lambda}{v_{\mathrm{f}}}\left(\frac{1}{k}-\frac{1}{k_{\mathrm{j}}}\right)\right]\right\}$	v_{f}、λ、k_{j}
Modified Greenshields Model	$V=v_0+(v_{\mathrm{f}}-v_0)\left[1-\left(\frac{k}{k_{\mathrm{j}}}\right)^{\alpha}\right]$	v_0、v_{f}、k_{j}
Del Castillo Model	$V=v_{\mathrm{f}}\left\{1-\exp\left[\frac{\lvert C_{\mathrm{j}}\rvert}{v_{\mathrm{f}}}\left(1-\frac{k}{k_{\mathrm{j}}}\right)\right]\right\}$	v_{f}、C_{j}、k_{j}
MacNicholas Model	$V=v_{\mathrm{f}}\left(\frac{k_{\mathrm{j}}^n-k^n}{k_{\mathrm{j}}^n+mk^n}\right)$	v_{f}、k_{j}、m、n

表 3.4　多区段车速 – 密度两参数关系模型

多区段模型	自由流	过渡流	拥挤流
Edie Model	$V=54.9\mathrm{e}^{-\frac{k}{163.9}}(k\leqslant 50)$	—	$V=26.8\ln\left(\frac{162.5}{k}\right)(k\geqslant 50)$
Two – regime Model	$V=60.9-0.515k(k\leqslant 65)$	—	$V=40-0.265k(k\geqslant 65)$
Modified Greenberg	$V=48(k\leqslant 35)$	—	$V=32\ln\left(\frac{145.5}{k}\right)(k\geqslant 35)$
Three – regime Linear Model	$V=50-0.0985k(k\leqslant 40)$	$V=81.4-0.913k(40\leqslant k\leqslant 65)$	$V=40-0.265k(k\geqslant 65)$

考虑不同车流密度下车辆速度的差异性，Wang 提出了参数可变的速度 – 密度关系模型[41]：

$$v(k,\ \theta)=v_{\mathrm{b}}+\frac{v_{\mathrm{f}}-v_{\mathrm{b}}}{\left[1+\exp\left(\frac{k-k_{\mathrm{t}}}{\theta_1}\right)\right]^{\theta 2}} \tag{3.4}$$

式中，v_f 为自由交通流的车辆速度；v_b 为拥挤交通流车辆跟随状态下走走停停时最小行驶速度，取值 9.0km/h；K_t、v_t 为速度 - 密度曲线中从自由流过渡至适中流拐点的密度值及速度值；θ_1、θ_2 为速度 - 密度曲线的尺度参数，且与 K_t 存在一定的线性关系，为：

$$\begin{cases}\theta_1 = 0.1612k_t + 0.0337 \\ \theta_2 = 0.0093k_t + 0.0507\end{cases} \tag{3.5}$$

Wang 对 76 个测站的交通流数据进行分析并建立了对应的速度 - 密度模型，确定了对应最优参数值 v_f、K_t、θ_1 及 θ_2，其中 v_f 与 K_t 的关系如图 3.13 所示，由图可知，K_t、v_f 存在一定相关性。

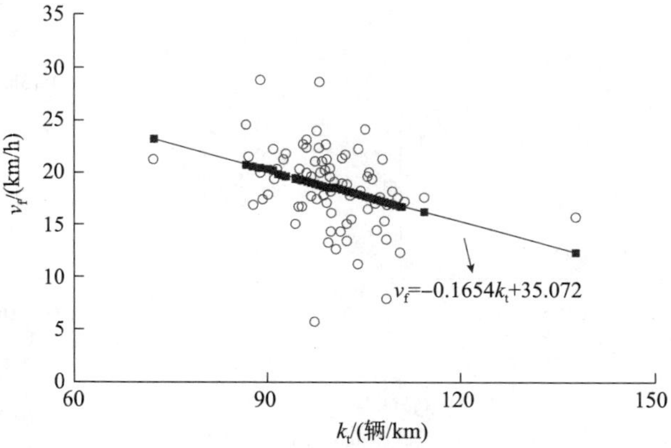

图 3.13　v_f 与 K_t 的拟合关系

基于监测交通流数据建立符合实际状况的不同密度随机车流样本，为后续探讨正常运营随机车流下大跨桥梁的结构响应提供数据支持。监测时段内车道 1 时交通量、平均车速及车流密度三参数间的关系如图 3.14 所示。

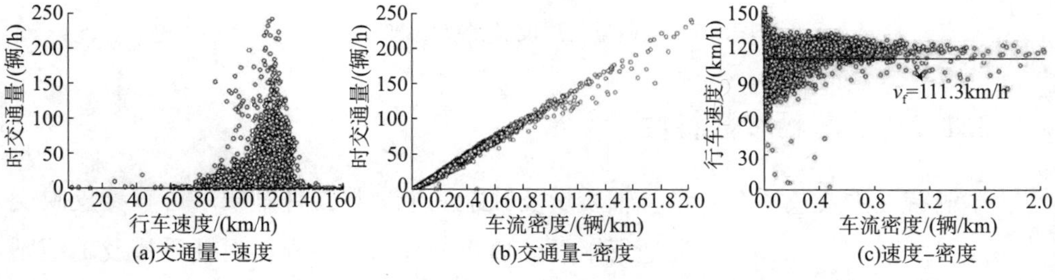

图 3.14　车道 1 时交通量、车速及车流密度参数关系

由图 3.14 可知，监测时段内车流密度非常小，属于自由交通流状态，通过速度 - 密度的线性拟合可知监测车道的自由流车速 v_f 为 111.3km/h，联立

式(3.3)~式(3.5)可得监测车道的速度－密度模型：

$$v(k)=9+\frac{102.3}{\left[1+\exp\left(\frac{k-16.409}{2.6788}\right)\right]^{0.1019}} \tag{3.6}$$

监测车道的交通量 Q、车辆平均速度 v 及交通流密度 k 三参数间关系模型如图 3.15 所示。当交通流发生堵塞时，假定车流的平均车速 v_j 取值为 30km/h，依据车流平均车速 v_t 和 v_j 可将交通流划分为自由流、过渡流及拥堵流三种交通状态。为后续模拟桥梁正常服役期内不同车流密度状态下的随机交通流，分别选取稀疏流、一般流及密集流三种车流密度作为自由流的典型代表，选取拥堵流作为拥堵制动车流典型代表。

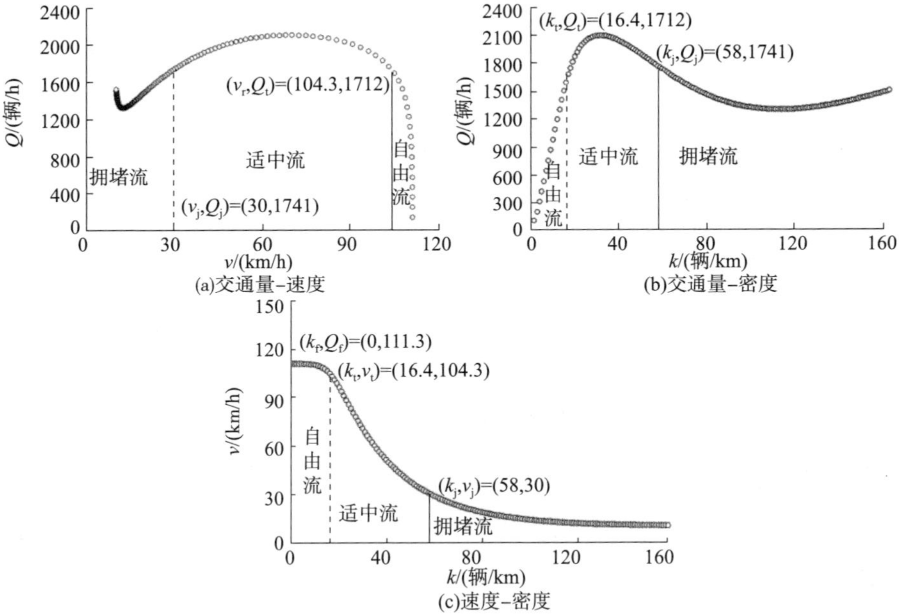

图 3.15　交通量、速度及密度参数关系模型

3.1.2.3　车辆参数特性

车辆特性主要包括车质量、轴质量及轴距三个参数，且车质量可直接反映交通通行断面的通行荷载水平差异，而轴质量及轴距则是决定车质量加载桥梁结构纵向位置及大小的直接体现。图 3.16 为以一典型三轴车为例描述车辆的轴质量及轴距标识。

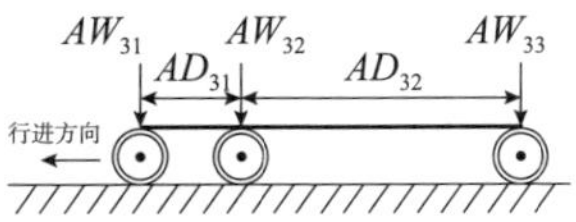

图 3.16　车辆轴质量及轴距标识

(1)车质量

车道车质量分布可直接反映交通通行断面的横向通行荷载水平差异，已有研究发现车质量总体分布符合多峰长尾分布。采用非参数核密度估计法无需假定混合分布类型便可获取车质量数据样本的概率密度边缘分布曲线，结果如图 3. 17 所示。由图可知，各车道车质量分布均符合多峰长尾分布类型，因车道间车型占比的差异性使得不同车道总体车质量概率密度分布曲线存在差异性。不同轴数车型的车质量分布结果如图 3. 18 所示。由图可知，不同轴数车型车质量的边缘分布曲线差异性较大，2 ~ 3 轴车呈单峰分布特征，而 4 ~ 6 轴车呈多峰分布特征。

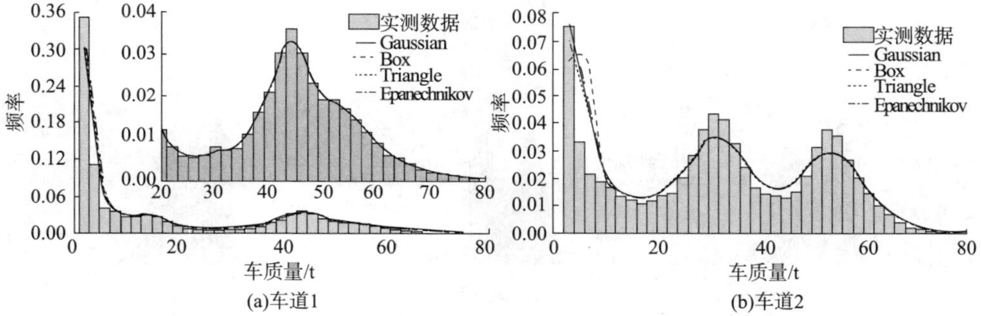

图 3. 17　车道车质量分布

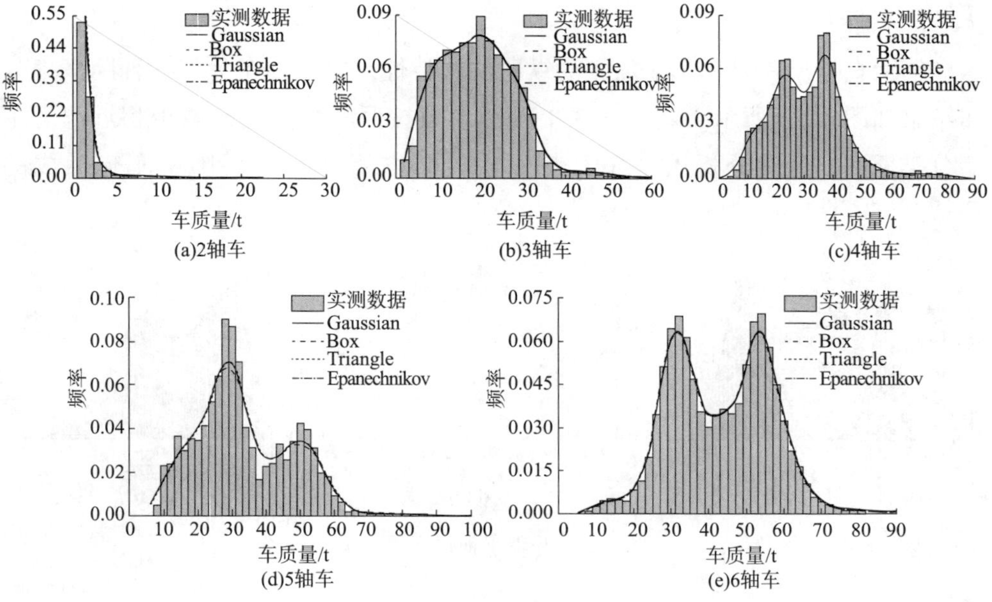

图 3. 18　各轴车车质量概率分布

(2)轴质量

以6轴车为例，轴质量概率特性结果如图3.19所示。由图可知，6轴车AW_{61}分布呈单峰分布特征，其他轴质量均呈多峰分布特征，AW_{62}与AW_{63}、轴质量概率密度边缘分布曲线相似，且AW_{64}、AW_{65}、AW_{66}的对应边缘分布曲线亦存在相似特征，这主要是由车轴间的相关性决定的。

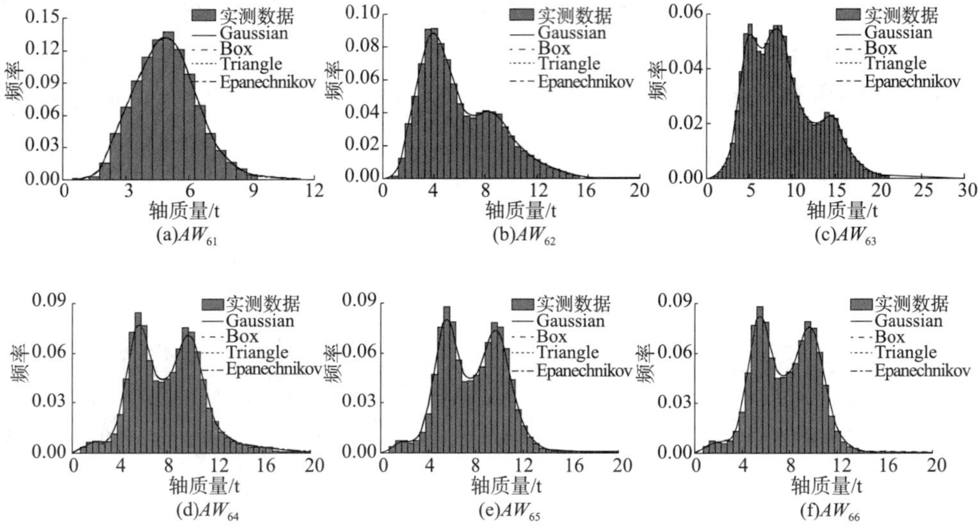

图3.19　6轴车轴质量概率分布

(3)轴距

轴距直接反映单一车辆加载的纵向位置特性。以6轴车为例，轴距概率分布结果如图3.20所示。基于表3.1轴距参数按照轴数相同、轴距相近作为车型分类原则。后续分析中，基于表3.1中的13种车型开展随机车流生成的模拟。

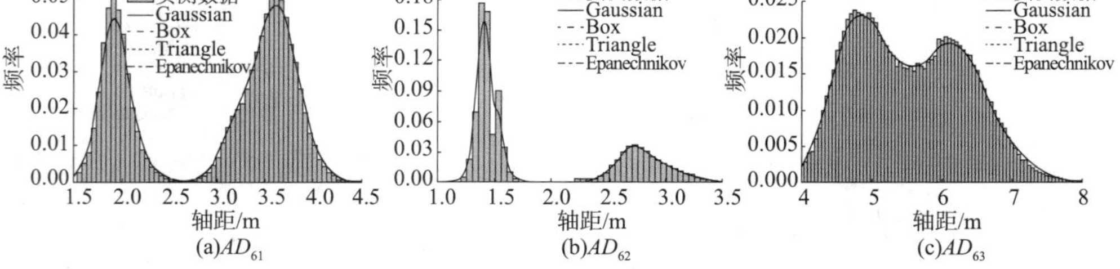

图3.20　6轴车轴距概率分布

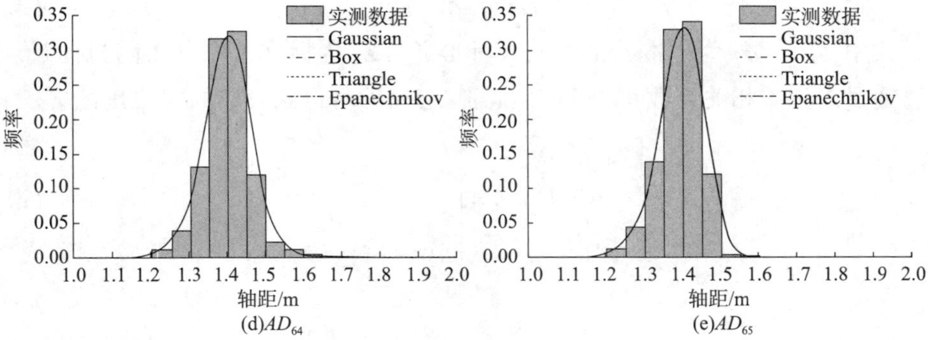

图 3.20　6 轴车轴距概率分布(续)

3.1.3　考虑变量相关的拉丁超立方抽样法(LHS – C 法)模拟随机车流

3.1.3.1　考虑变量相关性的随机样本抽样方法

随机交通流中宏观交通参数及微观车辆荷载参数均是随机的，且变量间存在相关性，如车质量与轴质量、轴质量间并不是相互独立的。传统的蒙特卡洛抽样时以变量相互间独立不相关为前提，而忽略变量间的相关性势必将造成交通流车辆荷载效应的不切实际，甚至影响桥梁结构正常运营阶段真实状态的仿真及评估。

在随机参数相关性的研究方面，国外学者在随机参数抽样过程中应用智能算法，但存在计算量较大且结果误差较大的缺点[42-44]。利用秩相关系数描述随机参数的相关性，基于拉丁超立方抽样法(LHS)并联合 Copula 理论建立相关参数样本的模拟(LHS – C 法)，采用 Coupla 函数将边缘分布及变量间的相关性进行分离研究，可简化对应变量概率分布模型的建立[45]。其中，Coupla 理论转换原理示意如图 3.21 所示。积差相关系数是确定随机变量间相关性的常用指标，即 Pearson、Spearman 及 Kendall 秩相关系数。Pearson 系数表达式：

$$\rho_{UV} = \frac{\operatorname{cov}(U,\ V)}{\sigma_U \sigma_V} = \frac{E(UV) - E(U)E(V)}{\sqrt{E(U^2) - E^2(U)}\ \sqrt{E(V^2) - E^2(V)}} \tag{3.7}$$

式中，ρ_{UV}、$\operatorname{cov}(U,\ V)$ 分别为变量 U、V 的 Pearson 相关系数及协方差；σ、E分别为变量的方差及数学期望。

Pearson 相关系数可描述正态变量间线性及非线性的相关关系。正态分布随机变量为：

$$\boldsymbol{L}=\sigma_L\boldsymbol{Z}_{\mathrm{s}}+\mu_L \tag{3.8}$$

式中，μ_L、σ_L 为样本 $\boldsymbol{L}$ 的均值及标准差；$\boldsymbol{Z}_{\mathrm{s}}$ 为标准正态分布随机向量。其中，通过对积差相关系数 ρ_L 进行 Cholesky 分解即可得到对应的 N 维度的 $\boldsymbol{Z}_{\mathrm{s}}$，即：

$$\boldsymbol{Z}_{\mathrm{s}}=\begin{bmatrix} z_{\mathrm{s}1}\\ \vdots \\ z_{\mathrm{s}N}\end{bmatrix}=\boldsymbol{C}\times\boldsymbol{Z}=\begin{bmatrix} c_{11} & & \\ \vdots & \ddots & \\ c_{N1} & \cdots & c_{NN}\end{bmatrix}\begin{bmatrix} z_1\\ \vdots \\ z_N\end{bmatrix} \tag{3.9}$$

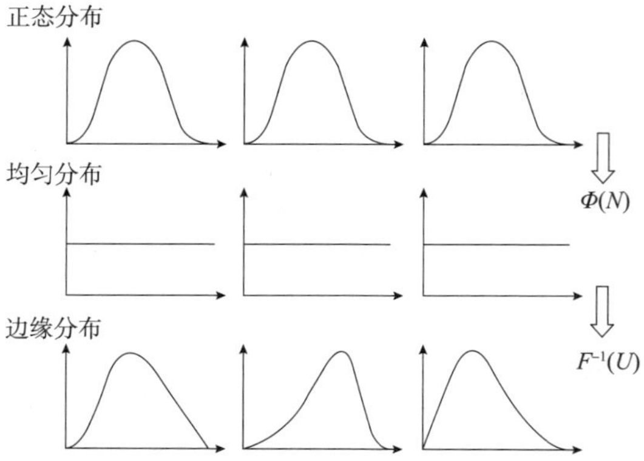

图 3.21　Coupla 理论转换原理示意

Spearman 秩相关系数可测量非正态分布变量间的相关性。首先，由小到大排列变量值，并计算对应的秩，得到变量间的单调关系；其次，将变量 U、V 的边缘分布转换成累计分布函数 F_U、F_V，服从均匀分布（0，1）。Spearman 秩相关系数 $\rho_{\mathrm{s}}(U,\ V)$ 是随机变量或通过应用变换成均匀分布的秩的积差相关系数，为：

$$\rho_{\mathrm{s}}(U,\ V)=\rho[F_U(U),\ F_V(V)] \tag{3.10}$$

其中，$\rho_{\mathrm{s}}\in[-1,\ 1]$，对联合正态分布随机向量，存在：

$$\rho(U,\ V)=2\sin\left[\frac{\pi}{6}\rho_{\mathrm{s}}(X,\ Y)\right] \tag{3.11}$$

引入 Copula 函数，将变量联合的分布函数与边缘的分布函数相连接，即

$$F(u_1,\ u_2,\ \cdots,\ u_N)=C[F_1(u_1),\ F_2(u_2),\ \cdots,\ F_N(u_N)] \tag{3.12}$$

可得分布函数计算式为：

$$C(u_1,\ u_2,\ \cdots,\ u_N;\ R)=\boldsymbol{\Phi}_R[\boldsymbol{\Phi}^{-1}(u_1),\ \boldsymbol{\Phi}^{-1}(u_2),\ \cdots,\ \boldsymbol{\Phi}^{-1}(u_N)] \tag{3.13}$$

式中，R 为 Pearson 矩阵；$\boldsymbol{\Phi}_R$ 为 R 的 N 元正态 Copula 函数；$\boldsymbol{\Phi}^{-1}$ 为标准正态分布函数的反函数。

利用式(3.13)的反函数可得到[0，1]范围内的随机样本 U：

$$\boldsymbol{U}=C^{-1}(\boldsymbol{\Phi}_R) \tag{3.14}$$

对均匀累计分布函数取逆，进一步求解得到其对应的边缘分布的变量，即

$$W_n=F_n^{-1}(U_n) \tag{3.15}$$

拉丁超立方抽样(LHS)的主要思路是基于反函数变换，将其取值范围[0，1]

分成对应的抽样数量区间，然后在各区间按均匀分布随机抽取，再通过对反函数变换确定变量样本值，抽样原理示意如图 3.22 所示。相对蒙特卡洛抽样方法，LHS 法可增大采样空间，并覆盖整个概率分布空间，进而提高了算法的精确性，而 MC 抽样法只有在足够多的抽样规模下才能得到较高的精度。采用 LHS 抽样法并结合 Copula 理论考虑随机变量相关性建立的采样方法 LHS－C 模拟随机变量，主要流程如下：

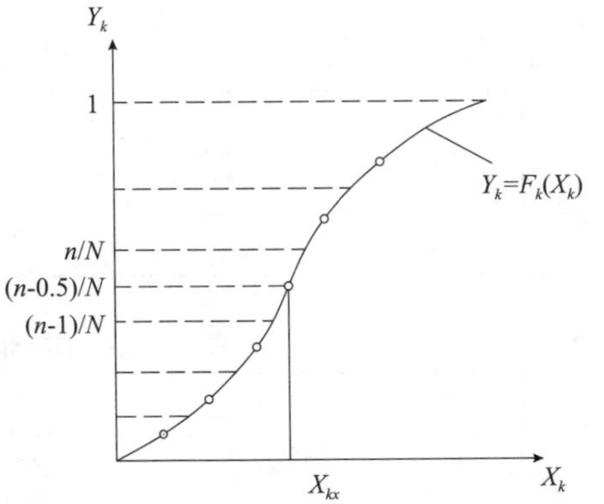

图 3.22　LHS 抽样原理示意

(1) 通过获取 N 元随机变量 U 的 Spearman 秩相关系数矩阵 R_s，利用式(3.7)求解 R；

(2)利用 LHS 法获取独立分布的 N 元标准正态分布随机变量 Z；

(3)对 R 进行乔列斯基分解，可得下三角矩阵 C，利用式(3.9)求解变量 Z_s；

(4)由式(3.12)、式(3.13)确定 N 元变量边缘累计分布函数的 Copula 函数，然后基于正态 Copula 的反函及 LHS 法抽取[0，1]上的 N 元随机样本 U；

(5)根据非参数核密度估计法获取变量累计分布函数，利用式(3.9)获取秩相关系数矩阵同为 R_s 的随机样本。

已有研究表明，在车流样本模拟时，若忽略车辆特性间的相关关系将直接造成车载效应不符合实际[22]，尤其重要的是，车辆轴质量参数间的相关性必须考虑。这主要是由于在车辆设计中的部分车轴为连轴设计。以 WIM 数据的车辆轴质量实测数据为基础，采用 Spearman 秩相关系数对不同轴数车辆轴质量间的相关性进行分析，如表 3.5～表 3.9 所示，由表可知，不同轴数车型的轴质量间存在不同程度的相关性。

表 3.5　2 轴车轴质量 Spearman 系数

变量	R_s	
	AW_{21}	AW_{22}
AW_{21}	1	0.86
AW_{22}	0.86	1

表 3.6　3 轴车轴质量 Spearman 系数

变量	R_s		
	AW_{31}	AW_{32}	AW_{33}
AW_{31}	1	0.74	0.48
AW_{32}	0.74	1	0.53
AW_{33}	0.48	0.53	1

表 3.7　4 轴车轴质量 Spearman 系数

变量	R_s			
	AW_{41}	AW_{42}	AW_{43}	AW_{44}
AW_{41}	1	0.66	0.69	0.71
AW_{42}	0.66	1	0.53	0.54
AW_{43}	0.69	0.53	1	0.91
AW_{44}	0.71	0.54	0.91	1

表 3.8　5 轴车轴质量 Spearman 系数

变量	R_s				
	AW_{51}	AW_{52}	AW_{53}	AW_{54}	AW_{55}
AW_{51}	1	0.37	0.53	0.55	0.49
AW_{52}	0.37	1	0.73	0.71	0.73
AW_{53}	0.53	0.73	1	0.89	0.88
AW_{54}	0.55	0.71	0.89	1	0.89
AW_{55}	0.49	0.73	0.88	0.89	1

表 3.9　6 轴车轴质量 Spearman 系数

变量	R_s					
	AW_{61}	AW_{62}	AW_{63}	AW_{64}	AW_{65}	AW_{66}
AW_{61}	1	0.68	0.29	0.67	0.67	0.67
AW_{62}	0.68	1	-0.06	0.47	0.48	0.48
AW_{63}	0.29	-0.06	1	0.61	0.62	0.61
AW_{64}	0.67	0.47	0.61	1	0.95	0.92
AW_{65}	0.67	0.48	0.62	0.95	1	0.97
AW_{66}	0.67	0.48	0.61	0.92	0.97	1

为更清晰阐明考虑变量相关性在随机变量抽样过程中的重要性，以 6 轴车的第 5 轴、第 6 轴轴质量为例，轴质量实测数据、不考虑轴质量相关性随机样本及考虑轴质量相关性的随机样本的数据分布特征如图 3. 23 所示。由图可知，实测轴质量间存在相关性。6 轴车轴质量实测数据、不考虑及考虑轴质量间相关性的随机样本数据的散点矩阵图如图 3. 24 所示，由对角线直方图结果可知，三种轴质量样本数据的边缘分布保持一致性，但不考虑变量相关性的随机抽样样本离散无序、无规律，这表明变量的随机抽样结果将不符合车辆荷载的实际情况，不仅在微观层面影响桥梁构件局部荷载效应，而且将因不吻合宏观层面随机交通流荷载水平而进一步影响结构的整体响应。基于 LHS - C 法获取的车质量及轴质量随机样本数据不仅边缘分布与实测数据相一致，而且其样本分布领域与实测数据更为接近。

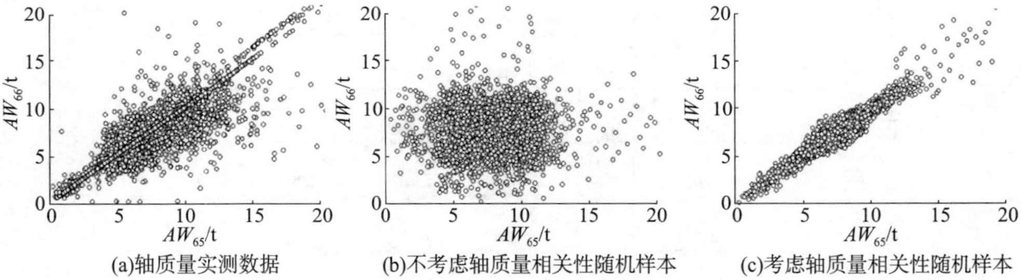

图 3. 23　6 轴车轴质量随机变量样本

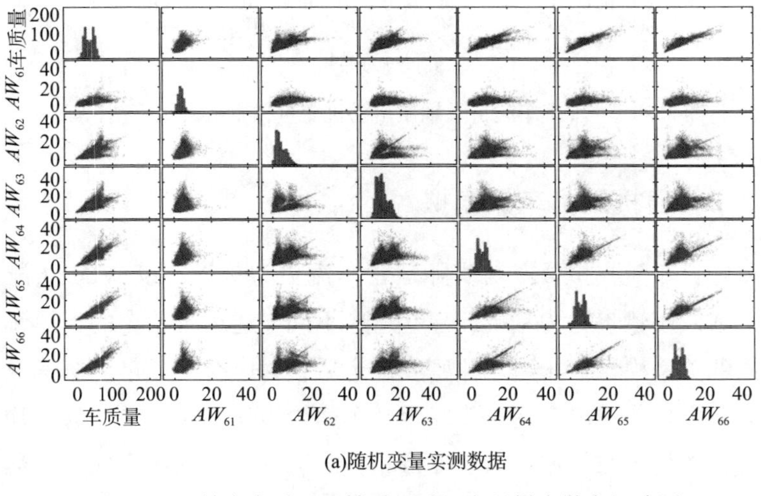

图 3. 24　6 轴车车质量及轴质量随机变量样本散点矩阵图

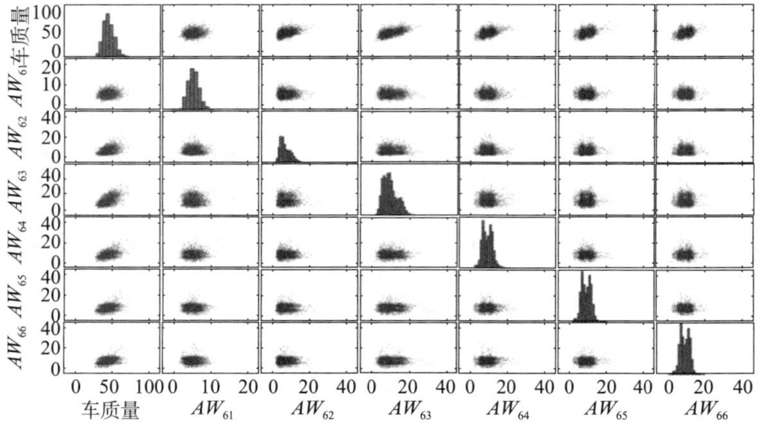

(b)不考虑变量相关性

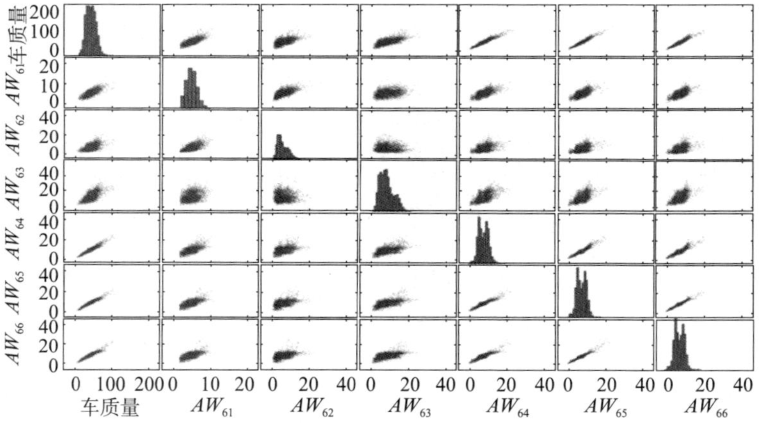

(c)考虑变量相关性

图 3.24　6 轴车车质量及轴质量随机变量样本散点矩阵图(续)

3.1.3.2　随机正常车流模拟

为使得随机车流模拟样本与实际运营车流更为接近，以 WIM 实测数据获取的交通流参数及车辆参数为基础，建立适应不同交通运营状态的车道车流速度 - 密度参数间的关系模型。车道车流密度确定后，对应时交通量、车速及车头时距即可确定，假定单一时段车辆车头时距及车速均服从以时段平均值为均值的正态分布，并进行随机分布抽取。基于变量相关的 LHS - C 抽样法确定车流中任一车辆特性参数值，最后通过编制程序形成随机车流，具体模拟流程如图 3.25 所示，主要步骤如下：

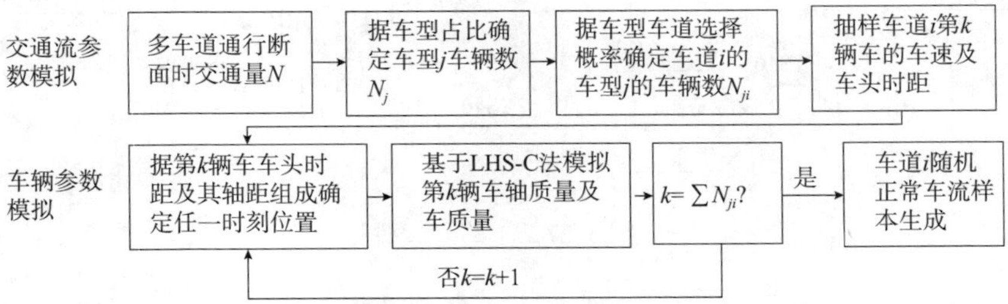

图 3.25　基于 LHS－C 抽样法的随机车流模拟流程

(1)交通流参数模拟

假定多车道通行断面的时交通量为 N，依据车型占比参数值，确定对应车型 j 的车辆数 N_j；确定车道 i 对应车型 j 的车辆数 N_{ji}；最后随机抽取车道 i 中第 k 辆车的车速值及车头时距值；

(2)车辆参数模拟

依据第 k 辆车车头时距及对应轴距组成确定任一时刻位置；基于考虑变量相关的 LHS－C 抽样法模拟第 k 辆车的轴质量及车质量值，直至车道 i 的所有 $\sum N_{ji}$ 辆的车辆参数抽样模拟完成，则车道 i 随机正常车流样本生成。双向四车道行车道 1～4 车流样本如图 3.26 所示。

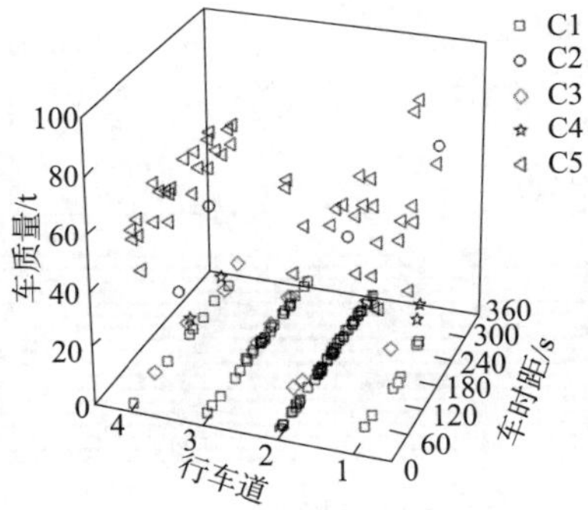

图 3.26　双向四车道随机车流样本

3.2　算例分析

3.2.1　背景桥梁

以一单跨悬索桥为算例进行分析，如图 3.27 所示。单根主缆共设 78 根吊索（即 TS1～TS78），吊索采用骑跨式钢丝绳结构，如图 3.28 所示。主梁梁端均设置了伸缩缝和纵向黏滞阻尼器，两端各采用一个 MAURER－DS1360 型毛勒大位移转轴式伸缩缝，如图 3.29 所示，伸缩缝机构中边梁共 17 个，支承梁共 15 个，滑动支承共 255 个，支承梁 1#～8#分别采用 A～H 表示，以 8#支承梁为例，滑动支承的编号为 H1～H17。

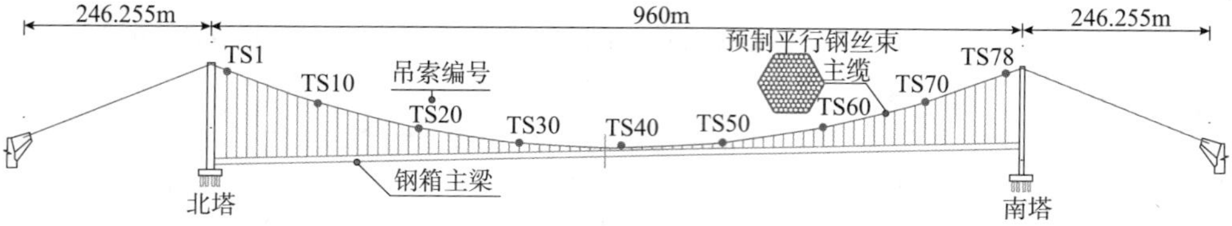

图 3.27　单跨悬索桥

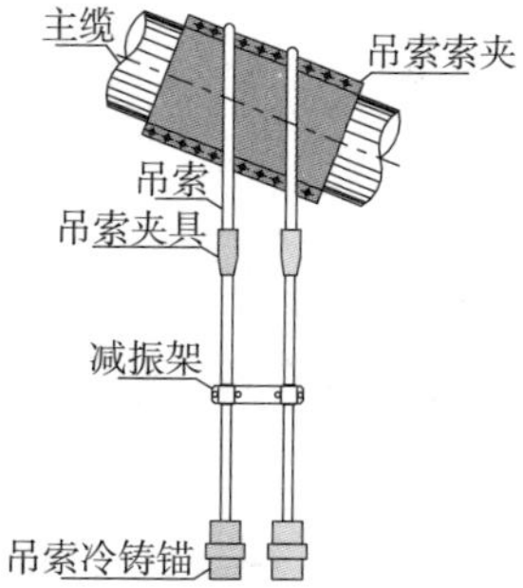

图 3.28　竖吊索构造

全桥有限元模型及构件的模拟单元类型如图 3.30 所示。主缆与塔顶主鞍中心采用耦合节点平动自由度进行模拟。梁端伸缩缝及纵向黏滞阻尼器对主桥的约束作用采用弹簧－阻尼单元模拟，伸缩缝结构静力模型采用空间梁单元模拟，桥面铺装和栏杆均仅采用质量单元模拟。表 3.10 为悬索桥频率计算值与实测值的对比结果，由表可知，桥梁基频为 0.09672Hz，模型频率误差最大为 8.43%，可满足分析需求。

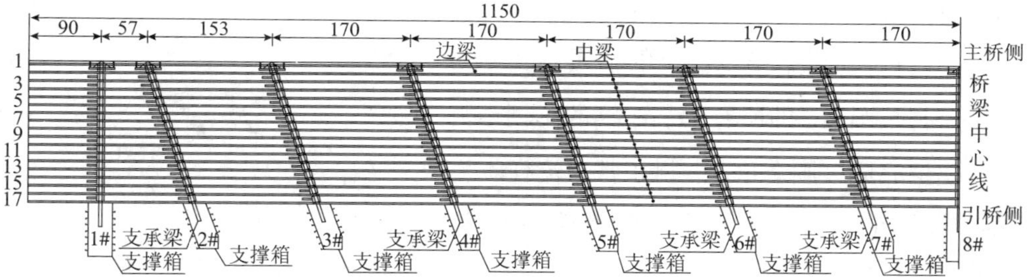

图 3.29　伸缩缝构造

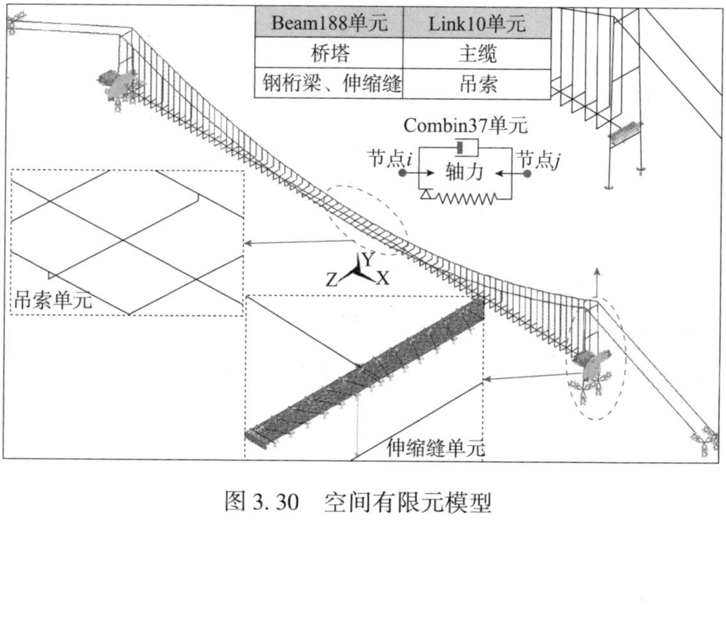

图 3.30　空间有限元模型

表 3.10 悬索桥频率计算值与实测值

模态		理论计算频率 $f_{实测}$/Hz	实测频率 $f_{理论}$/Hz	误差/%
一阶横弯	正对称	0.09672	0.100	3.28
一阶竖弯	正对称	0.16603	0.164	1.24
一阶扭转	反对称	0.34340	0.375	8.43
一阶竖弯伴随纵飘		0.13836	0.129	7.26

3.2.2 随机车流及风荷载工况

(1)随机车流工况

选取 3.1.2.2 节得到的年均日交通量作为稀疏车流分析工况，以速度-密度参数关系模型为基础，确定一般流工况、密集流工况及拥堵流工况对应的交通量、密度及速度。不同车流状态的交通量、速度及密度取值如图 3.31 所示。

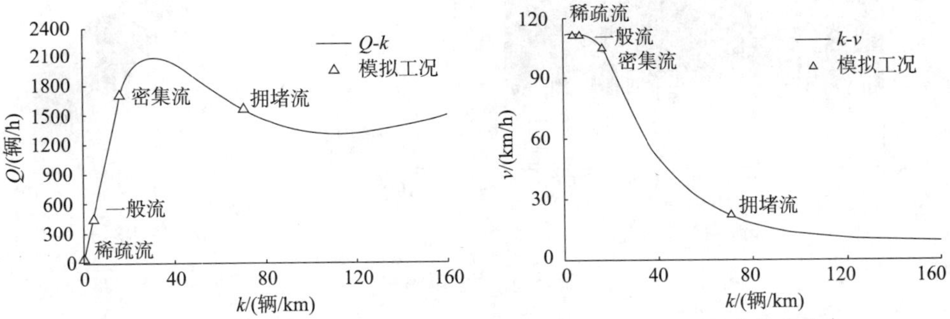

(a)交通量-密度　　(b)速度-密度

图 3.31 基于交通量、速度及密度参数关系模型选取随机车流分析工况

(2)风荷载工况

基于谐波合成法对悬索桥主梁及桥塔结构进行风场模拟并加载，如图 3.32 所示。该桥地表状况为 A 类，为安全考虑，一般地表粗糙度系数取为 0.1。桥梁结构风场模拟的主要参数如表 3.11 所示。全桥横桥向和纵桥向风速谱采用 Kaimal 谱模拟，竖向风速谱采用 Panofsky 谱模拟，实现全桥三维脉动风场的模拟，模拟点 42 风速时程及相应的功率谱、目标谱如图 3.33 所示，点 42 的自相关函数 $R^0_{42,42}$ 与目标谱相关函数对比如图 3.34(a)所示，点 42 与点 20 的互相关函数 $R^0_{42,20}$ 与目标谱相关函数对比图如图 3.34(b)所示。

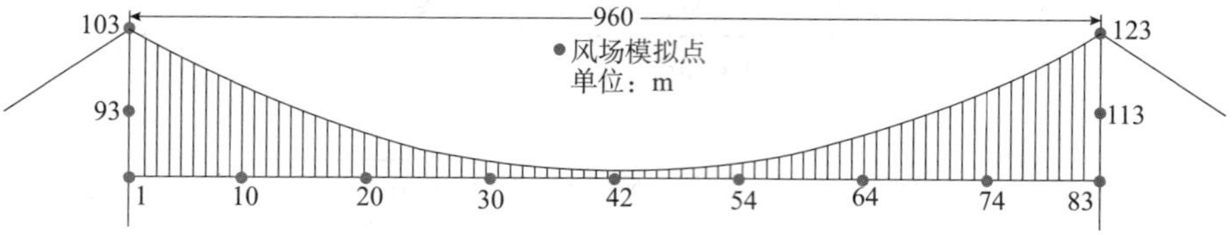

图 3.32　风场模拟点分布

表 3.11　主要模拟参数

参数	取值	参数	取值
地表粗糙度 z_0	0.01	截止频率 ω_{up}	10π
频率分割数 N	1024	频率间隔 $\Delta\omega$	0.0307
采样时距 Δt	0.1s	模拟时长 T	3600s
衰减因子 C_x/C_z	10/16	模拟点数	123

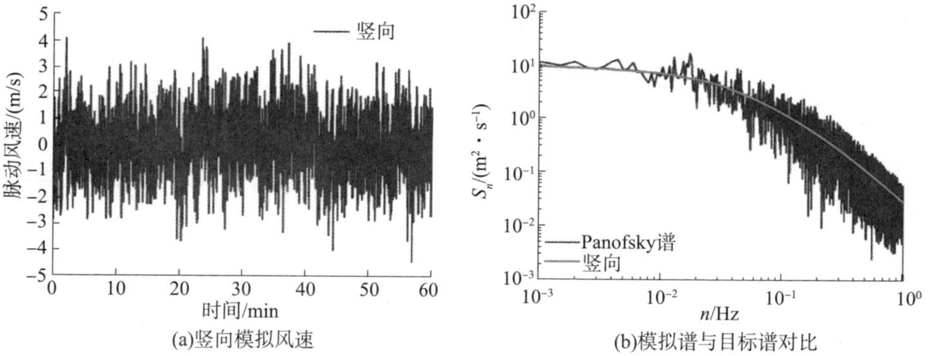

图 3.33　模拟结果

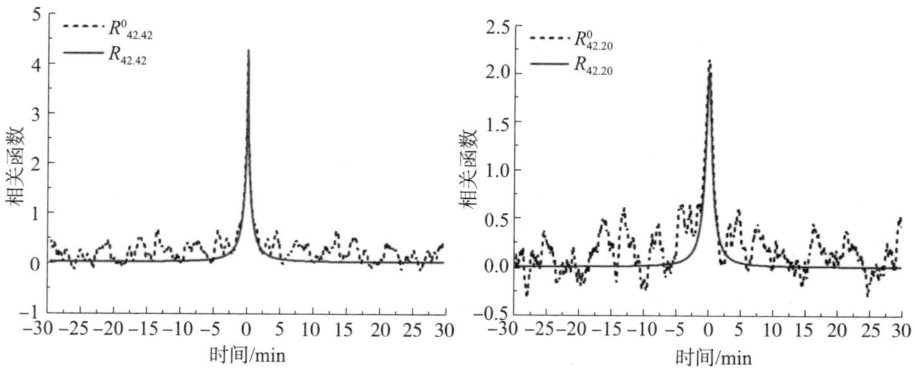

图 3.34　相关函数对比

3.2.3 纵向振动响应

(1)梁端位移

假定路面粗糙度良好，稀疏流、一般流、密集流及拥堵流四种随机车流工况下悬索桥梁端位移响应结果如图 3.35 所示。由图可知，梁端纵向位移极值随车流密度的增大而增大，拥堵流下梁端纵向位移极值最大，压缩－拉伸的最大范围为 −294.5 ~ 194.3mm，均远远小于梁端设计允许伸缩量，即随机车流下单次变形幅值较小，不足以引发梁端伸缩缝过度变形而退出工作。随机车流下梁端纵向位移曲线可分解为以下两部分：①车流过桥时，因车桥耦合振动产生的结构纵向位移波动，与交通流特性及车辆特性参数密切相关；②车辆过桥后因桥梁自振引发的结构纵向位移波动。

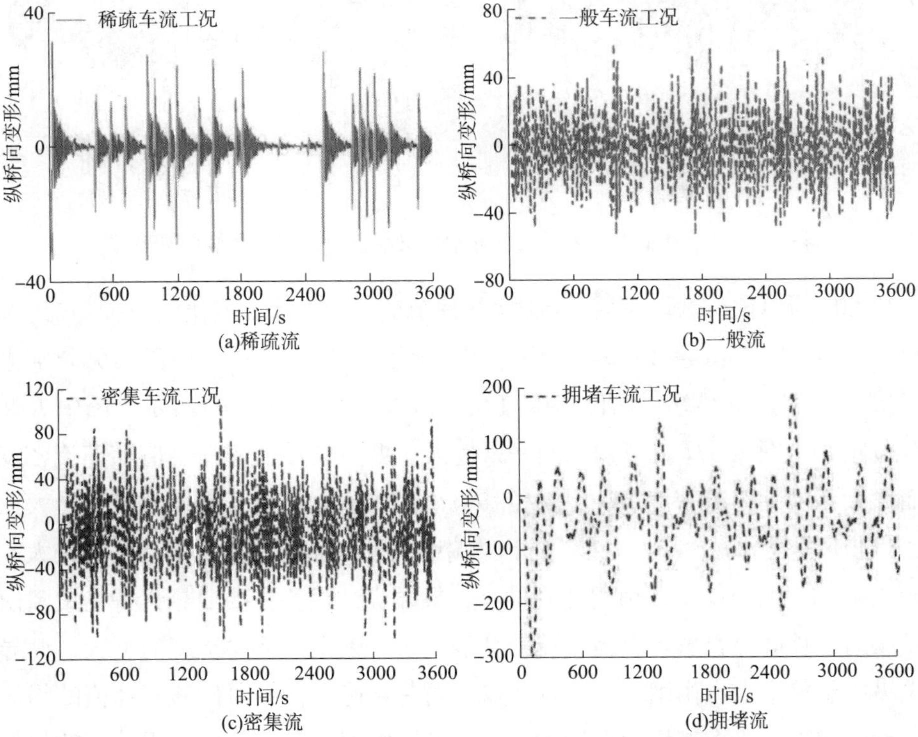

图 3.35 不同车流密度工况下悬索桥梁端纵向位移

同一车流联合不同风速下梁端纵向位移及绕竖向轴转角响应如图 3.36 所示，由图可知：不同荷载工况下梁端纵向位移曲线形状存较大差异性；风速为$5m \cdot s^{-1}$、$10m \cdot s^{-1}$时，梁端伸缩缝的变形主要受随机车流作用的影响，当风速增大至

$15m\cdot s^{-1}$时，梁端伸缩缝纵向变形主要受风荷载的影响。

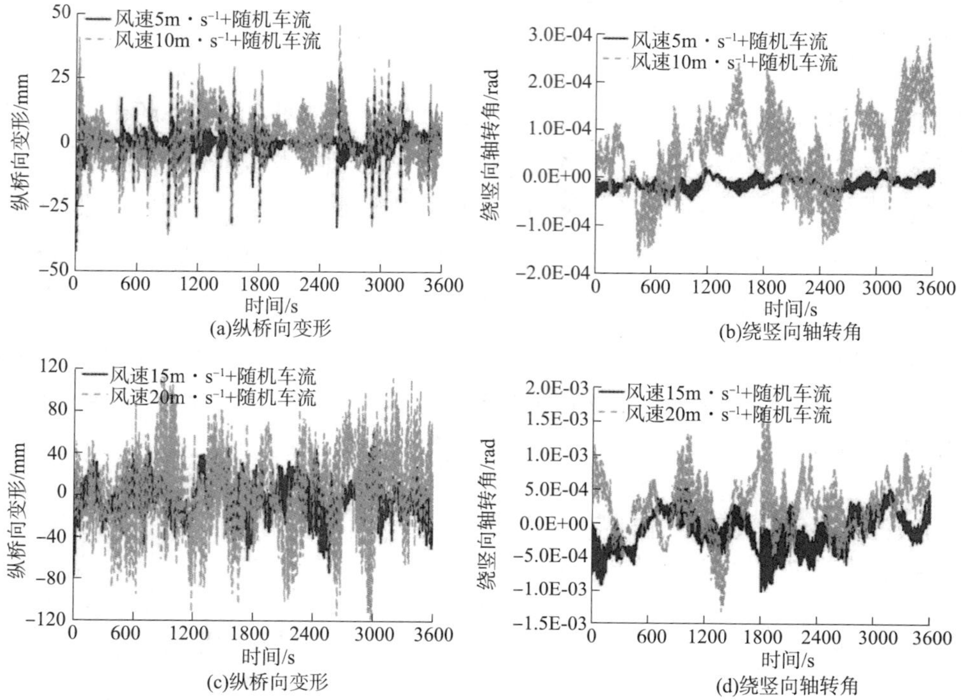

图 3.36　随机车流 – 风联合下悬索桥梁端纵向位移及绕竖向轴转角

以 60s 为单位，选取不同车流密度(稀疏流、一般流、密集流及拥堵流)及不同风速(5m/s、10m/s、15m/s、20m/s)工况进行组合，每一联合工况分别进行 60 次模拟，对应的梁端纵向位移极值及位移累计值如图 3.37 所示，图中 *IQR* 为四分位距。由图 3.37(a)可知，同一风速下，纵向位移极值的均值随车流密度增大而增大；同一车流密度下，纵向位移极值的均值及离散程度均随风速增大而增大，且当风速为 20m/s 时，拥堵流下梁端纵向位移极值均值及波动范围最大，为风速 0m/s 时的 2.07 倍。值得注意的是，梁端纵向位移主要受悬索桥主梁竖向位移及纵向位移的综合影响，当车流密度较大时，因主梁竖向挠度的增大，而导致梁端纵向位移增大。由图 3.37(b)可知，同一风速下，纵向位移累计值的均值及离散程度均随车流密度增大而增大；同一车流密度下，纵向位移累计值的均值及离散程度均随车流密度增大而增大，且当风速为 20m/s 时，拥堵流下梁端纵向位移极值均值及波动范围最大，为风速 0m/s 时的 3.02 倍。

综上所述，相对稀疏流、一般流及密集流，拥堵流状态下悬索桥梁端纵向位移极值及累计值均最不利，在进行设计及维养工作时应着重关注拥堵交通流下伸缩缝的工作状态。风速为 $5m \cdot s^{-1}$、$10m \cdot s^{-1}$时，梁端纵向变形主要受随机车流作用的影响，当风速增大至 $15m \cdot s^{-1}$时，梁端纵向变形主要受风荷载的影响。

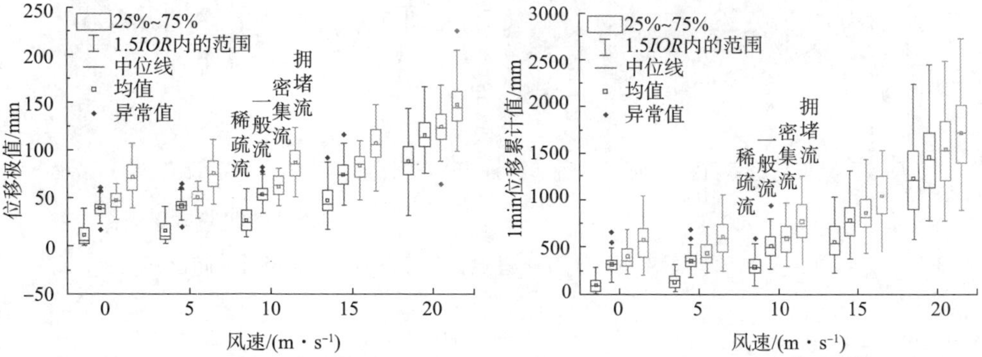

(a)纵向位移极值　　(b)1min位移累计值

图 3.37　随机车流 - 风联合作用下梁端纵向变形位移极值及累计值

风和随机车流联合作用下梁端时累计位移增长比例如图 3.38 所示，由图可知：当风速由 $0m \cdot s^{-1}$增大至 $5m \cdot s^{-1}$时，风荷载引起的结构变形达到随机车流荷载的 0.40 倍，即随机车流荷载主导结构梁端变形；当风速由 $5m \cdot s^{-1}$增大至 $10m \cdot s^{-1}$时，时累计位移的增长比例均值为 2.18，伸缩缝纵向变形应考虑风荷载的影响；当风速增大至 $15m \cdot s^{-1}$时，时累计位移的增长比例为 4.16 倍，风荷载引起的结构变形达到随机车流荷载的 4.82 倍；当风速达到 $20m \cdot s^{-1}$时，伸缩缝时累计位移的增长比例达到 9.14 倍，此时结构梁端变形的主要荷载因素为风荷载。由此可见，作用于桥梁的风荷载随风速增大而增大，这将造成梁端伸缩缝的累计位移越大。

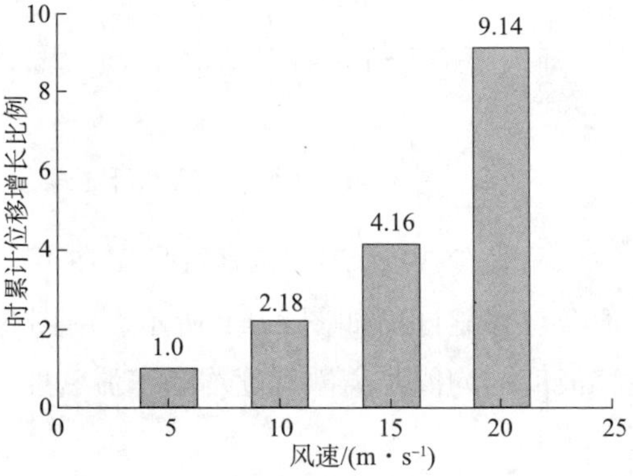

图 3.38　随机车流 - 风联合下伸缩缝纵向变形时累计位移增长比例

(2)缆梁相对位移

以短吊索 TS39 为例，不同车流密度及风速工况下悬索桥吊索缆梁相对位移时程响应结果如图 3.39、图 3.40 所示。由图可知，缆梁相对位移极值随车流密度增大而增大，随风速增大而增大。

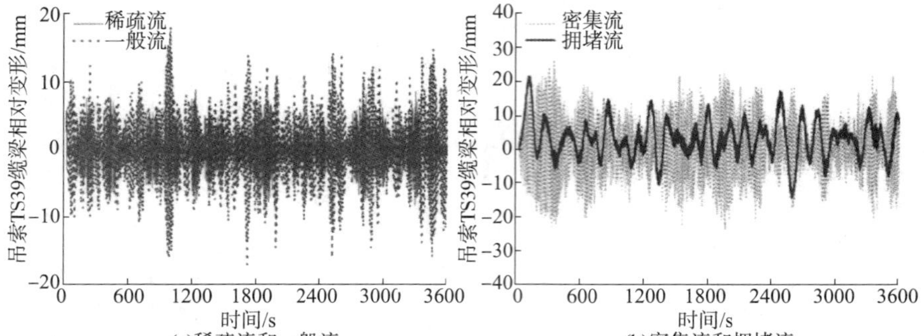

(a)稀疏流和一般流　(b)密集流和拥堵流

图 3.39　不同车流密度工况下悬索桥吊索 TS39 缆梁相对纵向位移

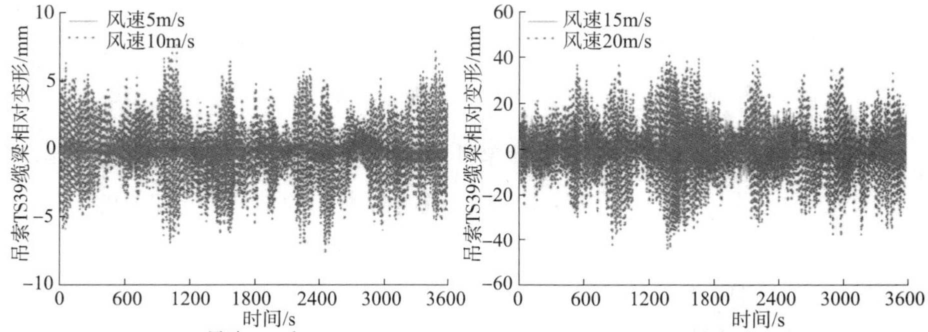

(a)风速5m/s和10m/s　(b)风速15m/s和20m/s

图 3.40　不同风速工况下悬索桥吊索 TS39 缆梁相对纵向位移

以吊索 TS39 为例，悬索桥吊索在不同车流密度及风速工况下缆梁相对位移极值及位移累计值如图 3.41 所示。由图 3.41(a)可知，同一风速下，缆梁相对位移极值的均值及离散程度均随车流密度增大呈现先增大后减小，这主要是由于

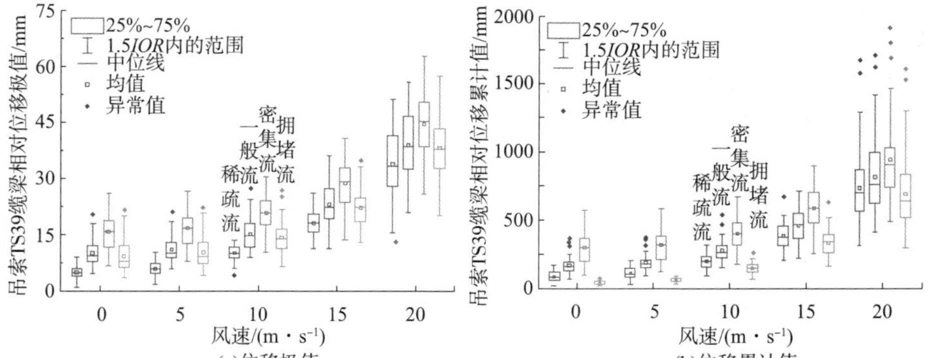

(a)位移极值　(b)位移累计值

图 3.41　随机车流－风联合下吊索 TS39 缆梁相对位移极值及累计值

当车流出现拥堵时，车流行驶速度缓慢，缆梁间相对错动运动较小；同一车流密度下，缆梁相对位移极值的均值及离散程度均随风速增大而增大，当风速为20m/s时，密集流下梁端缆梁相对位移极值均值及波动范围最大，为风速0m/s时的2.83倍。由图3.41(b)可知，纵向位移累计值的均值及离散程度与位移极值的分布规律一致；同一车流密度下，纵向位移累计值的均值及离散程度均随风速增大而增大，且当风速为20m/s时，密集流下梁端纵向位移极值均值及波动范围最大，为风速0m/s时的3.18倍。

综上所述，相对稀疏流、一般流及拥堵流，密集流状态下悬索桥吊索缆梁相对位移极值及累计值均最大，在进行设计及维养工作时应着重关注密集交通流下短吊索的服役状态。风速为5m·s^{-1}、10m·s^{-1}时，缆梁相对变形主要受随机车流作用的影响，当风速增大至15m·s^{-1}时，缆梁相对变形主要受风荷载的影响。

3.3 本章小结

为实现随机车流－风作用下悬索桥纵向振动特性分析，首先，以车流监测数据为基础，建立了车道车流速度－密度关系模型，利用非参数估计法获取交通流及车辆特性的概率分布模型，联合Copula理论及拉丁超立方抽样方法建立了考虑变量相关性的LHS－C抽样法，建立了融合交通流和车辆特性并考虑变量相关性的随机车流高真实度模拟流程。以一悬索桥为算例，对随机车流及风荷载作用下悬索桥的纵向振动特性进行分析。主要成果如下：

(1)基于风－车－桥耦合分析系统及精细化的随机车流模拟，可实现风和车流作用下悬索桥纵向振动特性的分析，为后续受纵向振动影响的伸缩缝及吊索寿命评估提供数据基础。

(2)联合监测交通流数据与变参数的速度－密度参数关系模型，推导了与监测车道匹配的车流速度－密度模型，可模拟稀疏流、一般流、密集流及拥堵流等不同车流密度状态下的随机车流样本。

(3)以监测车流数据为基础，采用非参数估计法获取宏观交通流特性及微观车辆特性参数进行概率密度边缘分布描述，建立了融合交通流和车辆特性并考虑轴质量相关性的LHS－C抽样方法以模拟随机车流样本。研究成果表明：基于LHS－C法获取的车流随机样本数据不仅边缘分布与实测数据相一致，且样本分布区域与实测数据更为接近，验证了该方法的匹配性与适用性，实现了随机车流样本的高真实度模拟。

(4)以一悬索桥为算例进行悬索桥纵向振动特性分析，研究成果表明：拥堵流状态下悬索桥梁端纵向位移极值及累计值均最大，密集流状态下悬索桥吊索缆梁相对位移极值及累计值均最大，在进行设计及维养工作时应着重关注拥堵交通流下伸缩缝状态及密集交通流下短吊索状态。随机车流－风联合作用下，影响悬索桥纵向振动特性的主要荷载因素：当风速小于15m·s^{-1}时为随机车流；风速大于15m·s^{-1}时为风荷载。悬索桥梁端纵向位移及缆梁相对位移响应均随风速增大呈现增大趋势。

参考文献

[1]郭辉，苏朋飞，赵欣欣，刘晓光，乐思韬．设计荷载作用下大跨度铁路悬索桥的梁端变位特征[J]．铁道建筑，2019，59(01)：14－19.

[2]李光玲，韩万水，陈笑，许昕，刘修平．风和随机车流下悬索桥伸缩缝纵向变形[J]．交通运输工程学报，2019，19(05)：21－32.

[3]梅刚，秦权，林道锦．公路桥梁车辆荷载的双峰分布概率模型[J]．清华大学学报：自然科学版，2003(10)：1394－1396＋1404.

[4]贡金鑫，李文杰，赵君黎，冯苠．公路桥梁车辆荷载概率模型研究(一)——非治超地区[J]．公路交通科技，2010，27(06)：40－45＋57.

[5]贡金鑫，李文杰，赵君黎，冯苠．公路桥梁车辆荷载概率模型研究(二)——计重收费地区和强制治超地区[J]．公路交通科技，2010，27(07)：56－60.

[6]郭彤，李爱群，赵大亮．用于公路桥梁可靠性评估的车辆荷载多峰分布概率模型[J]．东南大学学报：自然科学版，2008(05)：763－766.

[7]孙守旺，孙利民．基于实测的公路桥梁车辆荷载统计模型[J]．同济大学学报：自然科学版，2012，40(02)：198－204.

[8]吕硕．基于WIM数据的多车道随机车流模拟及汽车荷载效应[D]．长安大学，2015.

[9]袁阳光，郭雷，裴浩楠，胡锋．G104国道卡车荷载概率特性分析[J]．北京工业大学学报，2017，43(11)：1697－1705.

[10]宗周红，薛程，杨泽刚，袁微微，夏叶飞．基于WIM的江苏省高速公路桥梁汽车荷载模型[J]．东南大学学报：自然科学版，2020，50(01)：143－152.

[11]韩万水，陈艾荣．随机车流下的风－汽车－桥梁系统空间耦合振动研究[J]．土木工程学报，2008(09)：97－102.

[12]韩万水，马麟，汪炳，院素静，武隽．随机车流－桥梁系统耦合振动精细化分析与动态可视化[J]．中国公路学报，2013，26(04)：78－87.

[13]周军勇，石雪飞，阮欣，涂辉招．高速公路分车道荷载差异及其响应特性[J]．同济大学

学报：自然科学版，2018，46(04)：458-464.
[14]周军勇，石雪飞，阮欣．多事件混合影响的桥梁车辆荷载效应组合极值预测[J]．哈尔滨工业大学学报，2018，50(09)：11-18.
[15]朱荣，石雪飞，阮欣．某跨海大桥运营期交通特性及荷载效应研究[J]．重庆交通大学学报：自然科学版，2015，34(06)：1-7+67.
[16]阮欣，周军勇，石雪飞，周可攀．公路桥梁长加载区间的多车道车辆荷载概念模型[J]．同济大学学报：自然科学版，2015，43(10)：1497-1502.
[17]阮欣，周可攀，周军勇．某八车道高速公路车流特性及荷载效应[J]．同济大学学报：自然科学版，2015，43(04)：555-561.
[18]阮欣，金泽人，周军勇，涂辉招．基于多元胞模型的桥梁车流合成及荷载模拟[J]．同济大学学报：自然科学版，2017，45(07)：941-947.
[19]宗周红，杨泽刚，夏叶飞，袁微微．拥堵运行状态下新沂河大桥车辆荷载模型[J]．中国公路学报，2016，29(02)：44-51.
[20]鲁乃唯．随机车流下悬索桥加劲梁动力响应概率模型与可靠度研究[D]．长沙理工大学，2014.
[21]鲁乃唯，刘扬，邓扬．随机车流作用下悬索桥钢桥面板疲劳损伤与寿命评估[J]．中南大学学报：自然科学版，2015，46(11)：4300-4306.
[22]刘扬，李明，鲁乃唯，邓扬．随机车流作用下悬索桥钢箱梁细节疲劳可靠度[J]．长安大学学报：自然科学版，2016，36(02)：44-51.
[23]张辰辰．基于随机车流的多塔连跨悬索桥钢桥面铺装力学行为研究[D]．东南大学，2019.
[24]李明，刘扬，杨兴胜．考虑轴重相关的随机车流荷载效应[J]．浙江大学学报：工学版，2019，53(01)：78-88.
[25]张明，孔艳冬，刘扬，鲁乃唯，殷新锋，颜巍．分时段交通流荷载效应分析[J]．铁道科学与工程学报，2020，17(12)：3216-3223.
[26]NI Y Q, HUA X G, WONG K Y, et al. Assessment of bridge expansion joints using long-term displacement and temperature measurement[J]. Journal of Performance of Constructed Facilities, 2007, 21(2): 143-151.
[27]邓扬，李爱群，丁幼亮，孙鹏．基于长期监测数据的大跨桥梁结构伸缩缝损伤识别[J]．东南大学学报：自然科学版，2011，41(02)：336-341.
[28]邓扬，李爱群，丁幼亮．大跨悬索桥梁端位移与温度的相关性研究及其应用[J]．公路交通科技，2009，26(05)：54-58.
[29]张宇峰，陈雄飞，张立涛，孙震．大跨悬索桥伸缩缝状态分析与处理措施[J]．桥梁建设，2013，43(05)：49-54.
[30]GUO Tong, LIU Jie, ZHANG Yu-feng, et al. Displacement monitoring and analysis of expansion joints of long-span steel bridges with viscous dampers[J]. Journal of Bridge

Engineering, 2015, 20(9): 04014099 - 1 - 11.

[31] Guo Tong, Huang Ling - yu, et al. Damage Mechanism of Control Springs in Modular Expansion Joints of Long - Span Bridges[J]. Journal of bridge engineering, 2018, 23(7): 04018038. 1 - 04018038. 11.

[32] 淳立基．大跨度悬索桥振动控制分析[D]．华中科技大学，2016.

[33] 殷新锋，丰锦铭，刘扬，蔡春声．随机车流作用下大跨度悬索桥振动分析[J]．湖南大学学报：自然科学版，2017，44(01)：47 - 53.

[34] 孙璋鸿．车辆激励下大跨悬索桥梁端位移响应与减振[D]．湖南大学，2018.

[35] 韩大章，郭彤，黄灵宇，刘中祥．随机车辆荷载下大跨钢桥伸缩缝纵向位移响应及病害控制研究[J]．振动与冲击，2019，38(24)：172 - 178.

[36] 李光玲，韩万水，陈笑，许昕，刘修平．风和随机车流下悬索桥伸缩缝纵向变形[J]．交通运输工程学报，2019，19(05)：21 - 32.

[37] 李永乐，钱逸哲，朱金，等．随机风、车流联合作用下大跨公路悬索桥纵向振动特性研究[J]．中国公路学报：1 - 16.

[38] A E C, B J M M, B S S - C, et al. A hierarchical optimization problem: Estimating traffic flow using Gamma random variables in a Bayesian context[J]. Computers & Operations Research, 2014, 41(1): 240 - 251.

[39] 余志武，朱红兵，蒋丽忠，黄星浩，唐斌．公路桥梁车辆荷载随机过程模型[J]．中南大学学报：自然科学版，2011，42(10)：3131 - 3135.

[40] 韩万水，李彦伟，马麟，武隽，赵永祯．重载交通动态过桥可视化仿真与安全评价[M]．北京：人民交通出版社，2016：18 - 19.

[41] H Z Wang, J Li, Q Y Chen, et al. Logistic Modeling of the Equilibrium Speed - density Relationship[J]. Transportation Research Part A: Policy and Practice, 2011, 45(6): 554 - 566.

[42] Morales J M, Baringo L, Conejo A J, et al. Probabilistic power flow with correlated wind sources [J]. IET Generation Transmission & Distribution, 2010, 4(5): 641 - 651.

[43] Liefvendahl M, Stocki R. A study on algorithms for optimization of Latin hypercubes[J]. Journal of Statistical Planning & Inference, 2006, 136(9): 3231 - 3247.

[44] Vořechovský M , Novák D . Correlation control in small - sample Monte Carlo type simulations I: a simulated annealing approach [J] . Probabilistic Engineering Mechanics, 2009, 24(3): 452 - 462.

[45] 王俊，蔡兴国，季峰．基于 Copula 理论的相关随机变量模拟方法[J]．中国电机工程学报，2013，33(22)：75 - 82 + 13.

4 极端风及车流制动下悬索桥纵向振动特性分析

大跨悬索桥结构在运营期间除承受正常风及随机车流荷载作用外，也存在承受极端荷载(如台风及制动车流荷载等)的状况，且突发的极端荷载将引发桥梁结构响应的骤然变化。台风风速较大且较快，极易造成跨海桥梁的结构或构件产生严重损伤，甚至出现垮塌现象；桥上发生交通事故时车道将出现车流制动现象，而车辆的连续制动及拥堵将引发结构纵向振动响应的突增，这一极端工况可能会导致桥梁发生不可逆的结构或构件损伤。因此，开展极端风及制动车流下悬索桥纵向振动特性的研究是桥梁构件(如伸缩缝、吊索)损伤评估的前提，而台风及制动车流模型的建立是首要解决的问题。实现非平稳台风风场模拟的关键是非平稳脉动风谱的生成，在台风风场非平稳特性分析及模拟方面的研究成果较多[1-19]，但在非平稳台风的实测分析及模拟方面的认识及研究工作仍远未成熟。极端制动车流荷载模拟的关键是车流堵塞状态的模拟[20-25]，但因实际监测的交通流数据大多属于自由流状态，较难捕捉到极端交通荷载事件，而采用抽样方法模拟的极端车流状态，较少考虑交通流－密度－速度模型进行拥堵运行状态的建立，且较少考虑驾驶人的制动反应时间模拟车辆连续刹车的极端运行状态。

鉴于此，首先，考虑台风时变平均风速及非平稳脉动风速特性获取拟合时变演变谱函数，基于乔列斯基分解求解互谱密度矩阵以实现非平稳台风风场的模拟，基于改进谐波合成法建立非平稳台风风场的模拟流程，并以实测台风数据为基础实现悬索桥台风风场的模拟，利用非均匀调制进化谱验证台风风场的合理性；其次，考虑驾驶员反应时间及监测交通流－密度模型建立极端制动车流模型；最后，以一悬索桥为算例，采用第2章建立的分析平台，对极端荷载(台风及极端制动车流)下悬索桥纵向振动特性进行了分析。

4.1 基于实测数据的非平稳台风风场模拟及验证

4.1.1 非平稳台风风场模拟及验证

4.1.1.1 台风非平稳特性

台风非平稳特性主要为平均风和脉动风特性。平均风采用平均风速及风向等参数描述。脉动风特性采用紊流强度、阵风因子、紊流积分尺度及演变功率谱密度等参数描述。非平稳台风风速 $U(t)$ 可采用时变平均风速 $\overline{U}(t)$ 和脉动风速 $u^*(t)$ 之和表示，即：

$$U(t)=\overline{U}(t)+u^*(t) \tag{4.1}$$

(1)时变平均风速 $U(t)$

非平稳台风风速可描述成一个时变均值及均方差的极端荷载，时变平均风速可采用基本时距风速法、经验模态分解法(EMD 法)及小波变换法(WT 法)等从台风实测数据中获取，基本时距风速法采用固定时距将导致风速非平稳特性的缺失，EMD 法存在严重的端点效应[26]，造成以上两种方法模拟台风非平稳特性的局限性，WT 法通过选取合适的小波基函数、尺度和时间因子可将数据信号有效分解成有限带宽的分量。

(2)紊流强度 I_a

紊流强度为脉动风速均方差与平均风速的比值，描述了风速中脉动成分的相对强度[41]，为：

$$I_a=\frac{\sigma_a}{\overline{U}} \tag{4.2}$$

式中，I_a、σ_a、$\overline{U}$ 分别为紊流强度、脉动风速均方差及时变平均风速，$a=u$、v、w。依《公路桥梁抗风设计规范》(JTG/T 3360 - 01—2018)中紊流强度取值，150 ~ 200m 高度位置顺风向、横风向及竖向紊流强度值分别取为：0.1、1 : 0.88 : 0.50、1 : 0.88 : 0.50。

(3)阵风因子 G_a

阵风因子为阵风持续期内 t_g 风速均值最大值与基本时距 T 内均值的比值，描述了风速谱中脉动成分的强度，与紊流强度正相关，且受持续期 t_g 影响，表达式为：

$$G_a = \max\left[\frac{\overline{u}(t_g)}{\overline{U}_T}\right] \tag{4.3}$$

式中，G_a、$\overline{u}(t_g)$、$\overline{U}_T$ 分别为阵风因子、持续期内风速均值、基本时距 T 内风速均值，其中，$t_g = 2 \sim 3\text{s}$，$T = 10\text{min}$。

阵风因子与紊流强度呈现正相关性，其经验模型表达式为：

$$GF_a(t_g, T) = 1 + k_1 I_a^{k_2} \ln(T/t_g) \tag{4.4}$$

式中，GF_a、I_a 分别为经验模型阵风因子、紊流强度；k_1、k_2 为拟合参数。

(4)紊流积分尺度 L_a

紊流积分尺度是描述紊流旋涡平均尺寸的量度，对应顺风向、横风向及竖向共 9 个尺度，基于 Taylor 假设的紊流积分尺度 L_a 表达式为：

$$L_a = \frac{\overline{U}}{\sigma_a^2}\int_0^{\infty} R_a(\tau)\,\mathrm{d}\tau \quad a = u, v, w \tag{4.5}$$

式中，$R_a(\tau)$、$\overline{U}$、σ_a 分别为脉动风速自相关函数、时变平均风速、脉动风速均方差。

(5)演变谱密度(EPSD)模型

功率谱密度(PSD)描述脉动风场能量在频域的分布状态，针对定常风多采用经典风谱 Kaimal 谱及 Panofsky 谱描述，表达式为：

$$\begin{cases} \text{顺风向 Kaimal 谱：} \dfrac{\omega S(f, t)}{u_*^2} = \dfrac{200f}{(1+50f)^{5/3}} \\ \text{横风向 Kaimal 谱：} \dfrac{\omega S(f, t)}{u_*^2} = \dfrac{15f}{(1+9.5f)^{5/3}} \\ \text{竖向 Panofsky 谱：} \dfrac{\omega S(f, t)}{u_*^2} = \dfrac{6f}{(1+4f)^2} \end{cases} \tag{4.6}$$

式中，$S(f, t)$、u_*、f、ω 分别为风速功率谱密度函数、风摩阻速度、Monin 坐标及脉动频率。

因台风风场的非平稳特性，传统平稳脉动风谱模型已不适用。假定较短时段内脉动风速为平稳随机过程，各时段内的风谱模型一致，当时段趋于 0 时，任意时刻的脉动风演变谱密度函数 EPSD 可精细模拟台风的非平稳特性，脉动风演变谱密度函数(ESPD)[43]为：

$$\frac{\omega S(\omega, t)}{u_*^2} = \frac{A(t)\left[\omega z/\overline{U}(z, t)\right]^{\gamma(t)}}{\left\{B(t) + C(t)\left[\omega z/\overline{U}(z, t)\right]\right\}^{\alpha(t)\beta(t)}} \tag{4.7}$$

式中，$\overline{U}(z, t)$ 为 t 时刻高度 z 处的时变平均风速；$A(t)$、$B(t)$、$C(t)$、

$\alpha(t)$、$\beta(t)$、$\gamma(t)$为不同t时刻EPSD的待定参数，基于台风实测数据待定参数可通过拟合手段获取。

基于Kolmogorov假定，脉动风速谱在惯性子区满足各向同性假设，谱密度函数满足惯性子区$-2/3$幂次律，EPSD函数简化为：

$$S(\omega,\ t)=\frac{A'(t)\left[\omega z/\overline{U}(z,\ t)\right]^{[\alpha(t)-2/3]}}{\omega\{1+B(t)\left[\omega z/\overline{U}(z,\ t)\right]\}^{\alpha(t)}} \tag{4.8}$$

式中，$A'(t)$、$B(t)$、$\alpha(t)$为待定参数，$A(t)=A'(t)/u_*^2$。

4.1.1.2 模拟方法及流程

Deodatis基于Priestley演变谱理论将谐波合成法拓展到非平稳随机过程的模拟[27]。非平稳台风风场与平稳风场模拟的差异是考虑了风场时变特性。

非平稳风场可被离散为一维n变量非平稳随机过程$\{f_j(t)\}$，$f_j(t)$为模拟点处的脉动风速，其互相关函数矩阵R为：

$$R(t,\ t+\tau)=\begin{bmatrix} R_{11}(t,\ t+\tau) & R_{12}(t,\ t+\tau) & \cdots & R_{1n}(t,\ t+\tau) \\ R_{21}(t,\ t+\tau) & R_{22}(t,\ t+\tau) & \cdots & R_{2n}(t,\ t+\tau) \\ \cdots & \cdots & \cdots & \cdots \\ R_{n1}(t,\ t+\tau) & R_{n2}(t,\ t+\tau) & \cdots & R_{nn}(t,\ t+\tau) \end{bmatrix} \tag{4.9}$$

式中，t、τ分别为时间及滞后时间；$R_{jm}(t,\ t+\tau)$为点j和m处的互相关函数，且为t和τ的联合函数，当$j=m$时，R_{mm}为自相关函数。

非平稳过程互演变谱密度函数$S(\omega,\ t)$，为：

$$S(\omega,\ t)=\begin{bmatrix} S_{11}(\omega,\ t) & S_{12}(\omega,\ t) & \cdots & S_{1n}(\omega,\ t) \\ S_{21}(\omega,\ t) & S_{22}(\omega,\ t) & \cdots & S_{2n}(\omega,\ t) \\ \cdots & \cdots & \cdots & \cdots \\ S_{n1}(\omega,\ t) & S_{n2}(\omega,\ t) & \cdots & S_{nn}(\omega,\ t) \end{bmatrix} \tag{4.10}$$

式中，ω、$S_{jm}(\omega,\ t)$分别为圆频率、点j和m处的互演变谱密度函数。互相关函数矩阵$R(t,\ \tau)$与互演变谱密度矩阵$S(\omega,\ t)$存在如下关系：

$$S_{jm}(\omega,t)=\frac{1}{2\pi}\int_{-\infty}^{\infty}R_{jm}(t,t+\tau)\mathrm{e}^{-i\omega\tau}\mathrm{d}\tau \tag{4.11}$$

$$R_{jm}(t,t+\tau)=\int_{-\infty}^{\infty}S_{jm}(\omega,t)\mathrm{e}^{i\omega\tau}\mathrm{d}\omega \tag{4.12}$$

根据Shinozuka[19]研究，非平稳随机过程$\{f_j(t)\}$为：

$$f_j(t) = 2\sqrt{\Delta\omega}\sum_{m=1}^{j}\sum_{l=1}^{N} | H_{jm}(\omega_l, t) | \cos[\omega_l t - \theta_{jm}(\omega_l, t) + \varphi_{ml}] \tag{4.13}$$

式中，$\Delta\omega$、ω_l、φ_{ml}、N 分别为频率增量、单索引频率、均匀分布于[0, 2π)区间的随机相位及频率分段数，因非平稳随机过程不满足各态历经假定，因此采用单索引频率；$H_{jm}(\omega_l,\ t)$为$S(\omega_l,\ t)$的 Cholesky 分解矩阵中的元素，为：

$$S(\omega_l,\ t) = H(\omega_l,\ t)H^{T*}(\omega_l,\ t) \tag{4.14}$$

式中，T、$*$ 分别为矩阵转置算子、共轭算子。

$$H(\omega_l,\ t) = \begin{bmatrix} H_{11}(\omega_l,\ t) & 0 & \cdots & 0 \\ H_{21}(\omega_l,\ t) & H_{12}(\omega_l,\ t) & \cdots & 0 \\ \cdots & \cdots & \cdots & \cdots \\ H_{n1}(\omega_l,\ t) & H_{n2}(\omega_l,\ t) & \cdots & H_{nn}(\omega_l,\ t) \end{bmatrix} \tag{4.15}$$

式中，主对角元素 $H_{jj}(\omega_l,\ t) = H_{jj}(-\omega_l,\ t)$；非对角元素 $H_{jm}(\omega_l,\ t) = H_{jm}^*(-\omega_l,\ t)$。则将 $H_{jm}(\omega_l,\ t)$写成极坐标形式：

$$H_{jm}(\omega_l,\ t) = | H_{jm}(\omega_l,\ t) | e^{i\theta_{jm}(\omega_l, t)} \tag{4.16}$$

式中，$\theta_{jm}(\omega_l,\ t)$为$H_{jm}(\omega_l,\ t)$的复角，为：

$$\theta_{jm}(\omega_l,\ t) = \tan^{-1}\left\{\frac{\mathrm{Im}[H_{jm}(\omega_l,\ t)]}{\mathrm{Re}[H_{jm}(\omega_l,\ t)]}\right\} \tag{4.17}$$

互演变谱密度矩阵元素 $S_{jm}(\omega,\ t)$和空间相干函数 $\gamma_{jm}(\omega_l,\ t)$的关系为：

$$S_{jm}(\omega_l,\ t) = \gamma_{jm}(\omega_l,\ t)\sqrt{S_{jj}(\omega_l,\ t)S_{mm}(\omega_l,\ t)} \tag{4.18}$$

式中，$S_{jj}(\omega_l,\ t)$、$S_{mm}(\omega_l,\ t)$分别为点 j 和 m 的谱密度函数；$\gamma_{jm}(\omega_l,\ t)$为时变相干函数，采用时变 Davenport 空间相干函数形式，为：

$$\gamma_{ij}(\omega,\ t) = \exp\left\{-\frac{\omega[C_x^2(x_i - x_j)^2 + C_z^2(z_i - z_j)^2]^{\sqrt{2}}}{[\overline{U}_i(t) + \overline{U}_j(t)]/2}\right\} \tag{4.19}$$

式中，$\overline{U}_i(t)$、$\overline{U}_j(t)$为点 i、j 处的时变平均风速；x_i、z_i 和 x_j、z_j 为对应点处的水平坐标和竖向坐标；ω 为脉动风频率；C_x 和 C_z 分别为水平向和竖向的衰减因子。

为方便进行 Cholesky 分解，将式(4.20)改写为矩阵形式：

$$S(\omega_l,\ t) = S_p(\omega_l,\ t)\gamma(\omega_l,\ t)S_p(\omega_l,\ t) \tag{4.20}$$

$$S_p(\omega_l,\ t) = \begin{bmatrix} \sqrt{S_{11}(\omega_l,\ t)} & 0 & \cdots & 0 \\ 0 & \sqrt{S_{22}(\omega_l,\ t)} & \cdots & 0 \\ \cdots & \cdots & \cdots & \cdots \\ 0 & 0 & \cdots & \sqrt{S_{nn}(\omega_l,\ t)} \end{bmatrix} \tag{4.21}$$

$$\gamma(\omega_l, t)=\begin{bmatrix}\gamma_{11}(\omega_l, t) & \gamma_{12}(\omega_l, t) & \cdots & \gamma_{1n}(\omega_l, t)\\ \gamma_{21}(\omega_l, t) & \gamma_{22}(\omega_l, t) & \cdots & \gamma_{2n}(\omega_l, t)\\ \cdots & \cdots & \cdots & \cdots\\ \gamma_{n1}(\omega_l, t) & \gamma_{n2}(\omega_l, t) & \cdots & \gamma_{nn}(\omega_l, t)\end{bmatrix} \tag{4.22}$$

根据 Cholesky 分解定义 $S_p(\omega_l, t)=S_p^{T*}(\omega_l, t)$，结合式(4.21)可将式(4.20)进一步修改为：

$$S(w_l, t)=S_p(\omega_l, t)\Gamma(\omega_l, t)\Gamma^{T*}(\omega_l, t)S_p^{T*}(\omega_l, t) \tag{4.23}$$

式中，$\Gamma(\omega_l, t)\Gamma^{T*}(\omega_l, t)=\gamma(\omega_l, t)$，将 $S(\omega_l, t)$ 的 Cholesky 分解转化为对空间相干函数矩阵 $\gamma(\omega_l, t)$ 的分解，从而有：

$$H(\omega_l, t)=S_p(\omega_l, t)\Gamma(\omega_l, t) \tag{4.24}$$

为使模拟结果更准确，时间增量需符合以下条件：

$$\Delta t\leqslant\frac{2\pi}{2\omega_{up}} \tag{4.25}$$

式(4.22)模拟的非平稳过程周期为：

$$T_0=\frac{2\pi n}{\Delta\omega}=\frac{2\cdot n\pi}{\omega_{up}} \tag{4.26}$$

与平稳风场模拟过程相似，非平稳台风风场模拟的具体步骤如下：

(1)基于实测台风数据采用 WT 法获取时变平均风速及非平稳脉动风速时程；

(2)基于模拟点坐标、时变平均风速及非平稳脉动风速获取模拟点平均风速、剪切风速及对应的拟合演变谱、时变相关函数，即从一个时刻进入下一时刻，更新 ESPD 函数中的待定系数取值以获取时变 ESPD 函数，同时更新空间相干函数中模拟点的时变平均风速；

(3)求解互演变谱密度矩阵 S，基于 Cholesky 分解求解互谱密度矩阵 H；

(4)依据公式(4.13)求解非平稳随机风场。

基于改进谐波合成法非平稳台风风场的模拟流程如图 4.1 所示。

图 4.1　非平稳台风风场模拟流程

4.1.1.3 风场验证方法

平稳风风场的模拟一般采用目标功率谱进行验证，但台风风速变化较快，非平稳特性显著，传统目标功率谱已不适用于非平稳脉动风模拟的验证。模拟台风风场的验证思路是：引入非均匀调制函数对平稳风功率谱密度函数进行调制，获取三维非均匀调制演变谱密度函数，同时基于实测数据获取台风实测功率谱，若模拟台风功率谱与非均匀调制演变谱吻合，则验证了风场模拟的合理性。

平稳脉动风场的风速为均值为0的随机过程，即 $E[U^0(t)]=0$，任意时刻 s 和 t 处的自相关函数为：

$$R_{s,t}=E\{U^0(s)[U^0(t)]^*\} \tag{4.27}$$

因 $R_{s,t}$ 仅为滞后时间 $\tau=|s-t|$ 的函数，$R_{s,t}$、$U^0(t)$ 谱函数形式为：

$$\begin{cases} R_{s,t}=\int_{-\infty}^{\infty}\mathrm{e}^{i\omega\tau}\mathrm{d}S(\omega) \\ U^0(t)=\int_{-\infty}^{\infty}\mathrm{e}^{i\omega\tau}\mathrm{d}Z(\omega) \end{cases} \tag{4.28}$$

式中，$S(\omega)$ 为 $U^0(t)$ 的功率谱密度；$Z(\omega)$ 为谱的正交增量过程，且 $E|\mathrm{d}Z(\omega)|^2=\mathrm{d}S(\omega)$。

采用非均匀调制函数 $A(\omega, t)$ 对平稳随机过程 $U^0(t)$ 进行调制，即非平稳随机过程 $U(t)$ 表示为：

$$U(t)=\int_{-\infty}^{\infty}A(\omega,t)\mathrm{e}^{i\omega\tau}\mathrm{d}Z(\omega) \tag{4.29}$$

非平稳随机过程 $U(t)$ 的自相关函数表示为：

$$R_{s,t}=\int_{-\infty}^{\infty}A(\omega,s)A^*(\omega,t)\mathrm{e}^{i\omega\tau}\mathrm{d}S(\omega) \tag{4.30}$$

当 $s=t$ 时，

$$R_{s,t}=\int_{-\infty}^{\infty}A^2(\omega,t)\mathrm{d}S(\omega) \tag{4.31}$$

经非平稳调制的非平稳随机过程 $U(t)$ 的演变谱密度函数 $G(\omega, t)$ 表示为：

$$\mathrm{d}G(\omega, t)=A^2(\omega, t)\mathrm{d}S(\omega) \tag{4.32}$$

以顺风向 Kaimal 谱为例，推导该点的演变谱密度函数为：

$$G(\omega, t)=200U_*^2\frac{z}{\overline{U}}\frac{1}{\left(1+50\dfrac{\omega z}{2\pi\overline{U}}\right)^{5/3}}\frac{\overline{U}}{U(t)}\frac{\left(1+50\dfrac{\omega z}{2\pi\overline{U}}\right)^{5/3}}{\left[1+50\dfrac{\omega z}{2\pi U(t)}\right]^{5/3}} \tag{4.33}$$

式中，U_*为时距Δt内的平均风速，与$U(t)$在数值上相等；$\overline{U}$为风速数值均值，$\overline{U}=\dfrac{\sum U_i}{n}$。由式(4.32)知，可将顺风向调制函数$A_u(\omega, t)$表示为：

$$A_u(\omega, t)=\sqrt{\frac{\overline{U}}{U(t)}\frac{\left(1+50\dfrac{\omega z}{2\pi\overline{U}}\right)^{5/3}}{\left[1+50\dfrac{\omega z}{2\pi U(t)}\right]^{5/3}}} \tag{4.34}$$

同理，横风向$A_v(\omega, t)$和竖向$A_w(\omega, t)$为：

$$A_v(\omega, t)=\sqrt{\frac{\overline{U}}{U(t)}\frac{\left(1+9.5\dfrac{\omega z}{2\pi\overline{U}}\right)^{5/3}}{\left[1+9.5\dfrac{\omega z}{2\pi U(t)}\right]^{5/3}}} \tag{4.35}$$

$$A_w(\omega, t)=\sqrt{\frac{\overline{U}}{U(t)}\frac{\left(1+10\dfrac{\omega z}{2\pi\overline{U}}\right)^{5/3}}{\left[1+10\dfrac{\omega z}{2\pi U(t)}\right]^{5/3}}} \tag{4.36}$$

因此，非平稳脉动风场演变谱密度函数$G(\omega, t)$可表示为：

$$G(\omega, t)=A^2(\omega, t)S(\omega) \tag{4.37}$$

因演变谱密度函数$G(\omega, t)$为时间和频率的联合函数，较难实现台风风场的直接检验。采用演变谱密度函数风场对频率和时间积分可分别获取时域谱密度和频域功率谱。时域谱密度虽能表征随机过程的非平稳特性，但其模拟的准确性较难判断。频域功率谱为一条光滑的曲线，可通过判断这一光滑曲线是否穿过模拟风场功率谱以验证风场模拟的合理性。

4.1.2　实测数据处理及特征参数

以“温比亚”台风实测数据为例，对非平稳台风风场的模拟及验证方法进行检验。首先，采用绝对均值法及五点三次平滑对台风实测数据进行降噪处理；其次，基于WT法提取台风时变平均风速，获取实测数据脉动风特性；最后，获取实测风向脉动风演变谱模型。

对台风实测数据(风向角及二维风速)进行降噪处理，实测数据及处理后结果如图4.2所示。由图可知，处理后数据保留了台风的特征，且去除了数据坏点。

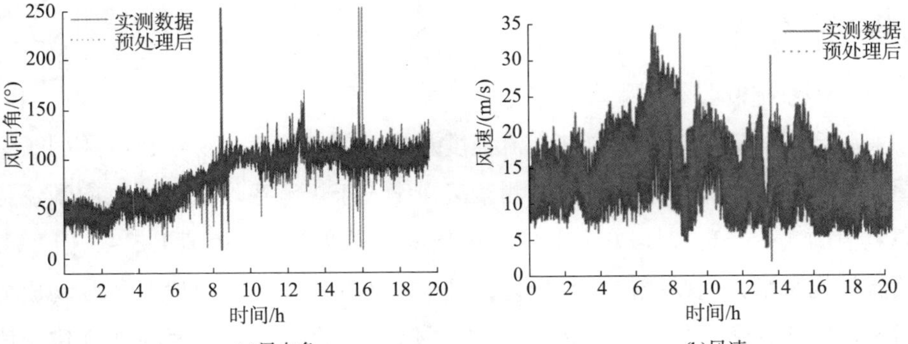

(a)风向角 (b)风速

图 4.2 台风实测数据

4.1.2.1 平均风

实测风速数据由二维风速仪采集，则原始风速可分解为顺风向及横风向时程，进而对每一方向的实测风速样本特性进行分析。将实测风速数据进行分解，在 10min 基本时距内获取了 20h 的顺风向、横风向风速时程，如图 4.3 所示。选取 db10 小波作为小波基函数获取平滑的台风风速时变趋势，并与基本时距 10min、1min 下平均风速、实测数据的数值均值对比，结果如图 4.3 所示。

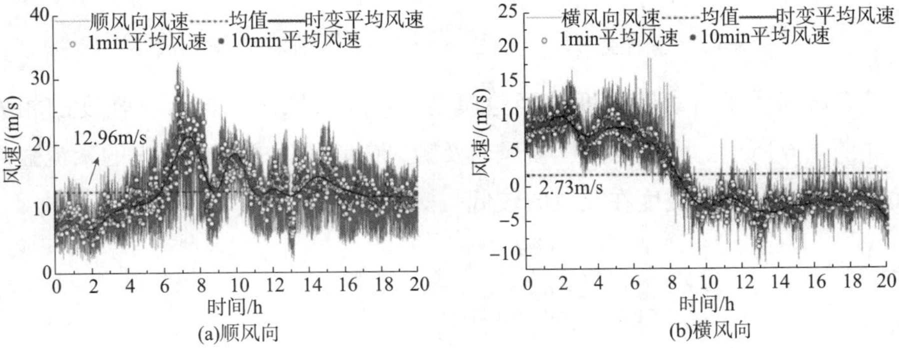

(a)顺风向 (b)横风向

图 4.3 顺风向和横风向平均风速时程

由图 4.3 可知，数据均值与实测数据时变趋势偏差较大，无法表征非平稳台风的时变趋势；单位时段(10min、1min)基本时距风速可在一定范围内表征出台风的非平稳特性，但对于突变时刻点，无法反映其时变趋势；WT 法提取的台风时变平均风速，可准确地反应台风的非平稳特性。

4.1.2.2 脉动风

(1)紊流强度及阵风因子

实测台风的顺风向、横风向紊流强度及规范值如图4.4所示，阵风因子结果如图4.5所示。由图可知，台风实测紊流强度大于规范建议值，顺风向紊流强度为规范值的2~5倍，时段0~7h内横风向紊流强度在为规范值1.5~3倍，7h之后紊流强度突增，因横风向发生变化，且平均风速较低，此时段台风脉动成分已远超平均风速，紊流强度可达规范值的10倍，因此，紊流强度的规范建议值可能低估了台风的实际情况，且台风的非平稳性极其显著。由图4.5可知，顺风向阵风因子显著低于横风向，时段0~7h风速平稳，时段7~20h顺风向风速出现波动，而横风向风速呈紊流态，其非平稳特性极高。

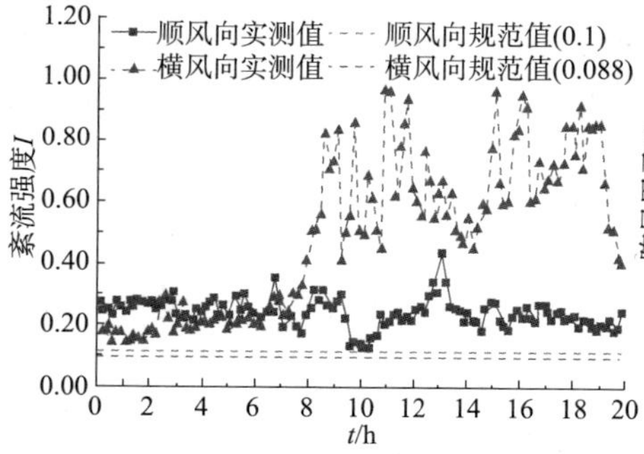

图4.4 紊流强度

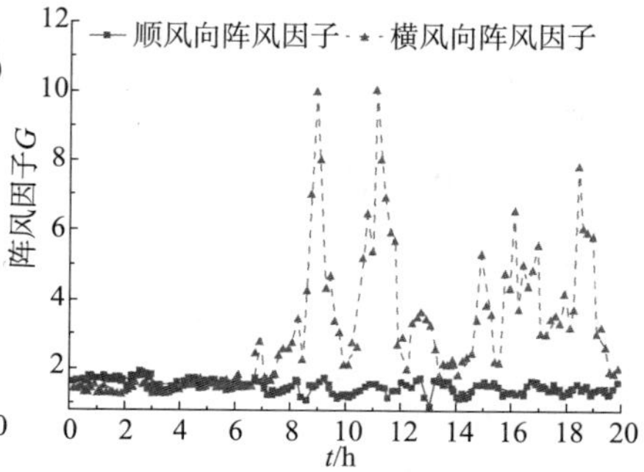

图4.5 阵风因子

结合阵风因子与紊流强度的经验模型，建立阵风因子与紊流强度的相关关系，如图4.6所示。由图可知，横风向及顺风向阵风因子均与对应的紊流强度正相关，且实测台风离散度在顺风向较低、横风向较高。

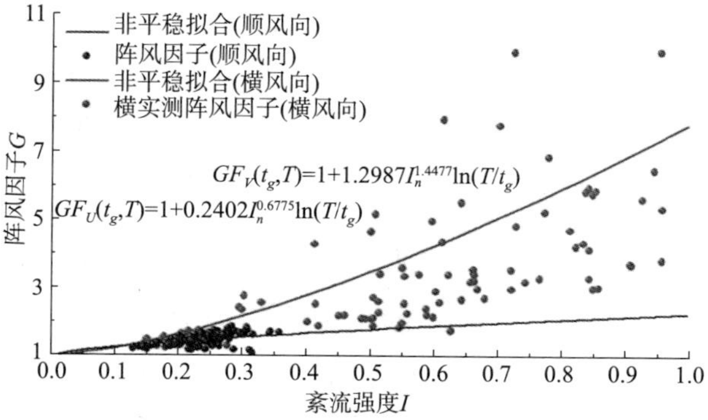

图4.6 紊流强度与阵风因子相关性

(2)紊流积分尺度

依据桥梁抗风设计规范的规定，建议顺风向及竖向紊流积分尺度取值分别为180m、90m，为保证结果精度选用较高的采样频率，选取10min作为基本时距，顺风向及横风向紊流积分尺度的结果如图4.7所示。由图可知，顺风向、横风向的结果均低于规范建议值，且顺风向均值结果更小；顺风向的结果在时段9～11h显著增大，最大可达250m，其余均小于100m且变化平稳；横风向的结果在时段0～8h内波动，之后稳定在15m以内。

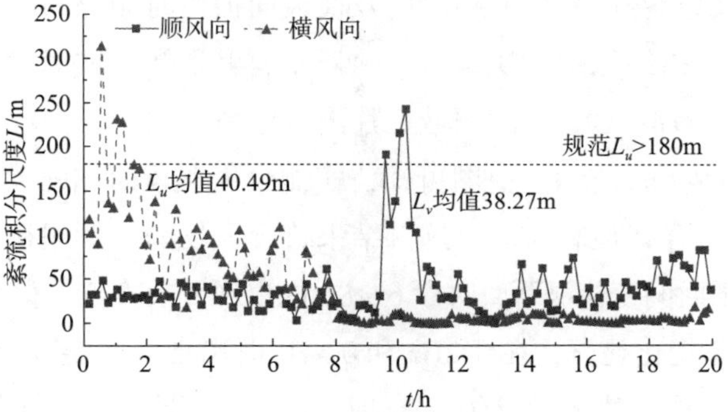

图4.7　紊流积分尺度

为直观分析顺风向及横风向紊流积分尺度的关系，时段0～9h及9～20h的L_u-L_v的散点分布图和拟合结果如图4.8所示。由图可知，时段0～9h内顺风向为横风向的2.03倍，时段9～20h内横风向为顺风向的1.92倍，由此可见，实测台风的紊流积分尺度随时间变化显著。值得注意的是，不同时段顺风向、横风向紊流积分尺度的相关系数是0.38和0.23，二者呈低度相关，影响因素主要有以下两点：①因获得的风速数据单一，未做桥址区风速风布分析，在进行二维风

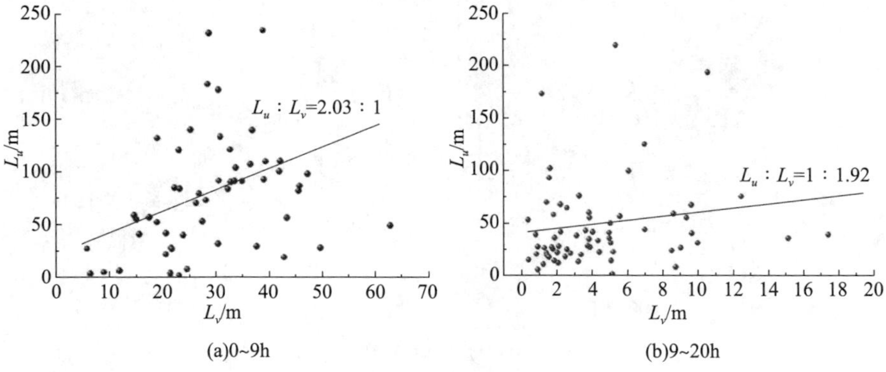

图4.8　不同时段顺风向、横风向紊流积分尺度相关性

速分解时，未考虑地区平均风风向，假定按其实测风向角分解，因而两个方向风速紊流积分尺度相关性存在较大差异；②由于实测台风数据具有特殊性，每一个台风的风特性大不相同，加之该段实测数据风速仪采样频率较低，影响两个方向上紊流积分尺度的相关性。

(3)功率谱密度模型

台风实测风速采样频率为1Hz，依据 Nyquist - Shannon 采样定理，原始截止频率为0.5Hz，进行全过程 PSD 估计时采样频率取值为1Hz 可满足采样定理要求。采用短时傅里叶变换法提取顺风向及横风向振幅时频分布，可较好地保留台风的非平稳特性，结果如图4.9(a)~(b)所示，截取顺风向时频分布的时域及频域切片图，时段点7h、14h 处的频域切片图及频率0.005Hz、0.01Hz 的时域切片结果如图4.9(c)~(d)所示。由图可知，实测台风顺风向和横风向能量主要集中在低频区，高频区存在显著波动，这一结果符合风场的一般规律。时频分布结果中，顺风向风速随时间变化显著，时段6~8h 内出现一次突变，呈现较高的时变性，横风向风速随频率变化显著，在0.2Hz 和0.4Hz 时出现两次突变，由图4.9(c)可知，PSD 频域切片中，当 ω 小于0.1Hz 时，$t=7$h 能量显著大于 $t=14$h，高频区 ω 大于0.1Hz 时，二者能量分布相近；由图4.9(d)可知，PSD 时域切片中，0.005Hz、0.01Hz 的时域切片都存在两个较大的峰值，分别位于时段6~8h 和14~16h 之间。综上所述，台风能量分布具有显著的时变特性，实测台风能量在7h 附近达到直至，且高频区能量显著小于低频区。

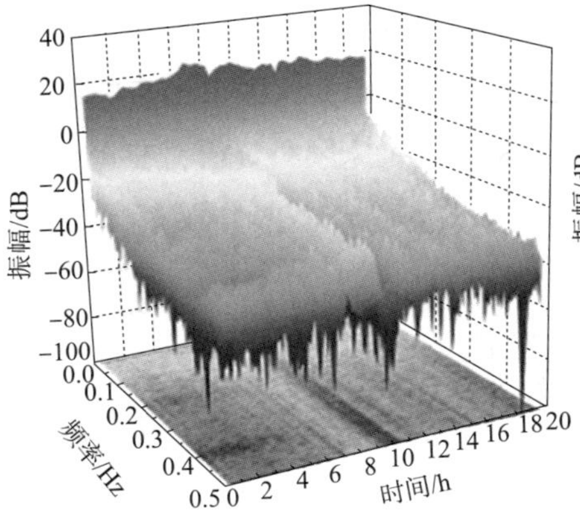

(a)顺风向

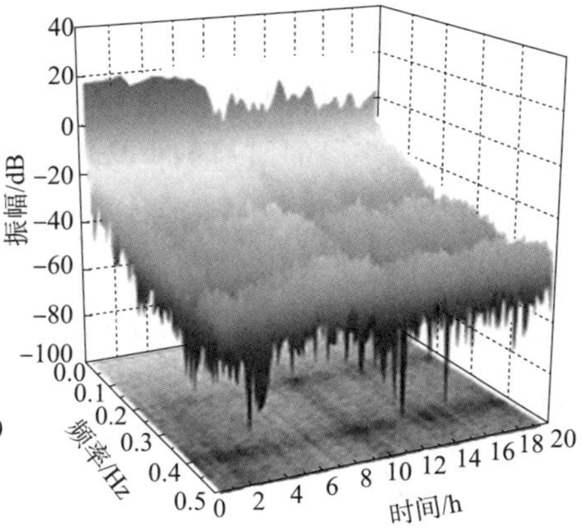

(b)横风向

图4.9　实测功率谱密度

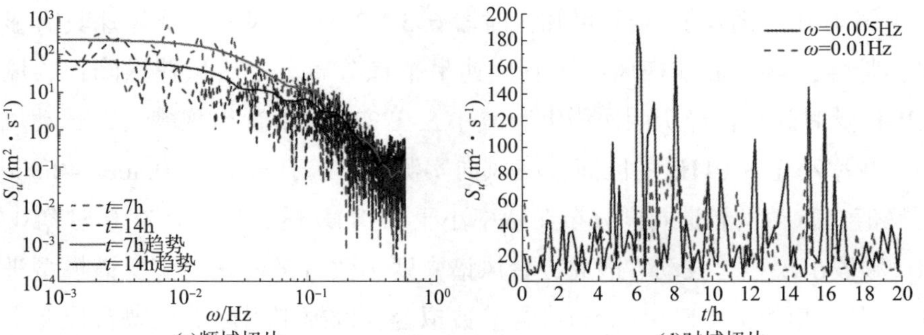

(c)频域切片　　(d)时域切片

图 4.9　实测功率谱密度(续)

因实测台风能量在时段 7h 附近达到极大值，故选取时段 6.5 ~7.5h 风速时程以分析其 EPSD 函数，如图 4.10 所示。STFT 法因采用固定的窗函数而对短时段非平稳信号处理不敏感，因此选用 Spanos – Failla 法可较好地保留台风的非平稳特性，分析时段 6.5 ~7.5h 的 ESPD 函数如图 4.11 所示。

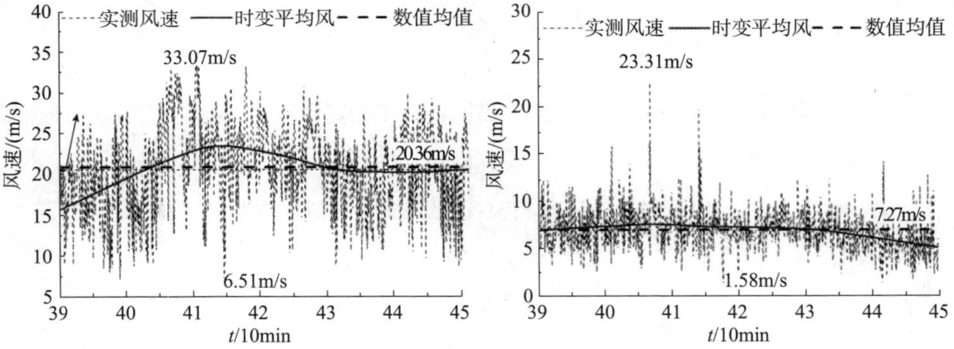

(a)顺风向　　(b)横风向

图 4.10　6.5 ~7.5h 时段实测风速时程

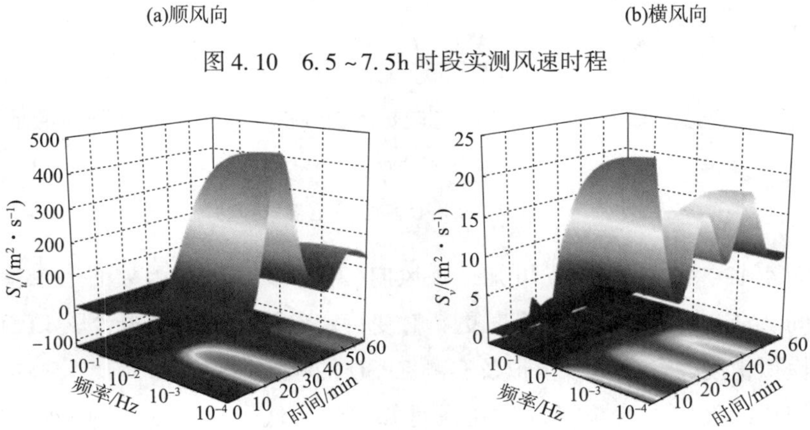

(a)顺向风　　(b)横向风

图 4.11　6.5 ~7.5h 时段实测 ESPD

由图4.10、图4.11结果可知，时段6.5～7.5h顺风向实测风速具有显著的非平稳特性，430min前横风向实测风速呈平稳分布，之后风速骤降；顺风向实测EPSD随时间变化经历两次增大和减小，在22min附近出现峰值，脉动风能量分布在频率小于0.01Hz的区间；横风向实测EPSD于3min、20min、40min附近达到峰值，脉动风能量同样分布在频率小于0.01Hz的区间，但在0时刻0.01～0.1Hz频段出现显著波动。因此，台风谱密度函数有必要采用演变谱模型进一步细化。基于实测台风EPSD分布进行参数拟合，以模拟出能够反映台风非平稳特性的精细化风场模型。

为保证台风非平稳特性，取$\Delta t=10s$对实测EPSD进行频域切片，再采用最小二乘法对每一个切片进行拟合，依据式(4.8)顺风向及横风向EPSD函数待定参数拟合结果如图4.12、图4.13所示。

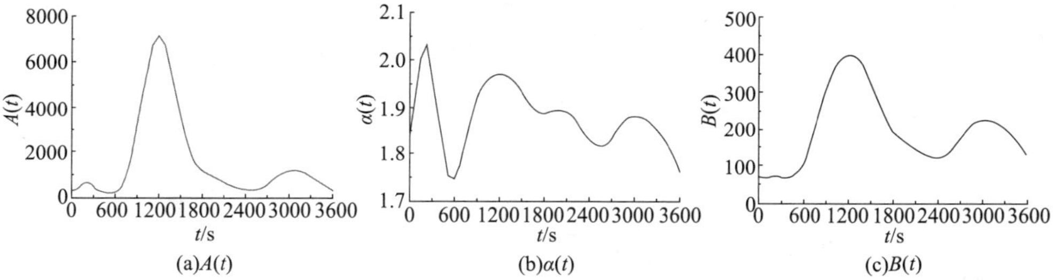

图4.12　顺风向EPSD函数待定参数拟合结果

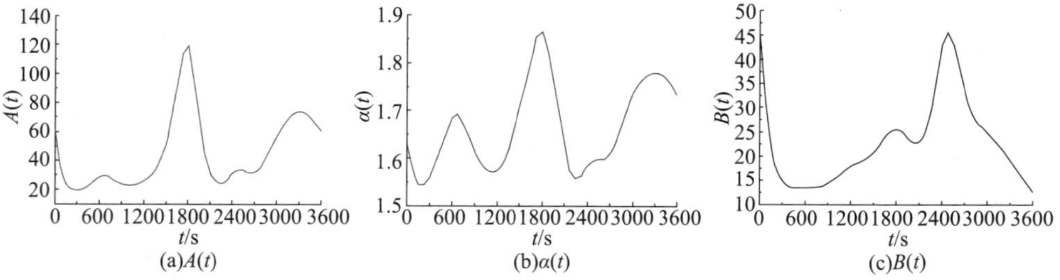

图4.13　横风向EPSD函数待定参数拟合结果

由图4.12、图4.13结果可知，顺风向、横风向EPSD函数的三个待定参数均为时间t的连续函数，通过实时更新时变待定参数来更新模拟台风EPSD函数，为确保模拟精度，分布提取模拟及实测EPSD的频域切片进行对比，900s、3600s的频域切片结果如图4.14所示。由图可知，频率低于0.1Hz的顺风向和横风向拟合值与实测值均拟合较好，而在频率0.1～1Hz，横风向拟合结果优于顺风向，且顺风向拟合EPSD函数偏于保守；因台风实测EPSD能量主要分布在频率低于

0.01Hz 范围，故拟合 EPSD 函数模型可进一步用于后续非平稳台风风场模拟。

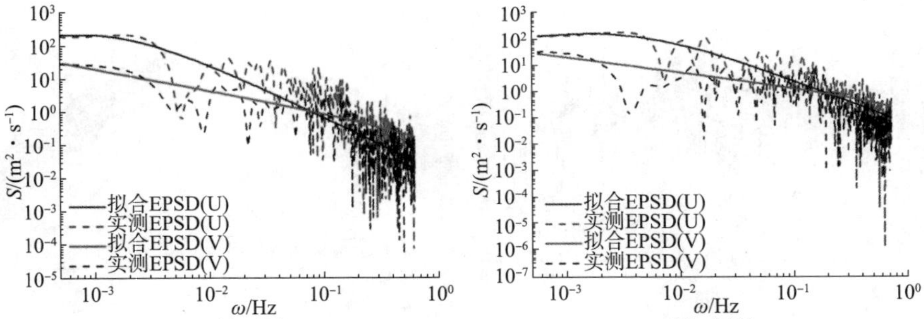

(a)t=900s　　(b)t=3600s

图 4.14　实测值与拟合值对比

4.1.3　算例——悬索桥台风风场模拟及验证

以 3.2.1 节大跨悬索桥为算例，验证非平稳台风风场模拟的有效性。因实测数据为二维数据，缺少竖向风速数据，依据已有文献竖向风速的研究成果，即台风竖向风速非平稳特征较小，且时变平均风速接近 0[28]。为方便后续研究，采用 Panofsky 平稳脉动风谱代替，悬索桥台风风速模拟点见 3.2.2 节中图 3.32 所示。

根据 4.1.1 ~4.1.2 节的方法，生成算例主梁顺风向、横风向及竖向脉动风速时程，以跨中点 42 为例，1h 内三个方向的脉动风速时程结果如图 4.15(a)(c)(e)所示。为验证台风风速样本的适用性，根据节 4.1.1.3 的验证方法，对脉动风速时程样本的模拟谱及调制演化谱进行对比，如图 4.15(b)(d)(f)所示。

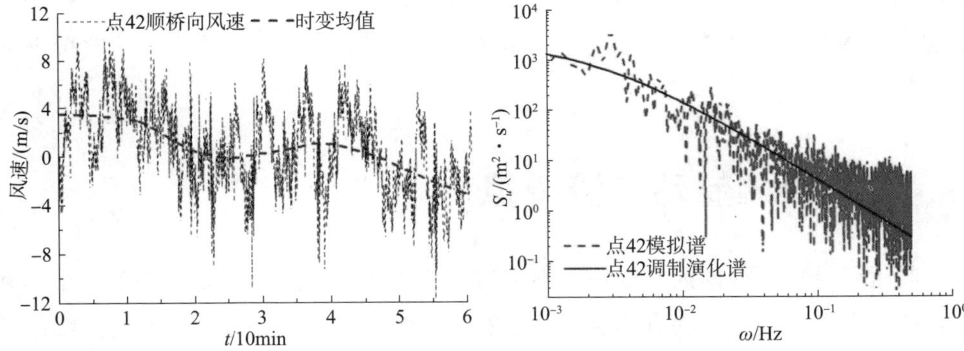

(a)顺桥向模拟风速　　(b)模拟谱与目标谱对比

图 4.15　跨中模拟点 42 顺桥向、横桥向及竖向脉动风模拟结果

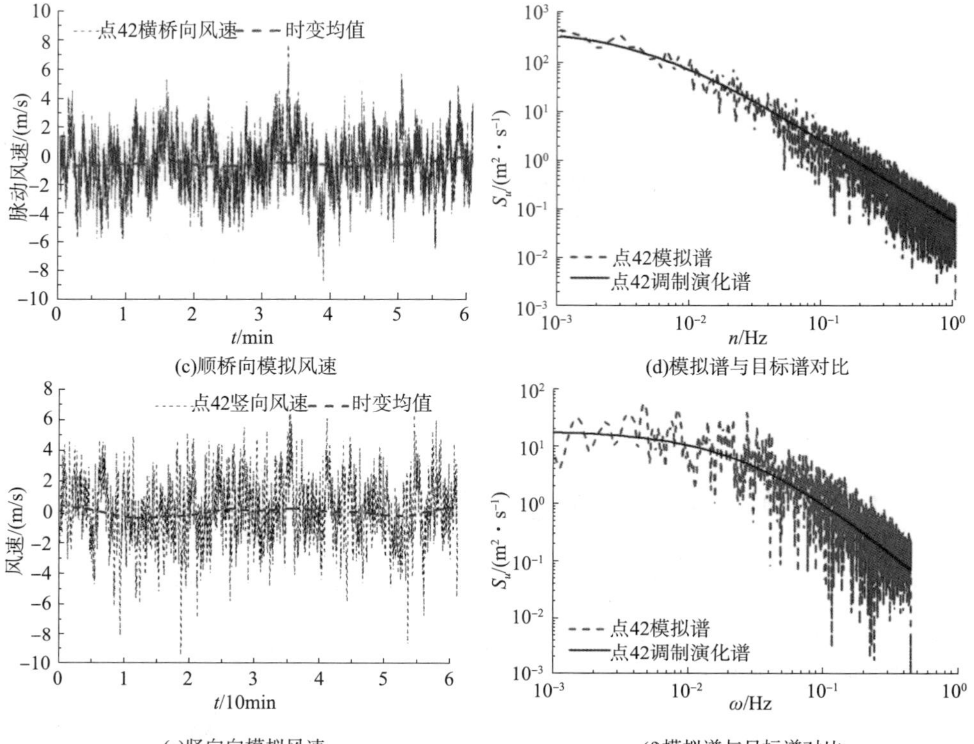

(c)顺桥向模拟风速　　(d)模拟谱与目标谱对比

(e)竖向向模拟风速　　(f)模拟谱与目标谱对比

图 4. 15　跨中模拟点 42 顺桥向、横桥向及竖向脉动风模拟结果(续)

由图 4. 15 可知，模拟的悬索桥台风风场呈现出显著的非平稳特性，且风速模拟谱与调制演变谱对比吻合度较好，尤其在高频区。值得注意的是，风速模拟点间风速时程的相关性较低，这主要是由于非平稳脉动风相关系数随时间不断变化，且非平稳风场模拟具有一定的随机性。综上所述，模拟的悬索桥非平稳台风风场的适用性较好，可用于后续进一步研究极端风事件下悬索桥纵向振动特性。

4. 2　极端制动车流模拟

在桥梁结构服役期内，因桥面不平顺、恶劣环境及疲劳驾驶状态等行车不利因素的存在，造成桥上偶有车辆事故的发生。事故车道中交通流车辆的连续制动及车辆拥堵将会引发桥梁顺桥向水平荷载的突增及竖向荷载的持续变化。因车辆制动过程，可能会造成桥梁发生不可逆的损伤，故极端制动车流的选取及模拟是实现极端制动工况下桥梁响应评估的前提。

4.2.1　制动车流工况选取

为进行极端制动车流工况下大跨悬索桥纵向振动特性分析，极端制动车流工况的确定至关重要。大跨悬索桥极端制动车流的模拟涉及两个关键参数：制动车流的车辆组成及车流制动模型。当单一车道发生车辆制动现象时，后车逐步采取制动措施直至车流停止，这一过程中假定相邻车道及对向行驶车道车流不受影响。当车流发生制动时，作用于桥梁上的荷载主要由桥面车辆总重及其车轮–桥面水平摩擦力共同决定，且桥梁结构响应随车流密度的增大呈现增大趋势。因此，为实现基于监测数据交通流特性的极端制动车流的高真实度仿真分析，基于3.2.2节的分析结果，选取拥堵流建立单车道极端制动车流模型，以制动车道为分析参数进行极端制动车流下悬索桥结构纵向振动特性的分析。

4.2.2　极端车流制动模拟

与桥上的运营车流相比，制动车流对桥梁响应的影响主要取决于多车辆的动态制动过程。当驾驶员受到前方障碍物或制动灯信号时，车辆从制动开始至停止这一过程可分为两个阶段：①驾驶员刹车前的反应时段，车辆按原行驶速度行驶；②驾驶员制动时段，车辆匀减速至停止。车辆停止后与障碍物或前车的距离为安全距离，通常取为5～10m。随机车流制动模型如图4.16所示，停车视距是车辆制动过程的关键控制参数之一，主要由反应距离 R、制动距离 B 及安全距离 S 这三部分组成。值得注意的是：制动车辆及跟驰车辆的制动反应过程存在差异性，且制动车道与邻车道的车流动态独立。

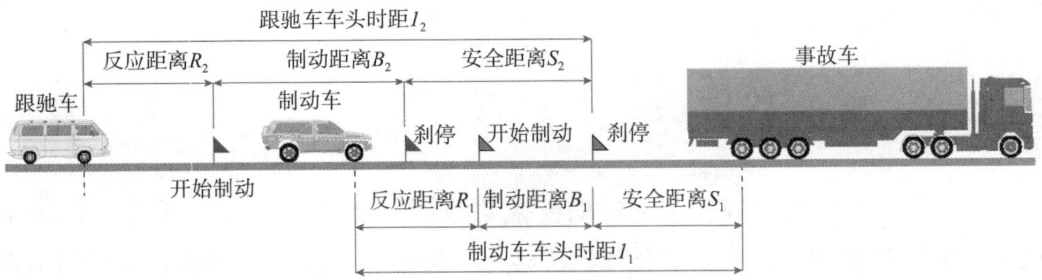

图4.16　车流制动模型

(1)反应距离 R

反应距离与驾驶员的制动反应时间密切相关[29]，假定驾驶员的制动反应时间服从对数正态分布，反应时间概率密度函数见式(4.38)，对应的累计分布函数

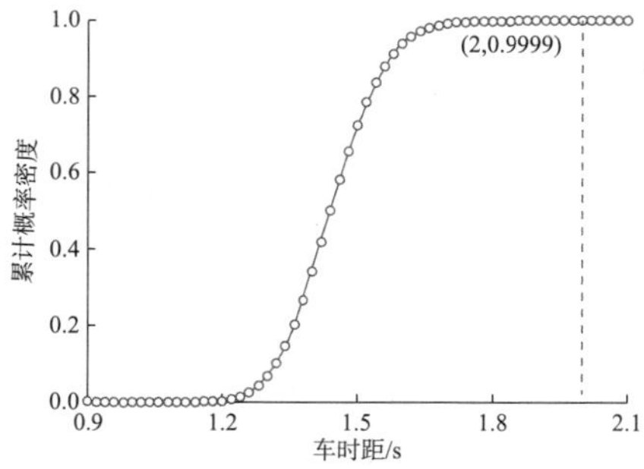

图 4.17　驾驶员反应时间累计概率密度曲线

如图 4.17 所示，选取驾驶员反应时间为 2.0s，其对应的累计概率密度为 99.99%。

$$f(x)=\frac{34.42}{x}\exp\left\{-\frac{1}{2}\left[\frac{\ln(x)-0.3506}{0.06945}\right]^2\right\} \tag{4.38}$$

(2)制动距离 B 及安全距离 S

车流制动模型如图 4.16 所示，制动距离为驾驶员刹车开始点至停止点的运动距离，过程中车辆行驶速度减至 0，假定这一过程车辆加速度为恒定值。首车制动距离及其制动加速度为：

$$\begin{cases}B_1=l_1-R_1-S_1\\ a_1=\dfrac{v_1^2}{2B_1}\end{cases} \tag{4.39}$$

式中，B_1、l_1、R_1、S_1、a_1、v_1 分别为首车制动距离、车头时距、反应距离、安全距离、制动加速度及行车初速度。

跟驰车辆的制动距离及其制动加速度为：

$$\begin{cases}B_n=l_n+B_{n-1}-R_n-S_n\\ a_n=\dfrac{v_n^2}{2B_n}\end{cases}\quad(n\geqslant1) \tag{4.40}$$

式中，B_n、l_n、R_n、S_n、a_n、v_n 分别为第 n 辆车辆制动距离、车头时距、反应距离、安全距离、制动加速度及行车初速度；B_{n-1} 为第 $n-1$ 辆车辆制动距离。

4.3　算例分析

基于第 2 章已建立风－车－桥耦合振动分析系统及 4.1～4.2 节建立的极端风及车流制动模型，以 3.2.1 节背景桥梁为算例进行分析，以明确悬索桥结构在运营期内极端风及车流制动荷载下的纵向振动特性。

4.3.1　梁端伸缩缝变形失效准则

极端工况下悬索桥梁端伸缩缝将发生拉伸、压缩及扭转变形，为判定极端风

及制动工况下梁端伸缩缝是否处于正常工作作态，选取设计荷载下梁端位移响应阈值为判定界限，确定梁端伸缩缝纵向位移及绕竖向轴转动角度的工作域，如图4.18所示。假定（$|\Delta|$，$|\theta|$）为梁端伸缩缝在设计荷载下的纵向位移及绕竖向轴转动的上限值，依据伸缩缝的工作机理可确定以下四个临界点：①伸缩缝仅发生最大拉伸，即（$|\Delta|$，0）；②伸缩缝仅发生最大压缩，即（$-|\Delta|$，0）；③伸缩缝发生绕竖向轴逆时针转动角度最大，即（0，$|\theta|$）；④伸缩缝发生绕竖向轴顺时针转动角度最大，即（0，$-|\theta|$）；当梁端纵向位移及绕竖向轴转动角度处于临界点包围的菱形范围内，则认为伸缩缝正常工作，反之，伸缩缝退出工作。

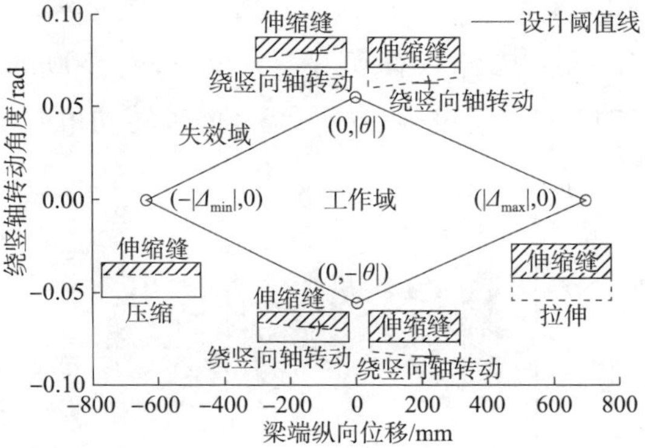

图4.18 梁端伸缩缝变形失效域

4.3.2 极端风工况

（1）跨中位移

台风作用下悬索桥结构跨中位置位移响应即竖向位移、横向位移、扭转角度的结果如图4.19所示。由图可知，非平稳台风下结构抖振响应存在显著的非平稳特性，横向位移及扭转角位移响应的非平稳性最显著；竖向、横向及扭转角位移最大值分别为0.80m、2.0m及5×10^{-4}rad，最大竖向及横向位移均小于规范规定值$L/250$、$L/150$。

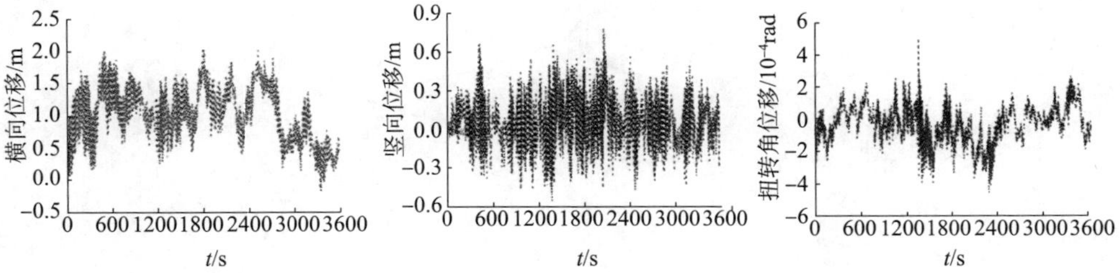

(a)竖向　(b)横向　(c)扭转角

图4.19 主梁跨中位移响应

(2)梁端位移

极端风工况下梁端纵向位移及绕竖向轴角位移的结果如图 4. 20 所示，由图可知，梁端纵向位移脉动幅值最大为 - 391. 76mm，未超过 20℃下梁端伸缩缝最大压缩 - 拉伸设计范围[- 640mm，700mm]；绕竖向轴角位移幅值最大为 0. 1747rad，超过梁端最大绕竖向轴转动角度设计值 0. 0557rad。

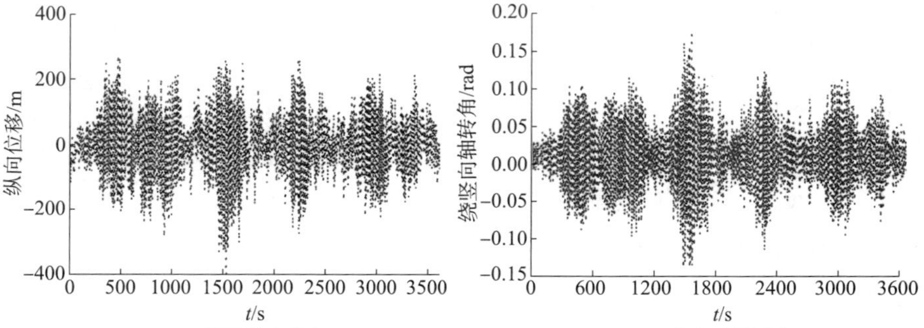

(a)梁端纵向位移　　(b)绕竖向轴转角

图 4. 20　梁端纵向位移及绕竖向轴转角

因不同温度作用下，悬索桥梁端伸缩缝的工作域状态不同，考虑 - 14. 9℃、20℃及 43. 9℃这三个温度分别对应桥梁全年桥梁最低温度、桥梁合龙温度及桥位最高温度，目的是为了获取在不同环境温度下发生极端风工况时悬索桥伸缩缝的实际工作域状态，以进行更准确的评估。基于 4. 3. 1 节中的变形失效准则，这三个不同温度下极端风工况下梁端伸缩缝的工作状态如图 4. 21 所示。由图可知，极端风工况下伸缩缝变形失效域的点非常密集，较易发生位移及转角均超限的状况，即，极端风工况下伸缩缝极易发生一端超拉伸或一端超压缩现象而导致整体

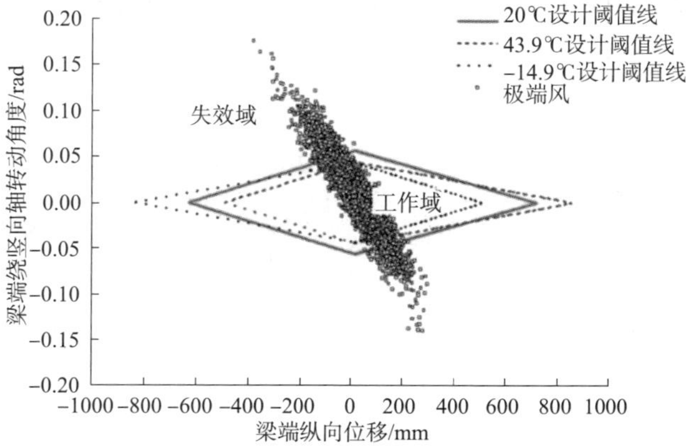

图 4. 21　极端风下梁端伸缩缝工作状态

退出工作；不同温度下伸缩缝工作失效状态较为接近，主要是极端风对悬索桥主梁的纵向振动影响非常大，远超温度作用的影响。

(3)吊索缆梁相对位移及索力

以短吊索 TS39 为例，极端风工况下吊索缆梁相对位移及索力时程曲线如图 4.22 所示。由图可知，吊索 TS39 缆梁相对位移时程频率较高且脉动波动范围较大，为 -150.40 ~ 263.1mm，远大于风 20m/s 下缆梁相对位移的脉动峰值，索力波动范围为 -79.23 ~ 105.05kN。

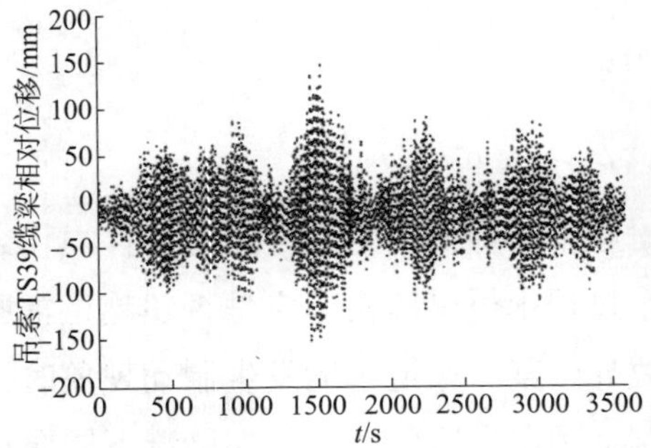

(a)缆梁相对位移

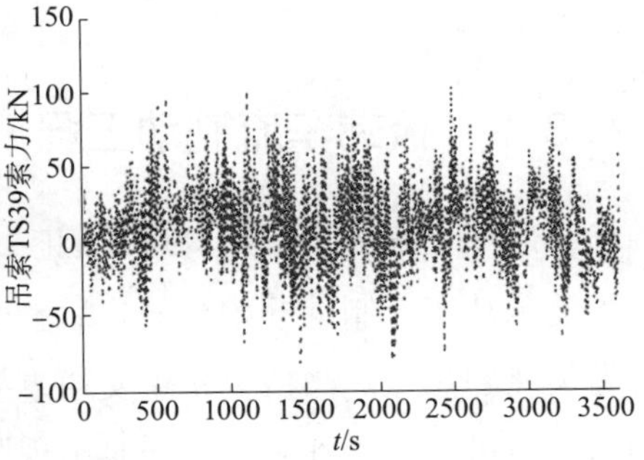

(b)索力

图 4.22 吊索 TS39 缆梁相对纵向位移及索力

极端风工况下吊索 TS1 ~ TS39 缆梁相对位移及索力响应极值的波动范围如图 4.23、图 4.24 所示，由图可知，吊索缆梁相对位移均值随吊索距跨中距离越近而逐渐减小，吊索 TS1 缆梁相对位移的极值均值最大，为 262.53mm；索力随吊索距跨中距离越近呈现先增大后平稳再增大的趋势，吊索 TS39 索力的极值均值最大，为 86.33kN；这表明，因距跨中越近，吊索长度越短，缆梁相对错动导致吊索索力增大较大。

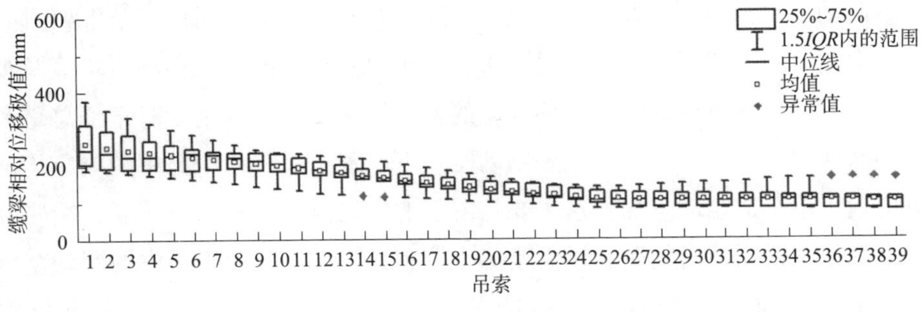

图 4.23 吊索 TS1 ~ 39 缆梁相对位移极值

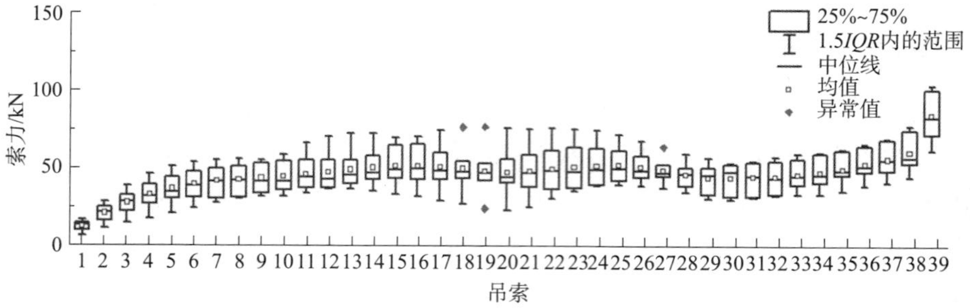

图 4.24　吊索 TS1～39 索力极值

4.3.3　极端车流制动工况

极端制动工况下桥梁结构可能因瞬时超限响应而发生不可逆的构件损伤或破坏，因此，从车流制动开始至静止后整个过程中桥梁结构响应是否超越正常服役状态是关注的焦点。当桥上发生交通事故导致某一车道车辆发生制动现象时，同向相邻车道可能会受到干扰而同时出现制动现象。因此，选取拥堵流下同向单车道制动、双车道同时制动的工况进行分析，假定单、双车道制动工况中首车均在最不利制动位置，即主梁跨中位置。为兼顾计算精度及效率，针对不制动、单车道制动及双车道制动工况均进行 50 次模拟，选取梁端位移极值响应及缆梁相对位移极值响应为纵向振动特性的响应指标，并以制动过程响应极值与不制动过程响应极值的比值作为分析指标，用变化系数 η 表示。当 $\eta<1$ 时，表明制动车流工况未超越不制动车流工况；当 $\eta>1$，表明制动车流工况超越了不制动车流工况，且变化系数越大，表明车流制动力对桥梁响应影响越大。

(1) 梁端位移

不制动、单车道制动及双车道制动工况下悬索桥梁端纵向位移结果如图 4.25 所示，由图可知，相对不制动工况，单、双车道制动工况下位移响应均值及极值均较大，三种工况下梁端纵向位移响应的差异性主要受车流制动时车辆总重及轮胎－桥面摩擦力大小的影响。同一制动位置下，双车道制动工况中的响应均值及极值均大于单车道制动工况，这主要是由于响应均值由车辆总重控制，响应脉动幅值受跟驰车辆制动时轮胎－桥面摩擦力控制，双车道制动工况中的制动车辆数目比单车道制动工况中的车辆数目多。单、双车道制动工况中车流分别在 138.4s、184.2s 时制动停止，梁端纵向位移响应极值分别为 －291.67mm、－463.82mm，未超过 20℃ 下梁端伸缩缝最大压缩－拉伸设计范围［－640mm，

700mm]；双车道制动工况位移响应极值相对较大，这主要是由于同一车流下双车道制动工况中悬索桥半跨区域内的车辆数较单车道制动工况的车辆数多，单、双车道制动工况下位移响应的变化系数分别为 1.49 倍、2.34 倍。车流制动后，位移响应主要受对向车道车流荷载控制，三种工况下位移响应极值分别为 -97.64mm、-335.72mm、-392.87mm，均未超过 20℃下梁端伸缩缝最大压缩-拉伸设计范围[-640mm，700mm]，且单、双车道制动工况下位移响应的变化系数分别增大为 3.44 倍、4.02 倍。这表明，当发生车流制动现象时，若对向车道仍正常运营，悬索桥梁端位移响应值显著增大，对梁端伸缩缝正常工作状态存在不利影响，在极端温度下有可能造成超拉伸或超压缩现象而导致整体退出工作。

不制动、单车道制动及双车道制动三种工况下悬索桥主梁梁端绕竖向轴转角时程曲线如图 4.25 所示，由图 4.25 可知，当车流制动开始时，梁端绕竖向轴转角突然增大，单、双车道制动工况中角度响应极值分别为 0.050rad、0.052rad，均较为接近梁端最大绕竖向轴转动角度设计值 0.0557rad。这表明，当发生车道制动现象时，悬索桥梁端伸缩缝极有可能发生一端拉裂或一端挤死状态而退出工作。

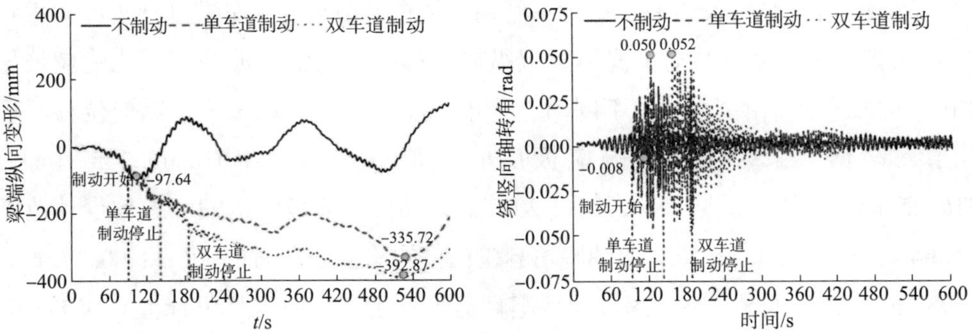

(a)梁端纵向位移　　　　(b)绕竖向轴转角

图 4.25　梁端纵向位移及绕竖向轴转角

基于 4.3.1 节中的变形失效准则，考虑对向车道正常行驶及封闭两种状态不制动、单及双车道制动工况下梁端伸缩缝的工作状态如图 4.26 所示。由图可知，不制动工况下伸缩缝均处于正常工作状态，而单、双车道制动工况下均出现伸缩缝超出正常工作域的状态，且当对象车道正常行驶时，失效域中的点非常密集，极易发生位移及转角均超限的状况；当对向车道封闭行驶时，极易发生转角超限的状况。

不同温度下梁端伸缩缝的正常工作域存在差异性，升温时主梁拉伸，梁端伸缩缝压缩范围减小，拉伸范围增大，转动角度阈值减小，造成单、双车道制动工况下梁端伸缩缝超限点增多，降温时主梁收缩，梁端伸缩缝拉伸范围减小，压缩范围增大，转动角度阈值减小，造成单、双车道制动工况下梁端伸缩缝超限点增多。这表明，当桥梁出现整体升降温时，单、双车道制动工况均对伸缩缝的工作状态有不利影响。

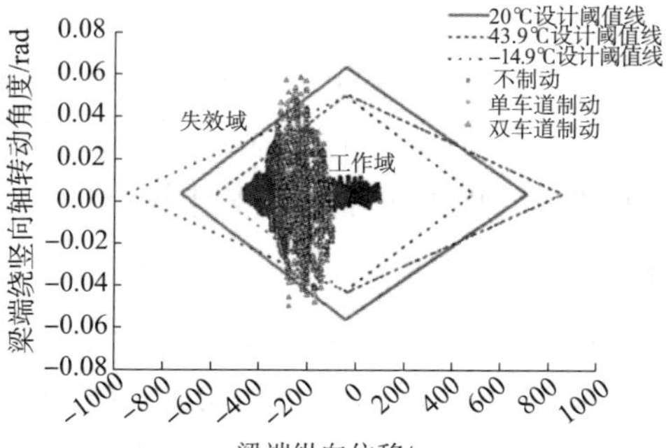

(a)对向车道正常行驶

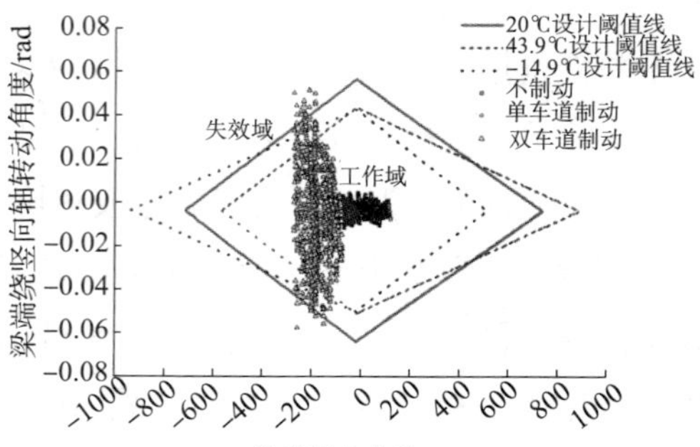

(b)对向车道封闭

图 4.26　对向车道正常行驶及封闭状况下伸缩缝工作状态

为兼顾计算精度及效率，针对不制动、单车道制动及双车道制动工况均进行 50 次模拟，获取极端制动工况下梁端纵向位移响应极值的波动范围，响应极值如图 4.27 所示。由图可知，不制动、单车道及双车道制动工况下纵向位移响应均值逐渐增大，纵向位移响应极值的均值分别为 130.02mm、345.10mm、416.25mm，制动工况结果均未超过 20℃下梁端伸缩缝最大压缩 – 拉伸设计范围 [–640mm，700mm]；绕竖向轴转角响应极值的均值分别为 0.006rad、0.075rad、0.082rad，制动工况结果均超过设计车辆荷载下梁端纵向位移设计值 0.0557rad，有可能造成梁端伸缩缝的一端拉裂或一端挤死现象而导致整体退出工作。

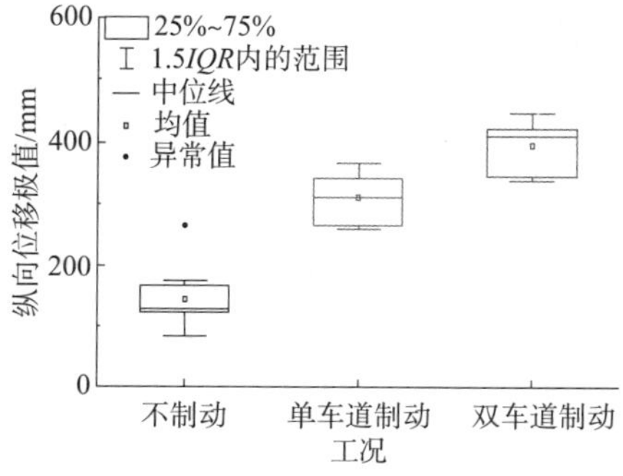

(a)梁端纵向位移

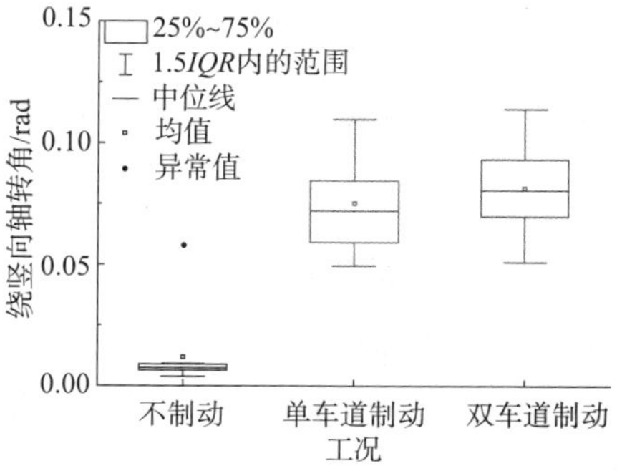

(b)绕竖向轴转角

图 4.27　梁端纵向位移极值及绕竖向轴转角极值

综上所述，以伸缩缝理论设计阈值为限值，极端制动工况下梁端伸缩缝极易发生位移及转角超限而退出工作状态，故建议设计过程中考虑极端制动工况以确保梁端伸缩缝变形量的工作储备，当发生单、双车道制动状况时，应立即控制对向车道的车辆驶入桥梁范围直至事故状态解除。

(2)吊索缆梁相对位移及索力

以短吊索TS39为例，不制动、单车道制动及双车道制动三种工况下吊索缆梁相对位移结果如图4.28(a)所示，由图可知，相对不制动工况，单、双车道制动工况下位移响应均值及极值较接近，均为－52.33mm；但双车道制动工况下响应脉动幅值较单车道制动工况的大。这主要是由于缆梁相对位移的差异性受车流制动时车辆总重及轮胎－桥面摩擦力大小的影响，响应脉动幅值受跟驰车辆制动时轮胎－桥面摩擦力控制，双车道制动工况中的制动车辆数目比单车道制动工况中的车辆数目多。车流制动后，缆梁相对位移响应主要受对向车道车流荷载控制。

不制动、单车道制动及双车道制动三种工况下吊索TS39索力时程曲线如图4.28(b)所示，由图可知，三种工况下索力响应极值分别为430.62kN、350.46kN、278.45kN，三种工况下索力差异性主要受桥上车辆总重大小的影响，且不制动工况、单及双车道制动工况中桥上行驶车辆总重逐渐减小。

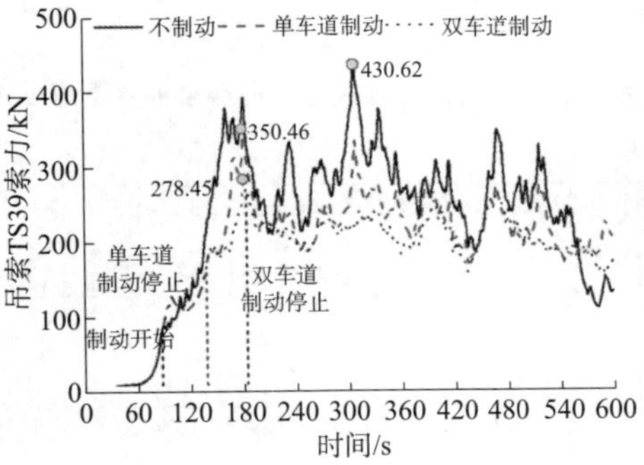

(a)缆梁相对位移

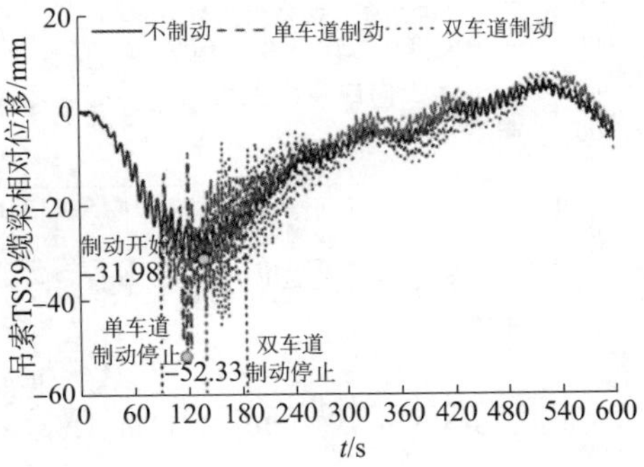

(b)索力

图4.28　吊索TS39缆梁相对纵向位移及索力

极端制动工况下吊索TS1～TS39缆梁相对位移及索力响应极值的波动范围如图4.29、图4.30所示。由图4.29可知，不制动、单车道及双车道制动工况下纵向位移响应均值逐渐增大，吊索TS1纵向位移响应极值的均值最大，分别为221.46mm、393.87mm、453.56mm；三种工况下吊索随距跨中越近缆梁相对位移均呈先减小后增大再减小的趋势。由图4.30可知，三种工况下吊索索力极值沿桥跨分布规律相同，即吊索 TS1～TS5 索力逐渐增大，吊索 TS6～TS39 索力极值的均值相近，这主要是由于吊索索力主要受桥梁车辆总重控制，三种工况下桥上车辆总重值接近。值得注意的是，对短吊索而言，因缆梁相对错动将在吊索底部产生较大的弯曲应力，极易造成短吊索底部出现损伤。

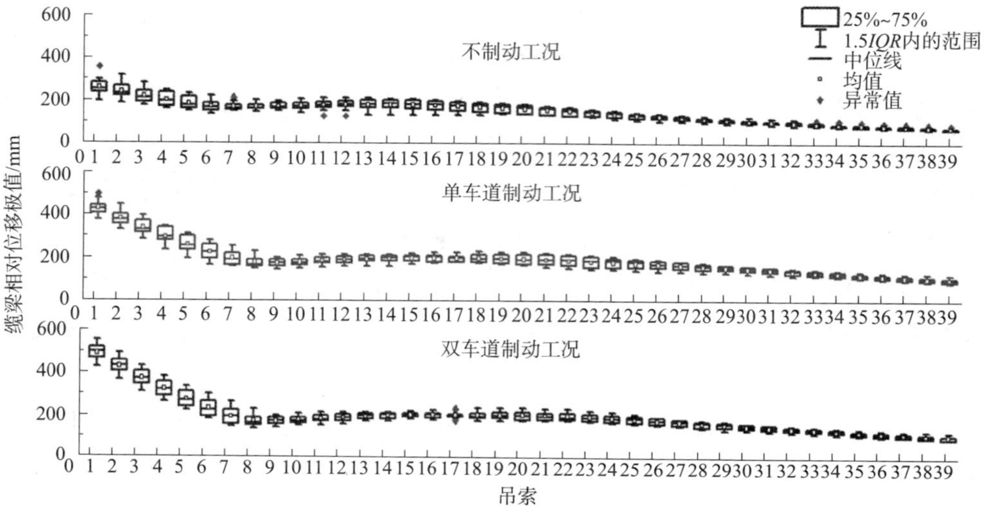

图 4.29 吊索 TS1－39 缆梁相对位移极值

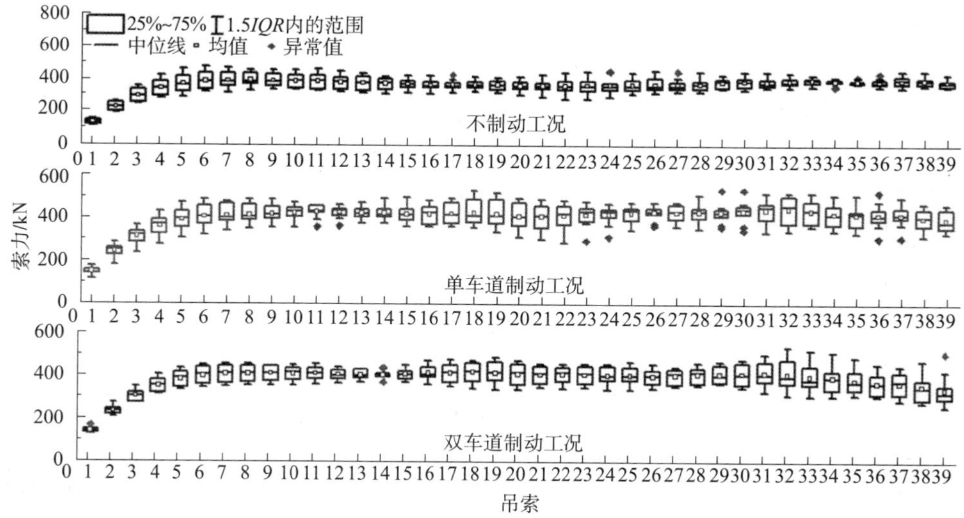

图 4.30 吊索 TS1－39 索力极值

综上所述，三种工况下吊索索力极值相近，主要受桥上车辆总重控制，而吊索缆梁相对位移值极值随不制动、单车道及双车道制动工况逐渐增大，这表明，吊索缆梁相对位移受车流制动力影响较大，值得注意的是，对短吊索而言，因缆梁相对错动将在吊索底部产生较大的弯曲应力。

4.4 本章小结

为实现台风及极端车流制动荷载下悬索桥纵向振动特性的分析及评估，台风及极端制动车流的模拟是前提。首先，考虑台风时变平均风速及非平稳脉动风速特性获取拟合时变演变谱函数，基于乔列斯基分解求解互谱密度矩阵以实现非平稳台风风场的模拟，建立了基于改进谐波合成法非平稳台风风场的模拟流程，以“温比亚”台风数据为基础开展了悬索桥台风风场的模拟及验证；其次，将驾驶员反应时间融入至拥堵流建立极端车流制动模型；最后，以一大跨悬索桥为算例，进行极端风及车流制动工况下悬索桥纵向振动特性的分析及评估。主要成果如下：

(1)基于台风时变风场特性拟合时变演变谱函数，利用乔列斯基分解求解互谱密度矩阵以实现非平稳台风风场的模拟，建立了基于改进谐波合成法非平稳台风风场的模拟方法，通过对“温比亚”台风的处理及模拟，验证了该方法的合理性及有效性；采用频域功率谱亦验证了悬索桥台风风场模拟的合理性；基于密度－速度关系模型选取拥堵流工况，考虑驾驶员反应时间，实现了极端拥堵车流在制动时的真实动态演化。

(2)考虑不同环境温度取值，以伸缩缝工作极限状态为准则明确了对应的工作域及失效域状态。不同环境温度取值下梁端伸缩缝的正常工作域存在差异性，升温时主梁拉伸，梁端伸缩缝压缩范围减小，拉伸范围增大，转动角度阈值减小；降温时主梁收缩，梁端伸缩缝拉伸范围减小，压缩范围增大，转动角度阈值减小。

(3)极端风工况下，梁端纵向位移幅值未超过20℃下梁端伸缩缝最大压缩－拉伸设计范围[－640mm，700mm]，绕竖向轴角位移幅值最大为0.1747rad，超过梁端最大绕竖向轴转动角度设计值0.0557rad。这表明：极端风工况下伸缩缝极易发生一端超拉伸或一端超压缩现象而导致整体退出工作；不同环境温度取值时，伸缩缝失效状态较为接近，这主要由于悬索桥主梁的纵向振动受极端风因素的影响远超温度因素；吊索缆梁相对位移均值随吊索距跨中距离越近而逐渐减小，索力随吊索距跨中距离越近呈现先增大后平稳再增大的趋势，这主要是由于吊索距跨中越近，长度越短，缆梁相对错动导致吊索索力增大幅度较大。

(4)极端制动工况下的研究成果表明：不同环境温度取值时，单、双车道制动工况下伸缩缝均出现超出正常工作域的状态，且在对向车道正常行驶时，失效点较为密集，极易发生梁端伸缩缝一端拉裂或一端挤死的状况；当环境温度较高或较低时，即桥梁出现整体升温或降温时，单、双车道制动工况对伸缩缝的工作状态均存在不利影响。以伸缩缝理论设计阈值为限值，极端制动工况下梁端伸缩缝极易发生位移及转角超限而退出工作状态，故建议设计过程中考虑极端制动工况以确保梁端伸缩缝变形量的工作储备，当发生单、双车道制动状况时，应立即控制对向车道的车辆驶入桥梁范围直至事故状态解除；吊索缆梁相对位移值极值随不制动、单车道及双车道制动工况逐渐增大，这一差异性受车流制动时车流总重及车轮－桥面摩擦力大小的影响，响应脉动幅值受跟驰车辆制动时轮胎－桥面摩擦力控制，且车流制动后，缆梁相对位移响应主要受对向车道车流荷载控制，吊索索力幅值受桥上车辆总重控制。值得注意的是：对短吊索而言，因缆梁相对错动将在吊索底部产生较大的弯曲应力。

参考文献

[1] Priestley M B. Evolutionary Spectra and Non－Stationary Processes[J]. Journal of the Royal Statistical Society, 1965, 27(2): 204－237.

[2] Li Y, Kareem A. Simulation of Multivariate Nonstationary Random Processes by FFT[J]. Journal of Engineering Mechanics, 1991, 117(5): 1037－1058.

[3] Xu Y L, Chen J. Characterizing Nonstationary Wind Speed Using Empirical Mode Decomposition [J]. Journal of Structural Engineering, 2004, 130(6): 912－920.

[4] Mccullough M, Kwon D K, Kareem A, et al. Efficacy of Averaging Interval for Nonstationary Winds[J]. Journal of Engineering Mechanics, 2013, 140(1): 1－19.

[5] 丁幼亮，周广东，李万恒，王晓晶，闫昕．基于演化谱理论的桥梁风致响应非平稳性分析[J]．中国公路学报，2013，26(05)：54－61.

[6] 王浩，杨敏，陶天友，茅建校．苏通大桥桥址区实测强风非平稳风特性分析[J]．振动工程学报，2017，30(02)：312－318.

[7] Wang H., Xu Z. D., Wu T., et al. Evolutionary power spectral density of recorded typhoons at Sutong Bridge using harmonic wavelets [J]. Journal of Wind Engineering and Industrial Aerodynamics, 2018, 177: 197－212.

[8] 姚程渊．台风作用下大跨度悬索桥非平稳抖振时域模拟与分析[D]．东南大学，2019.

[9] 陶天友．台风作用下大跨斜拉桥抖振非平稳效应模拟与实测研究[D]．东南大学，2018.

[10]陶天友，王浩．大跨度桥梁主梁节段模型非平稳抖振时域模拟与分析[J]．振动工程学报，2019，32(05)：830－836.

[11]Tao T, Wang H, Zhao K. Efficient Simulation of Fully Non－stationary Random Wind Field Based on Reduced 2D Hermite Interpolation[J]. Mechanical Systems and Signal Processing, 2020, 150.

[12]陈斌，王旭，孙得璋，谢旭．九堡大桥桥址台风"海葵"近地风特性实测研究[J]．桥梁建设，2014，44(04)：34－39.

[13]刘焕举，韩万水，武隽，肖强，闫利．大跨径桥梁三维台风风场数值模拟[J]．振动与冲击，2017，36(24)：77－84.

[14]武隽，刘焕举，韩万水，史文海，刘晓东．大跨桥梁非平稳台风风场数值模拟与验证[J]. 振动工程学报，2018，31(04)：662－670.

[15]武隽，刘焕举，黄平明，韩万水，刘晓东．大跨桥梁台风风场全过程动态数值模拟[J]．振动与冲击，2019，38(14)：260－266.

[16]苏延文．非平稳激励下大跨桥梁随机响应方法研究与应用[D]．西南交通大学，2016.

[17]Huang N. E., Chen X. Y., Lo M. T., et al. On Hilbert spectral representation: a true time－frequency representation for nonlinear and nonstationary data [J]. Advances in Adaptive Data Analysis, 2011, 3(1－2): 63－93.

[18]Huang N. E., Wu Z. H., Long S. R., et al. On instantaneous frequency[J]. Advances in Adaptive Data Analysis, 2009, 1(2): 177－229.

[19]Huang N. E., Young V., Lo M., et al. The uniqueness of the instantaneous frequency based on intrinsic mode function[J]. Advances in Adaptive Data Analysis, 2013, 5(3): 1350011.

[20]胡益良．城市桥梁在车辆拥堵作用下的动静力分析[D]．华南理工大学，2012.

[21]Wu, J. Chen, S. R.. Probabilistic dynamic behavior of a long－span bridge under extreme events [J]. Engineering Structures, 2011, 33(5): 1657－1665.

[22]宗周红，杨泽刚，夏叶飞，袁微微．拥堵运行状态下新沂河大桥车辆荷载模型[J]．中国公路学报，2016，29(02)：44－51.

[23]夏樟华，陈俊民，宗周红，林友勤．并道运行状态下高速公路桥梁车辆荷载效应[J]．长安大学学报：自然科学版，2017，37(01)：76－84.

[24]赵信．拥堵条件下怠速车辆－桥梁耦合振动分析[D]．重庆交通大学，2018.

[25]刘焕举，韩万水，刘宁，高颖，韩晓斌．刹车状况下桥上随机车流动态演化及车－桥耦合振动分析[J]．中国公路学报，2020，33(04)：76－88.

[26]杨金湘，袁方超，李郅明，吴向荣．EMD 方法在中国沿岸风暴潮增水分析中的应用[J]．海洋通报，2016，35(02)：157－162＋169.

[27]Priestley, M. B.. Evolutionary spectral and non－stationary processes[J]. Journal of the Royal Statistical Society, Series B (Methodological), 1965, 27(2): 204－237.

[28] Wang H. , Hu R. M. , Xie J. , et al. Comparative study on buffeting performance of Sutong Bridge based on design and measured spectrum[J]. ASCE Journal of Bridge Engineering, 2013, 18(7): 587 - 600.

[29] 刘焕举，韩万水，刘宁，高颖，韩晓斌. 刹车状况下桥上随机车流动态演化及车 - 桥耦合振动分析[J]. 中国公路学报，2020，33(04)：76 - 88.

5 基于机构运动及磨损理论伸缩缝滑动支承磨损寿命评估

大跨桥梁结构的构件在环境、风荷载、车辆荷载等联合作用下随着服役年限的增加逐步老化并出现损伤。伸缩缝作为大跨桥梁结构的关键性附属构件，实际运营中经常出现滑动支承磨损、老化等问题。目前，已有研究主要侧重于以大跨桥梁梁端变形的监测数据为基础进行伸缩缝服役状态及性能评估[1-14]，较少关注到运营荷载下大跨桥梁伸缩缝滑动支承的累计疲劳损伤问题，且伸缩缝累计行程、滑动磨损的变化规律和对应磨损状态的安全评估方法尚不明确。鉴于此，首先，描述转轴式伸缩缝构造及其运动状态，以机构运动理论为基础建立伸缩缝运动学仿真模型，并提出基于 Archard 磨损理论滑动支承的磨损深度计算模型；其次，在第 3 章及第 4 章研究成果的基础上，研究随机车流、风及联合作用下伸缩缝滑动支承累计磨损分布类型；最后，以一大跨悬索桥为算例，研究随机车流、风及极端风作用下滑动支承累计磨损深度达到磨损上限的失效概率，基于对应的失效概率对滑动支承的磨损状况进行安全评估，大跨悬索桥伸缩缝缩缝滑动支承磨损状况评估流程如图 5.1 所示。

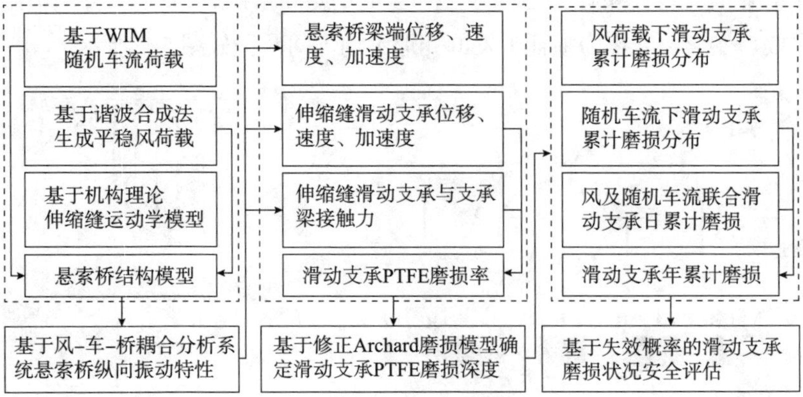

图 5.1　悬索桥伸缩缝缩缝滑动支承磨损状况评估流程

5.1 伸缩缝构造及三维运动状态

伸缩缝作为连接主桥及引桥的机构构造，因主(引)桥梁端位移使伸缩装置产生多方向变位，即：纵向位移(拉伸或压缩)、竖向错位、横向错位三个线位移及绕纵向、竖向及横向轴转动的三个角位移，如图5.2所示。典型的毛勒模数式伸缩缝构造如图5.3所示。

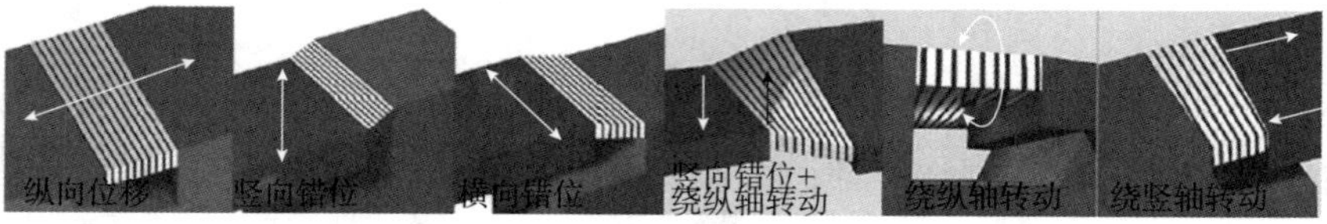

图5.2　主(引)桥间伸缩装置运动效果

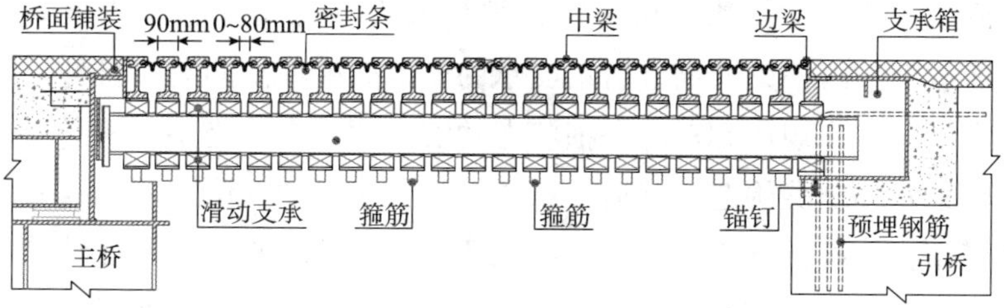

图5.3　大位移模数式伸缩缝构造

弹性控制伸缩缝主要通过控制弹簧调整各中梁间缝隙成等间距，工作原理示意如图5.4所示。转轴式伸缩缝主要通过斜置可旋转的支承梁的转动，以达到等间距地控制各中梁间隙[15]，工作原理示意如图5.5所示，运动时机构单元状态如图5.6所示，斜置的支承梁不仅具有载荷传递的功能，还可实现几何刚性控制伸缩的作用，规避了因弹性失效、变形及摩擦力损耗引发的变形不均匀问题，如图5.7所示。

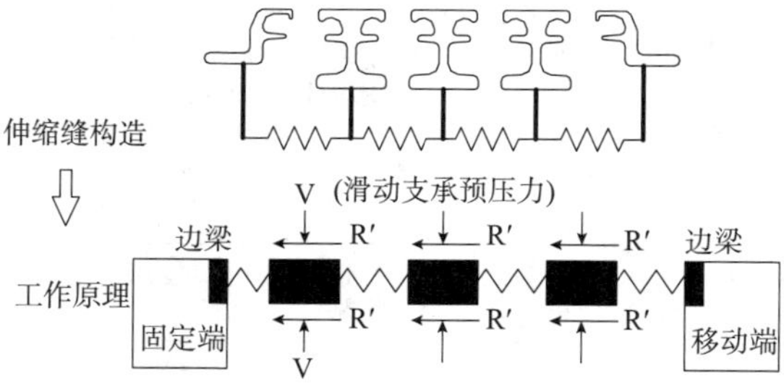

图5.4　弹性控制伸缩缝工作原理示意

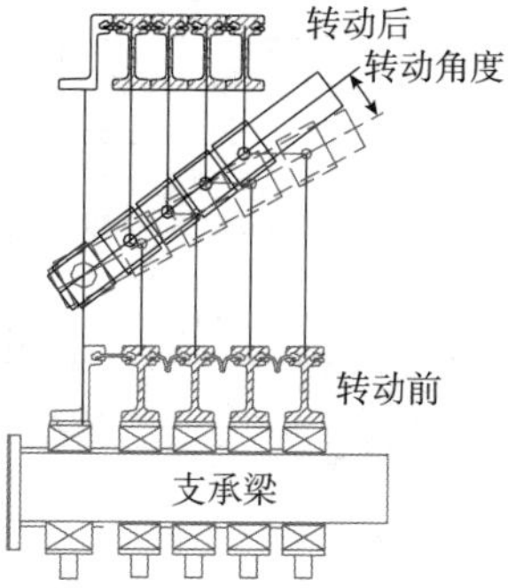

图5.5　转轴式伸缩缝工作原理示意

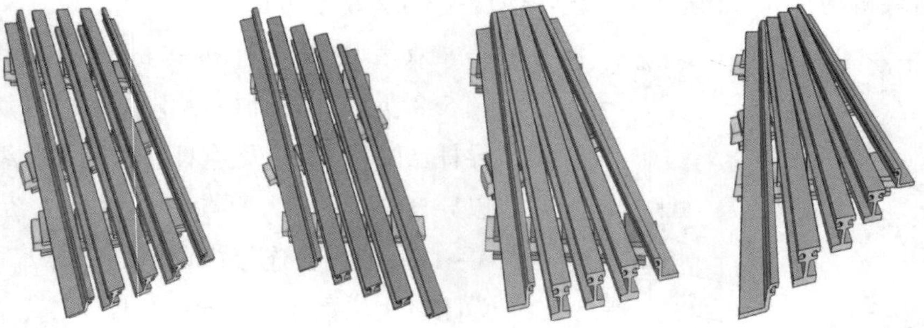

(a)纵向拉伸(或压缩)　(b)横向错位　(c)绕竖向轴转动　(d)横向错位+绕竖向轴转动

图 5.6　伸缩缝运动时机构单元状态

图 5.7　香港青马大桥弹性控制伸缩缝部分中梁挤死

为适应大跨桥梁的复杂梁端位移，相对弹性控制伸缩缝而言，转轴式伸缩缝是一种较优选择。为明确风和随机车流荷载下转轴式伸缩缝机构的磨损及失效状态，仍需对机构的运动仿真进一步研究。

5.2　基于机构运动理论伸缩缝运动学仿真模型建立及验证

5.2.1　变杆长四连杆机构的运动学仿真

伸缩缝是由多个刚性构件用运动副连接而组成的机构，可拆解为多个滑块导杆机构。双滑块双导杆机构是一种特殊的平面变杆长四连杆机构，通过对其构件尺寸及运动状态的仿真，并配合需求变位可有效获取机构各单元的运动状态。针对双滑块双导杆机构，以滑块为主动件，综合利用函数解析法与矢量法对变杆长摇杆滑块机构建立机构运动的数学模型，进行运动学仿真分析[16-18]。

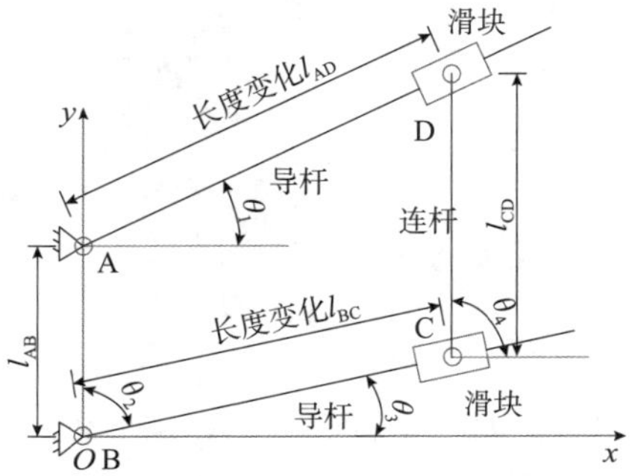

图 5.8　双滑块双导杆机构分析简图

双滑块双导杆机构的分析简图如图 5.8 所示，该机构由滑块 B、滑块 D、导杆 AB 和 CD，及连杆 AC 和 BD 组成，以导杆 BC 一端为原点 O 建立坐标系，点 A ~ D 分别为各连接中心点，l_{AD}、l_{BC}分别为随滑块位置变化的导杆长度，l_{AB}、l_{CD}分别为定值的连杆长度，机构中各杆件角位移分别为 $\theta_1 \sim \theta_4$。

结合图 5.8 所示的机构分析简图，建立双滑块双导杆机构的矢量模型，并结合解析法和矢量法构建数学模型。机构闭环的矢量方程向量表达式为：

$$\overrightarrow{AD} + \overrightarrow{DC} = \overrightarrow{AB} + \overrightarrow{BC} \tag{5.1}$$

杆件幅值乘以角度的复数形式为：

$$l_{AD}e^{i\theta_1} - l_{CD}e^{i\theta_4} = l_{AB}e^{i\theta_2} + l_{BC}e^{i\theta_3} \tag{5.2}$$

欧拉公式及欧拉恒等式为：

$$\begin{cases} e^{ix} = \cos x + i\sin x \\ e^{ix} + 1 = 0 \end{cases} \tag{5.3}$$

联立式(5.1) ~ 式(5.3)，令实部和虚部分别相等，即分别投影至 x、y 轴上可得：

$$\begin{cases} l_{AD}\cos\theta_1 - l_{CD}\cos\theta_4 = -l_{AB}\cos\theta_2 + l_{BC}\cos\theta_3 \\ l_{AD}\sin\theta_1 - l_{CD}\sin\theta_4 = -l_{AB}\sin\theta_2 + l_{BC}\sin\theta_3 \end{cases} \tag{5.4}$$

根据几何关系及余弦定理可得：

$$\begin{cases} l_{AD}^2 + l_{AB}^2 + 2l_{AD}l_{AB}\cos(\theta_1 - \theta_2) = l_{BC}^2 + l_{CD}^2 + 2l_{BC}l_{CD}\cos(\theta_3 - \theta_4) \\ l_{AB}^2 l_{BC}^2 + 2l_{AB}l_{BC}\cos(\theta_2 - \theta_3) = l_{AD}^2 + l_{CD}^2 + 2l_{AD}l_{CD}\cos(\theta_4 - \theta_1) \end{cases} \tag{5.5}$$

连杆 l_{AB}、l_{CD}为定值，当滑块 C、D 发生运动处于静止状态时，导杆 l_{AD}、l_{BC}及连杆 l_{AB}、l_{CD}的角位移 $\theta_1 \sim \theta_4$为确定值，联立式(5.4)、式(5.5)可得导杆长度 l_{AD}、l_{BC}为：

$$\begin{cases} l_{AD} = -\dfrac{l_{AB}\cos\theta_2\sin\theta_3 - l_{AB}\cos\theta_3\sin\theta_2 + l_{CD}\cos\theta_3\sin\theta_4 - l_{CD}\cos\theta_4\sin\theta_3}{\cos\theta_1\sin\theta_3 - \cos\theta_3\sin\theta_1} \\ l_{BC} = -\dfrac{l_{AB}\cos\theta_1\sin\theta_2 - l_{AB}\cos\theta_2\sin\theta_1 - l_{CD}\cos\theta_1\sin\theta_4 + l_{CD}\cos\theta_4\sin\theta_1}{\cos\theta_1\sin\theta_3 - \cos\theta_3\sin\theta_1} \end{cases} \tag{5.6}$$

任一时刻 t 滑块 C、D 导杆上的瞬态位置分别为 $l_{AD}(t)$、$l_{BC}(t)$，则 $t+1$ 时刻

滑块 C、D 导杆上的瞬态位置分别为 $l_{AD}(t+1)$、$l_{BC}(t+1)$，滑块 C、D 沿导杆滑动的轨迹位移为：

$$\begin{cases} S_C = \Delta l_{BC} = l_{BC}(t+1) - l_{BC}(t) \\ S_D = \Delta l_{AD} = l_{AD}(t+1) - l_{AD}(t) \end{cases} \tag{5.7}$$

对式(5.7)求导，求得滑块 C、D 运动的速度方程：

$$\begin{cases} V_C = \mathrm{d}[l_{BC}(t+1) - l_{BC}(t)]/\mathrm{d}t \\ V_D = \mathrm{d}[l_{AD}(t+1) - l_{AD}(t)]/\mathrm{d}t \end{cases} \tag{5.8}$$

对式(5.7)求二阶导数，求得滑块 C、D 运动的加速度方程：

$$\begin{cases} a_C = \mathrm{d}^2[l_{BC}(t+1) - l_{BC}(t)]/\mathrm{d}t^2 \\ a_D = \mathrm{d}^2[l_{AD}(t+1) - l_{AD}(t)]/\mathrm{d}t^2 \end{cases} \tag{5.9}$$

由以上运动学仿真模型可知：当求得导杆在任一瞬态时刻的杆长便可获得其对应滑块的运动轨迹状态，为以双滑块双导杆机构为单元的复杂机构运动仿真提供了数学理论模型。

5.2.2 基于四连杆运动理论的伸缩缝机构运动学仿真

基于 5.2.1 节双滑块双导杆机构的运动仿真模型，将伸缩缝机构进行拆解成若干滑块导杆机构单元，进行运动仿真求解，伸缩缝机构运动仿真分析简图如图 5.9 所示。为分析大跨缆索桥伸缩缝在正常及极端运营状态下的服役性能，与

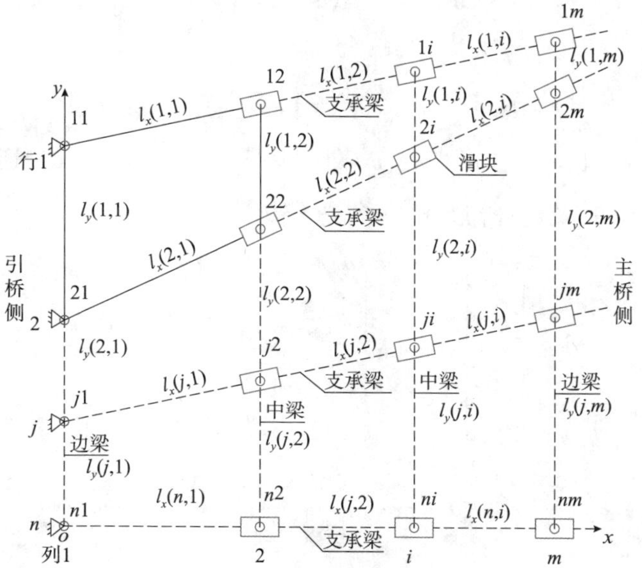

图 5.9 伸缩缝机构运动分析示意图

主桥相连接的滑块随主桥梁端变位实时发生位置变动，故主桥侧边梁滑块在机构中为主动件，其余中(边)梁滑块均为被动件。

建立以引桥侧边梁为基准的坐标系 xoy，假定伸缩缝机构中(边)梁共 m 个，支承梁 n 个，则滑块个数为 m(列) $\times n$(行)，初始时刻 $t=0$ 时机构初始状态下滑块坐标(X_0，Y_0)为：

$$X_0=\begin{bmatrix} X_{11}^0 & X_{12}^0 & \cdots & X_{1m}^0 \\ X_{21}^0 & X_{22}^0 & \cdots & X_{2m}^0 \\ \vdots & \vdots & \ddots & \vdots \\ X_{n1}^0 & X_{n2}^0 & \cdots & X_{nm}^0 \end{bmatrix},\ Y_0=\begin{bmatrix} Y_{11}^0 & Y_{12}^0 & \cdots & Y_{1m}^0 \\ Y_{21}^0 & Y_{22}^0 & \cdots & Y_{2m}^0 \\ \vdots & \vdots & \ddots & \vdots \\ Y_{n1}^0 & Y_{n2}^0 & \cdots & Y_{nm}^0 \end{bmatrix} \tag{5.10}$$

任一位置(i，j)处滑块距该导杆起点的初始长度为：

$$l_x^0(j,\ i)=\begin{bmatrix} l_x^0(1,\ 1) & l_x^0(1,\ 2) & \cdots & l_x^0(1,\ m-1) \\ l_x^0(2,\ 1) & l_x^0(2,\ 2) & \cdots & l_x^0(2,\ m-1) \\ \vdots & \vdots & \ddots & \vdots \\ l_x^0(n-1,\ 1) & l_x^0(n-1,\ 2) & \cdots & l_x^0(n-1,\ m-1) \end{bmatrix} \tag{5.11}$$

式中，$l_x^0(1,\ m-1)$为(1，$m-1$)处滑块距(1，1)处滑块的导杆长度；任一位置(j，i)处滑块距杆端的连杆长度为：

$$l_y^0(j,\ i)=\begin{bmatrix} l_y^0(1,\ 1) & l_y^0(1,\ 2) & \cdots & l_y^0(1,\ m-1) \\ l_y^0(2,\ 1) & l_y^0(2,\ 2) & \cdots & l_y^0(2,\ m-1) \\ \vdots & \vdots & \ddots & \vdots \\ l_y^0(n-1,\ 1) & l_y^0(n-1,\ 2) & \cdots & l_y^0(n-1,\ m-1) \end{bmatrix} \tag{5.12}$$

式中，$l_y^0(n-1,\ m-1)$为(n，m)处滑块距(1，m)处滑块的连杆长度。机构导杆初始角位移 θ_x^0 及连杆初始角位移 θ_y^0 分别为：

$$\theta_x^0=\begin{bmatrix} \theta_{x1}^0 \\ \theta_{x2}^0 \\ \vdots \\ \theta_{xn}^0 \end{bmatrix}=\arctan\begin{bmatrix} (Y_{1m}^0-Y_{11}^0)/(X_{1m}^0-X_{11}^0) \\ (Y_{2m}^0-Y_{21}^0)/(X_{2m}^0-X_{21}^0) \\ \vdots \\ (Y_{nm}^0-Y_{n1}^0)/(X_{nm}^0-X_{n1}^0) \end{bmatrix} \tag{5.13}$$

$$\theta_y^0=[\theta_{y1}^0 \quad \theta_{y2}^0 \quad \cdots \quad \theta_{ym}^0]=\arctan\begin{bmatrix} \dfrac{Y_{n1}^0-Y_{11}^0}{X_{n1}^0-X_{11}^0} & \dfrac{Y_{n2}^0-Y_{12}^0}{X_{n2}^0-X_{12}^0} & \cdots & \dfrac{Y_{nm}^0-Y_{1m}^0}{X_{nm}^0-X_{1m}^0} \end{bmatrix} \tag{5.14}$$

伸缩缝机构边梁滑块随主桥梁端变位而发生运动，任一时刻 t 下机构主动件滑块坐标[$X_t(:,\ m)$，$Y_t(:,\ m)$]为：

$$X_t(:,\ m)=\begin{bmatrix}X_{1m}^t\\X_{2m}^t\\\vdots\\X_{nm}^t\end{bmatrix},\ Y_t(:,\ m)=\begin{bmatrix}Y_{1m}^t\\Y_{2m}^t\\\vdots\\Y_{nm}^t\end{bmatrix}\tag{5.15}$$

引桥侧边梁固定端滑块坐标[$X_t(:,\ 1)$，$Y_t(:,\ 1)$]为：

$$X_t(:,\ 1)=\begin{bmatrix}X_{11}^t\\X_{21}^t\\\vdots\\X_{n1}^t\end{bmatrix}=\begin{bmatrix}X_{11}^0\\X_{21}^0\\\vdots\\X_{n1}^0\end{bmatrix},\ Y_t(:,\ 1)=\begin{bmatrix}Y_{11}^t\\Y_{21}^t\\\vdots\\Y_{n1}^t\end{bmatrix}=\begin{bmatrix}Y_{11}^0\\Y_{21}^0\\\vdots\\Y_{n1}^0\end{bmatrix}\tag{5.16}$$

联立式(5.13)、式(5.15)及式(5.16)可求解得时刻 t 各支承梁的角位移：

$$\theta_x^t=\begin{bmatrix}\theta_{x1}^t\\\theta_{x2}^t\\\vdots\\\theta_{xn}^t\end{bmatrix}=\arctan\begin{bmatrix}(Y_{1m}^t-Y_{11}^t)/(X_{1m}^t-X_{11}^t)\\(Y_{2m}^t-Y_{21}^t)/(X_{2m}^t-X_{21}^t)\\\vdots\\(Y_{nm}^t-Y_{n1}^t)/(X_{nm}^t-X_{n1}^t)\end{bmatrix}\tag{5.17}$$

将伸缩缝机构拆解成$(m-1)(n-1)$个四连杆机构，如图 5.10 所示。

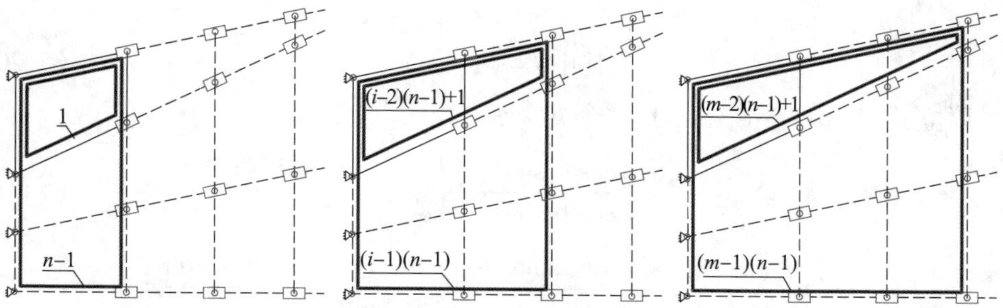

图 5.10　伸缩缝机构拆解成$(m-1)(n-1)$个四连杆机构

由式(5.6)可知，时刻 t 第$(i-2)(n-1)+j$ 个四连杆机构单元角点坐标分别为$(X_{11}^t,\ Y_{11}^t)$、$(X_{j1}^t,\ Y_{j1}^t)$[$X_t(j,\ 1)$，$Y_t(j,\ 1)$]、$(X_{1i}^t,\ Y_{1i}^t)$、$(X_{ij}^t,\ Y_{ij}^t)$，对应滑块距支承梁端的导杆长度 $l_x^t(1,\ i-1)$、$l_x^t(j,\ i-1)$为：

$$\begin{cases} l_x^t(1,\ i-1) = -\dfrac{\begin{array}{c} l_y^t(j-1,\ 1)\cos\theta_{y1}^t\sin\theta_{xj}^t - l_y^t(j-1,\ 1)\cos\theta_{xj}^t\sin\theta_{y1}^t + \\ l_y^t(j-1,\ i)\cos\theta_{xj}^t\sin\theta_{y1}^t - l_y^t(j-1,\ i)\cos\theta_{yi}^t\sin\theta_{xj}^t \end{array}}{\cos\theta_{x1}^t\sin\theta_{xj}^t - \cos\theta_{xj}^t\sin\theta_{x1}^t} \\ l_x^t(j,\ i-1) = \dfrac{\begin{array}{c} l_y^t(j-1,\ 1)\cos\theta_{x1}^t\sin\theta_{y1}^t - l_y^t(j-1,\ 1)\cos\theta_{y1}^t\sin\theta_{x1}^t - \\ l_y^t(j-1,\ i)\cos\theta_{x1}^t\sin\theta_{yi}^t + l_y^t(j-1,\ i)\cos\theta_{yi}^t\sin\theta_{x1}^t \end{array}}{\cos\theta_{x1}^t\sin\theta_{xj}^t - \cos\theta_{xj}^t\sin\theta_{x1}^t} \end{cases}$$

$$\text{其中}\ j \sim (2,\ n),\ i \sim (2,\ m) \tag{5.18}$$

由式(5.18)可知，式中 $l_y^t(j,\ i)$ 为中(边)梁放置滑块的固定间距，为定值；θ_{y1}^t、θ_{x1}^t、θ_{xj}^t 在时刻 t 下均可分别由式(5.14)及式(5.17)求解；而 θ_{yi}^t 为未知量。由图5.10可知，第 $(i-2)(n-1)+1$ 和 $(i-1)(n-1)$ 这两个四连杆机构的连杆角位移 θ_{yi}^t 相同。由式(5.18)可得第 $(i-2)(n-1)+1$ 个四连杆机构中 $(1,\ i)$ 处滑块对应的导杆长度为：

$$l_x^t(1,\ i-1) = -\frac{\begin{array}{c} l_y^t(1,\ 1)\cos\theta_{y1}^t\sin\theta_{x2}^t - l_y^t(1,\ 1)\cos\theta_{x2}^t\sin\theta_{y1}^t + \\ l_y^t(1,\ i)\cos\theta_{x2}^t\sin\theta_{yi}^t - l_y^t(1,\ i)\cos\theta_{yi}^t\sin\theta_{x2}^t \end{array}}{\cos\theta_{x1}^t\sin\theta_{x2}^t - \cos\theta_{x2}^t\sin\theta_{x1}^t}$$

$$\text{其中}\ i \sim (2,\ m) \tag{5.19}$$

由式(5.18)可得第 $(i-1)(n-1)$ 个四连杆机构中 $(1,\ i)$ 处滑块对应的导杆长度为：

$$l_x^t(1,\ i-1) = -\frac{\begin{array}{c} l_y^t(n-1,\ 1)\cos\theta_{y1}^t\sin\theta_{xn}^t - l_y^t(n-1,\ 1)\cos\theta_{xn}^t\sin\theta_{y1}^t + \\ l_y^t(n-1,\ i)\cos\theta_{xn}^t\sin\theta_{yi}^t - l_y^t(n-1,\ i)\cos\theta_{yi}^t\sin\theta_{xn}^t \end{array}}{\cos\theta_{x1}^t\sin\theta_{xn}^t - \cos\theta_{xn}^t\sin\theta_{x1}^t}$$

$$\text{其中}\ i \sim (2,\ m) \tag{5.20}$$

联立式(5.19)、式(5.20)，令 $k_1 \sim k_6$ 为：

$$k_1 = -\frac{l_y^t(1,\ 1)\cos\theta_{y1}^t\sin\theta_{x2}^t - l_y^t(1,\ 1)\cos\theta_{x2}^t\sin\theta_{y1}^t}{\cos\theta_{x1}^t\sin\theta_{x2}^t - \cos\theta_{x2}^t\sin\theta_{x1}^t} \tag{5.21}$$

$$k_2 = \frac{l_y^t(n-1,\ 1)\cos\theta_{y1}^t\sin\theta_{xn}^t - l_y^t(n-1,\ 1)\cos\theta_{xn}^t\sin\theta_{y1}^t}{\cos\theta_{x1}^t\sin\theta_{xn}^t - \cos\theta_{xn}^t\sin\theta_{x1}^t} \tag{5.22}$$

$$k_3 = \frac{-l_y^t(1,\ i)\sin\theta_{x2}^t}{\cos\theta_{x1}^t\sin\theta_{x2}^t - \cos\theta_{x2}^t\sin\theta_{x1}^t} \tag{5.23}$$

$$k_4 = \frac{l_y^t(n-1,\ i)\sin\theta_{xn}^t}{\cos\theta_{x1}^t\sin\theta_{xn}^t - \cos\theta_{xn}^t\sin\theta_{x1}^t} \tag{5.24}$$

$$k_5 = \frac{l_y^t(1,\ i)\cos\theta_{x2}^t}{\cos\theta_{x1}^t\sin\theta_{x2}^t - \cos\theta_{x2}^t\sin\theta_{x1}^t} \tag{5.25}$$

$$k_6=\frac{l_y^t(n-1,\ i)\cos\theta_{xn}^t}{\cos\theta_{x1}^t\sin\theta_{xn}^t-\cos\theta_{xn}^t\sin\theta_{x1}^t} \tag{5.26}$$

则式(5.19)及式(5.20)联立并简化后为：

$$(k_3+k_4)\cos\theta_{yi}^t+(k_5+k_6)\sin\theta_{yi}^t+(k_1+k_2)=0 \tag{5.27}$$

式(5.27)中仅包含一个未知量 θ_{yi}^t，即时刻 t 第 i 根中梁角位移为：

$$\theta_{yi}^t=\frac{(k_5+k_6)(k_1+k_2)+(k_3+k_4)\left[(k_5+k_6)^2-\sqrt{(k_1+k_2)^2-(k_3+k_4)^2}\right]}{(k_3+k_4)^2+(k_5+k_6)^2} \tag{5.28}$$

将求解得到的中梁角位移 θ_{yi}^t代入式(5.18)后，即可获得时刻 t 任一支承梁上滑块距梁端的导杆长度。则任一位置 $(j,\ i)$ 处滑块的轨迹位移、速度及加速度为：

$$\begin{cases}S_{ij}=l_x^t(j,\ i-1)-l_x^{t-1}(j,\ i-1)\\V_{ij}=\mathrm{d}\left[l_x^t(j,\ i-1)-l_x^{t-1}(j,\ i-1)\right]/\mathrm{d}t\\a_{ij}=\mathrm{d}^2\left[l_x^t(j,\ i-1)-l_x^{t-1}(j,\ i-1)\right]/\mathrm{d}t^2\end{cases} \tag{5.29}$$

伸缩缝机构运动仿真流程如图5.11所示。

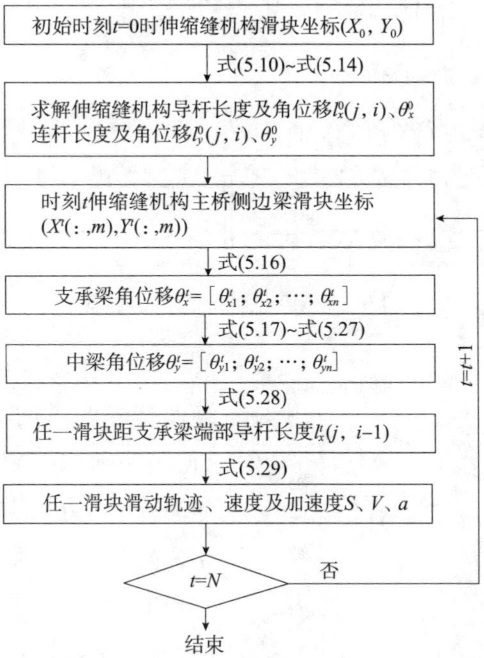

图5.11 伸缩缝机构运动仿真流程

5.2.3 伸缩缝机构运动学模型验证及计算

以一个8缝DS640型转轴式伸缩缝为例，共设2个边梁、7个中梁及11个支承梁，伸缩缝机构平面简化如图5.12所示。机构初始缝宽为40mm时，纵向伸缩限值－320～320mm，横向变位限值－50～50mm，绕横向轴转动角位移限值－1.5°～1.5°，滑动支承及弹簧的刚度取值分别为1000kN/m、500kN/m，预压力取值为20kN，滑动支承与不锈钢间的摩擦系数0.1，当边梁发生320mm的位移量使得各梁间缝宽均达到最大80mm，机构运动示意如图5.13所示。

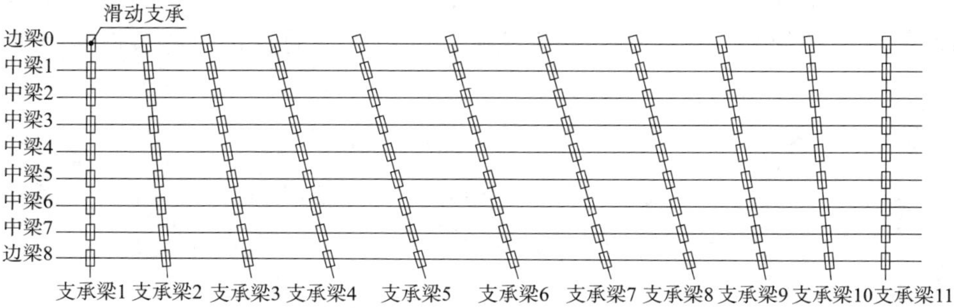

图5.12 DS640型伸缩缝机构平面简化示意图

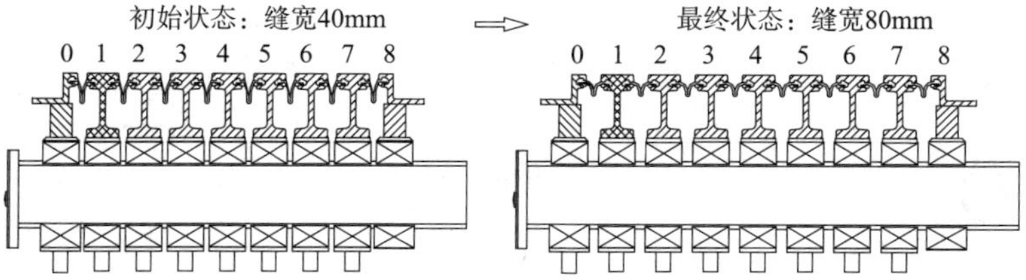

图5.13 DS640型伸缩缝机构运动示意

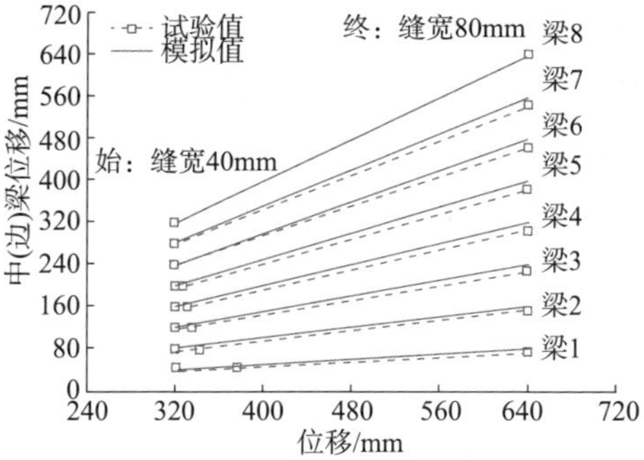

图5.14 伸缩缝机构运动中(边)梁位移验证

基于已建立的运动仿真模型对8缝伸缩缝的纵向运动进行模拟，并与《德国毛勒伸缩装置技术报告》中8缝伸缩缝中(边)梁的位移试验值进行对比，如图5.14所示。

由图5.14可知，伸缩缝机构中(边)梁均发生了伸缩位移，且伸缩均匀，这主要是因为推动各中(边)梁位移的作用力均来自同一支承梁，造成了中梁因承受同等位移力而发生同等位移量的运动。当缝宽为80mm时，伸缩缝机构运动停止，梁1～梁8位移的模拟值与试验值间的误差分别为：9.16%、4.58%、4.72%、4.79%、3.83%、3.19%、2.74%、0.1%，这说明中梁距运动端越近机构运动误差越小；除梁1外，中梁位移试验值与模拟值间的误差均小于5%，验证了伸缩缝机构运动仿真模型的准确性。在机构整体运动试验中，当1#梁移动4mm时，8#梁才开始移动，这主要是由于滑动支承与支承梁间存在静态摩擦力，当位移力超过静态摩擦力时，对应的中梁才出现运动现象，这一现象也解释了模拟值与试验值间存在误差的原因。基于机构运动理论可得同一运动下机构全部滑动支座的轨迹位移，可直观仿真全部滑动支承易损伤状态。

5.3　基于磨损理论滑动支承磨损深度计算模型

因运动副间的相对摩擦引起接触构件的表面材料出现转移或丧失而形成磨损，其中粘着磨损是最基本或最常见的一种磨损形式。无论构件加工精度多高，表面必然存在微凸体，当构件承受荷载作用时，接触微凸体间的局部应力会非常大，当接触应力超过构件表面的屈服强度时，这一微凸体发生局部塑形流动，进而产生粘着磨损的现象，如图5.15所示。当粘着磨损现象严重时，可能造成机构运动副出现咬死现象而失效。伸缩缝机构中边梁通过滑动支承PTFE板与支承梁接触，滑动支承PTFE板与支承梁不锈钢材料时时发生着接触摩擦及磨损现象。

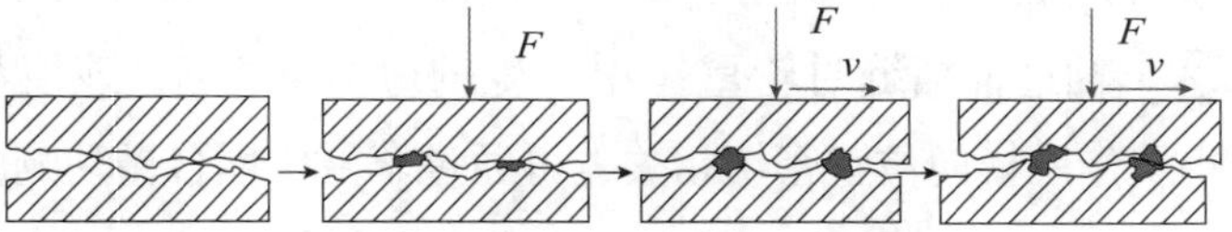

图5.15　粘着磨损机理示意

为研究伸缩缝机构滑动支承PTFE板与不锈钢板材料的黏着磨损，选用Archard磨损模型建立滑动支承的磨损计算模型，Archard磨损公式[19,20]为：

$$\mathrm{d}V = K\frac{\mathrm{d}P \cdot \mathrm{d}L}{H} \tag{5.30}$$

式中，V、P、L分别为材料磨损体积、构件材料接触面压力及接触面滑动轨迹长度，K、H分别为磨损材料的磨损因子及模具硬度，将式(5.30)改写为：

$$\begin{cases}\mathrm{d}V = \mathrm{d}h \cdot \mathrm{d}A \\ \mathrm{d}P = p\mathrm{d}A \\ \mathrm{d}L = v\mathrm{d}t\end{cases} \tag{5.31}$$

式中，h、A、p 分别为磨损深度、接触面积及接触应力；v 为相对滑移速度，假定单位时段内为恒定值；t 为滑动时间。将式(5.31)代入式(5.30)可得：

$$\mathrm{d}h = \frac{Kv}{H}p(t)\mathrm{d}t \tag{5.32}$$

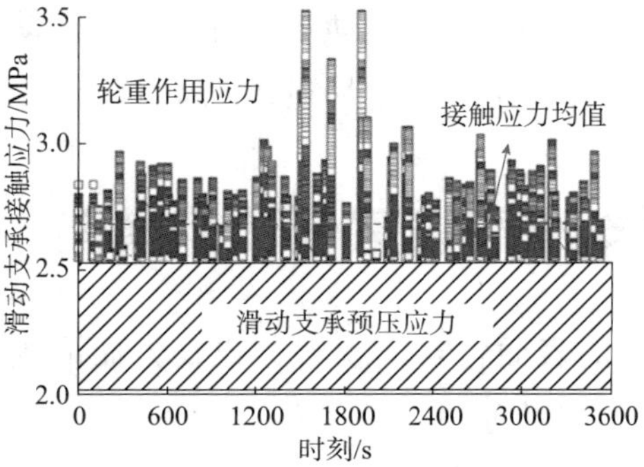

图 5.16　滑动支承接触应力组成

在上述理论模型中，接触面应力值 p 通常取为恒定预压力值。但在伸缩缝机构服役过程中，运营车辆车轮轴重直接作用于中边梁，通过滑动支承传递给支承梁后，轮重力传递至支承梁两端支点位置。实际运营过程中，滑动支承 PTFE 板磨损深度及磨损状态随接触应力的变化而变化，且与支承梁的接触应力是时变的，应力曲线如图 5.16 所示。因伸缩缝承受频繁过桥的车辆荷载，造成滑动支承 PTFE 板沿支承梁滑动过程接触点应力出现局部突变，应力曲线较为复杂，式(5.32)的求解较为困难。为方便计算，选取单位小时作为时间间隔，假定此时段内的接触应力为恒定值。构件表面接触点的应力均值主要由以下两部分组成：①伸缩缝产品出厂设置的滑动支承预压应力 $p_1(t)$，该值为恒定值；②车辆过伸缩缝时轮重作用产生的应力 $p_2(t)$，该值与通过伸缩缝的车辆轮重大小及作用横向位置密切相关，可通过车 – 桥耦合振动响应分析获取。

$$p = p_1(t) + p_2(t) \tag{5.33}$$

聚四氟乙烯板(PTFE)是桥梁支座及伸缩缝滑动支承中耐磨板最常用的材料，而在高接触应力高滑动速度及低温度环境下，PTFE 板将发生磨损现象。当伸缩缝承受交通荷载时，且滑动支承与支承梁接触滑动速度较大时，滑动支承 PTFE 板的磨损更为严重，且滑动速度是影响磨损的重要参数之一。桥梁结构受环境温度的影响时时发生纵桥向的拉伸或压缩，因温度变化将引起滑动支承发生运动，其运动特点是低周期、高振幅、运动速度慢，造成的支承磨损较小。但桥梁正常服役状态下，因交通车辆频繁过桥引起的桥梁运动是高周期、低振幅且运动速度较快。已有研究表明：与高滑动速度相关的磨损率明显大于较低滑动速度时的磨损率，即高滑动速度状态下支座的磨损量较大。

Campbell 和 Kong[21]的研究成果表明，接触应力和滑动速度对聚四氟乙烯的磨损都有影响，同时也表明，压应力与速度 pv 的关系是主要影响因素，故基于试验数据结果提出了预测 PTFE 板磨损的数学模型，该数学模型将磨损率 $k(k=K/H)$ 与接触面应力及滑动速度关联起来，即将磨损率定义为接触应力及滑动速度的函数。

Ala 联合 Stanton 取得的 PTFE 板磨损试验结果[21]，提出了基于试验数据结果的磨损率与 pv 间的关系［图 5.17 和式(5.34)］。由图可知，PTFE 板磨损率与 pv 存在一定的正相关性，分为低磨损线性关系和高磨损线性关系两个分段，即当 pv 超过一定限值时，PTFE 板磨损率显著增加。桥梁正常服役状态下，伸缩缝滑动支承的接触应力与滑动速度是随机时变的，因此，选取分析时段内 $k-pv$ 线性相关的磨损率值作为伸缩缝滑动支承磨损评估的关键参数。

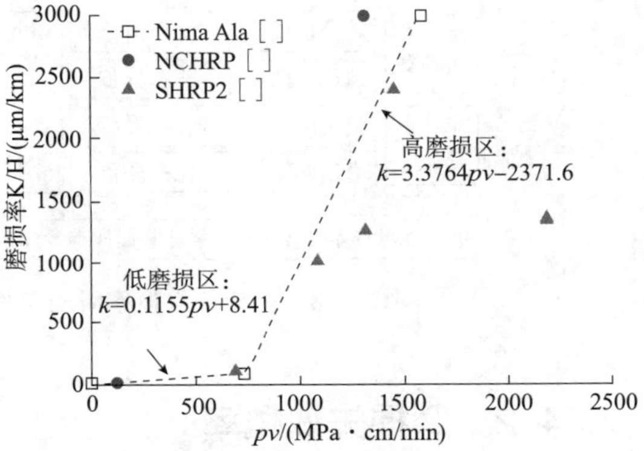

图 5.17 PTFE 板材料的磨损率

$$\begin{cases} k=0.1155pv+8.41 & (pv\leqslant 729.86\text{MPa}\cdot\text{cm/min}) \\ k=3.3764pv-2371.6 & (pv>729.86\text{MPa}\cdot\text{cm/min}) \end{cases} \tag{5.34}$$

联立式(5.32)～式(5.34)，并对式(5.32)进行时间积分，便可求解出接触面在任一时段 Δt_i 内的磨损深度，即：

$$\Delta h_i = k_i p_i(t) v_i(t) \Delta t_i \tag{5.35}$$

伸缩缝服役一段时间后，滑动支承 PTFE 板总磨损深度计算式为：

$$h=\sum_{i=1}^{m} h_i=\sum_{i=1}^{m} k_i p_i v_i t_i \tag{5.36}$$

5.4 基于失效概率滑动支承磨损状况评估

5.4.1 磨损评估流程

以失效概率为指标，滑动支承磨损状况评估流程如图 5.18 所示，主要有以下三个步骤：首先，基于已建立的分析系统进行风－车－桥耦合振动分析获取随机车流、风荷载下悬索桥伸缩缝滑动支承的轨迹位移、速度及接触应力；其次，采用多种类型分布对随机车流、风荷载下的累计磨损样本进行最优拟合，确定最优分布类型，最后，采用蒙特卡洛重要性抽样方法分别获取风及随机车流下滑动支承的日、年累计磨损值，获取滑动支承在不同荷载工况下对应的失效概率及服役年限以进行磨损状况评估。

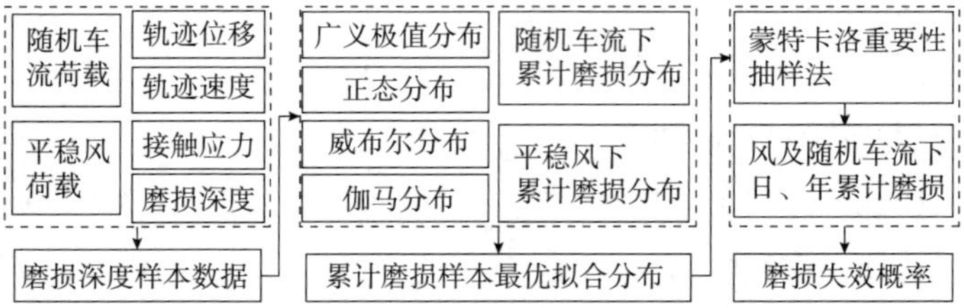

图 5.18　基于失效概率滑动支承磨损状况评估流程

5.4.2　磨损失效概率

运营交变循环荷载下滑动支承较易因过度磨耗而出现退出工作的现象出现，继而影响伸缩缝机构的正常变形，这表明滑动支承磨损状况可直接反映伸缩缝的服役状态。在伸缩缝结构服役期内，若滑动支承的磨损深度超过磨损限值，则其原则上不能再继续工作，应立即更换并进行维护保养工作。

基于5.3节的研究成果，任意给定服役年限 t 的磨损失效概率 P_f 可表示为[20]：

$$P_f = P[h_{\max} - h < 0] = P\left[h_{\max}\int_0^t kpv\mathrm{d}t < 0\right] \tag{5.37}$$

式中，$h_{\max}$、P_f 分别为在设计使用寿命内滑动支承磨损深度限值及超越限值的失效概率。

5.4.3　磨损深度样本数据及分布

5.4.3.1　磨损深度样本数据获取

基于已建立的风－车－桥耦合分析系统可获取随机车流及风荷载下桥梁结构梁端位移响应及伸缩缝滑动支承接触应力响应，获取对应伸缩缝滑动支承位移响应如图5.19所示，基于5.4节可对应获取单位时段内滑动支承磨损深度值，曲线样本如图5.20所示。

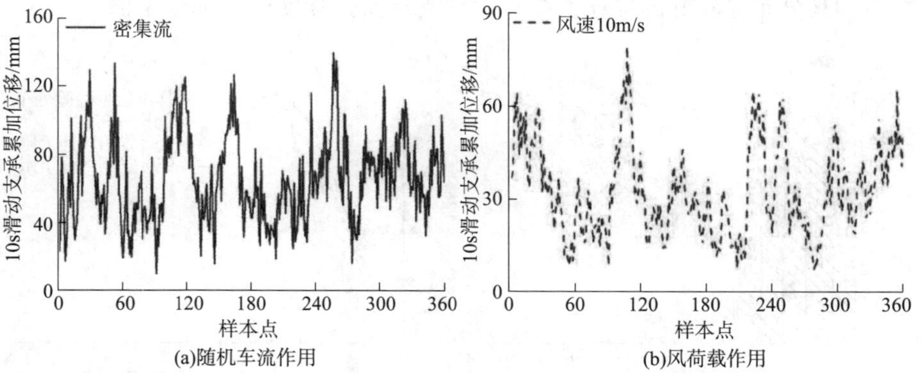

图 5. 19　滑动支承轨迹位移

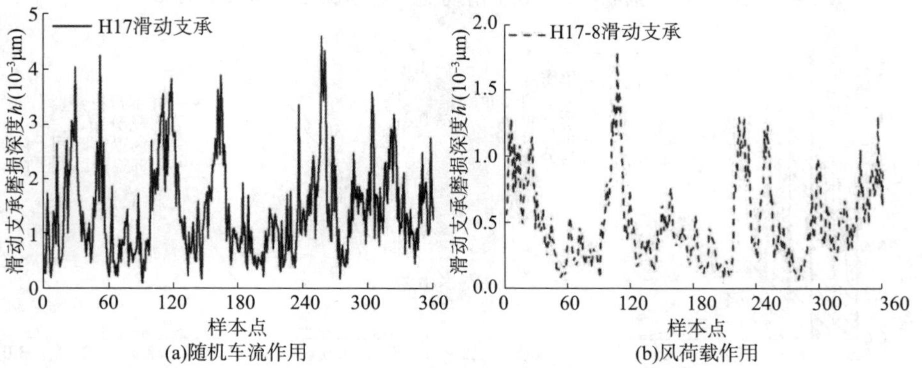

图 5. 20　滑动支承磨损厚度

由图 5. 20 可以看出，随机车流及风荷载作用下滑动支承轨迹位移及磨损深度均呈现出一定的均匀随机分布特性，因此，可推断磨损深度累计值具有一定的概率统计特性。

5. 4. 3. 2　样本数据分布类型

选用 4 种累加分布函数，即广义极值分布、正态分布、威布尔分布及伽马分布，对磨损深度样本数据进行拟合并确定具体的参数估计值，通过拟合效果对比确定最优分布函数[92]。以图 5. 20 样本数据为例进行分析，分别对单位时段随机车流荷载及风荷载作用下滑动支承磨损深度进行参数拟合分析，如图 5. 21(a)、图 5. 22(a)所示。通过对比伽马分布与样本数据的累加概率值较吻合，因此选用伽马分布作为样本数据的累加分布函数。累加概率拟合曲线及对应的 95% 置信区间如图 5. 21(b)、图 5. 22(b)所示，可知，拟合曲线与样本数据较为吻合，表明采用伽马分布可较好的描述伸缩缝滑动支承磨损深度的累加概率值。

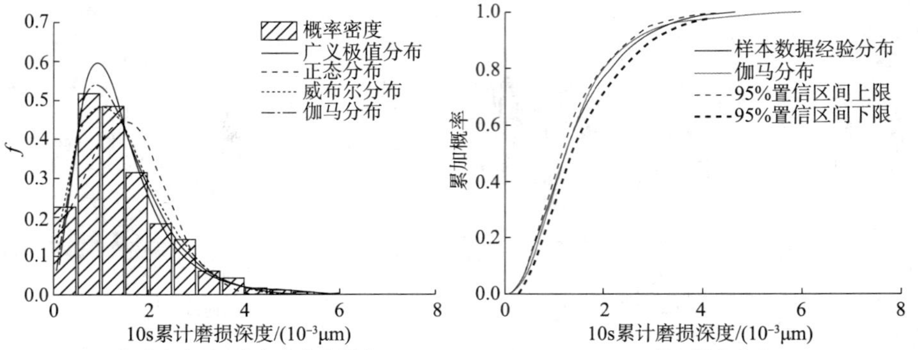

(a)概率密度及广义极值分布拟合　(b)累加概率分布

图 5.21　随机车流荷载下滑动支承磨损深度样本数据分布

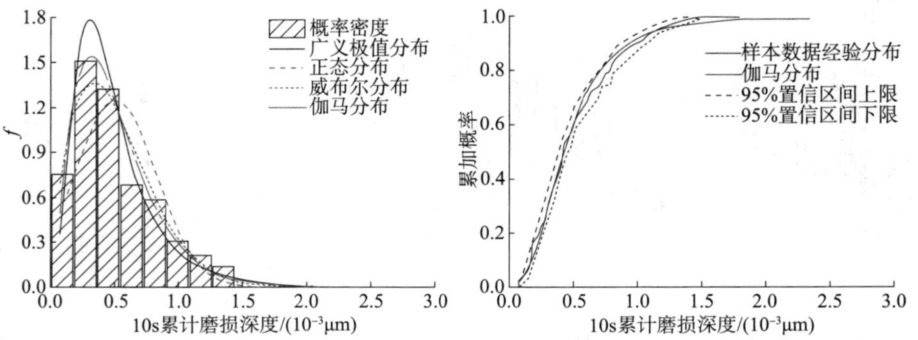

(a)概率密度及广义极值分布拟合　(b)累加概率分布

图 5.22　风荷载下滑动支承磨损深度样本数据分布

伽马分布是可由形状参数 α 以及尺度参数 λ 描述，表达式为：

$$f(h;\ \alpha,\ \lambda)=\frac{\lambda^{\alpha}}{\Gamma(\alpha)}h^{\alpha-1}\mathrm{e}^{-\lambda x},\ (h>0) \tag{5.38}$$

式中，$\Gamma(\alpha)$ 为伽马函数，计算式为：

$$\Gamma(\alpha)=\int_{v=0}^{\infty}v^{\alpha-1}\mathrm{e}^{-\alpha}\mathrm{d}\alpha \tag{5.39}$$

式中，ν 为积分变量。服从伽马分布的随机变量 h 的期望与方差为：

$$\begin{cases}E(h)=\dfrac{\alpha}{\lambda}\\ Var(h)=\dfrac{\alpha}{\lambda^{2}}\end{cases} \tag{5.40}$$

伽马分布具有两大分布特性：①可加性，即对于两个独立的随机变量 X、Y，

满足 $X\sim Ga(\alpha_1, \lambda)$，$Y\sim Ga(\alpha_2, \lambda)$，则 $Z=X+Y\sim Ga(\alpha_1+\alpha_2, \lambda)$；②线性特性，即对于随机变量 X，满足 $X\sim Ga(\alpha, \lambda)$，则 $aX\sim Ga\left(\alpha, \dfrac{\lambda}{a}\right)$。

5.4.4 蒙特卡洛重要性抽样

与一般抽样法相比，蒙特卡洛重要性抽样方法可提高失效区域抽样点的概率，即增大功能函数 $Z<0$ 的概率。假定进行 N 次试验，结构失效次数为 n_f，则失效概率 p_f 估计值为：

$$\hat{p}_f=\frac{n_f}{N} \tag{5.41}$$

则基于重要性抽样的结构失效概率为：

$$p_f=\int_{R^n}\frac{I[g_X(v)]f_X(v)}{p_V(v)}p_V(v)\mathrm{d}v=E\left\{\frac{I[g_X(v)]f_X(v)}{p_V(v)}\right\} \tag{5.42}$$

式中，$p_V(v)$为重要抽样概率密度函数；I 为 x 的示性函数。采用 $p_V(v)$进行抽样获取 $v_i=(v_{i1}, v_{i2}, \cdots, v_{in})^{\mathrm{T}}(i=1, 2, \cdots, N)$，则对应的无偏估计值为：

$$\hat{p}_f=\frac{1}{N}\sum_{i=1}^{N}\frac{I[g_X(v_i)]f_X(v_i)}{p_V(v_i)}=\frac{1}{N}\sum_{i=1}^{N}h_V(v_i) \tag{5.43}$$

对应的方差为：

$$\sigma_{\hat{p}_f}^2=\frac{\sigma_{h_V(v)}^2}{N}=\frac{1}{N}\cdot E\left\{\frac{I[g_X(v)]f_X^2(v)}{p_V(v)}\right\}-\frac{1}{N}\cdot p_f^2=\frac{1}{N}\int_{R^n}\frac{I[g_X(v)]f_X^2(v)}{p_V(v)}\mathrm{d}v-\frac{1}{N}\cdot p_f^2 \tag{5.44}$$

由上式可知，当选取适当的 $p_V(v)$可有效缩小方差值 $\sigma_{\hat{p}_f}^2$，故 $p_V(v)$近似取为正态分布函数。

5.5 算例分析

基于 3.2 节及 4.3 节悬索桥算例的分析结果，分析正常运营荷载及极端风下伸缩缝滑动支承磨损深度分布，并基于失效概率进行滑动支承磨损寿命评估。

5.5.1 不同车流密度工况

以中边梁与 8#支承梁间滑动支承 H1 ~ H17 的磨损深度统计变量为例，给出对应 17 个滑动支承 10s 累计磨损深度的累计概率密度函数曲线，如图 5.23(a)所示。可知，滑动支承距主桥侧越近，其累计磨损深度越大。稀疏流、一般流及密集流下滑动支承累计概率密度分布参数结果如图 5. 23(b)所示。滑动支承磨损深度分布的形状参数均随距主桥侧越近而越小，稀疏流呈线性减小趋势，一般流、密集流呈曲线减小趋势，且形状参数随密度的增大先增大后减小；尺度参数均随距主桥侧越近而越大，且随车流密度增大而增大。

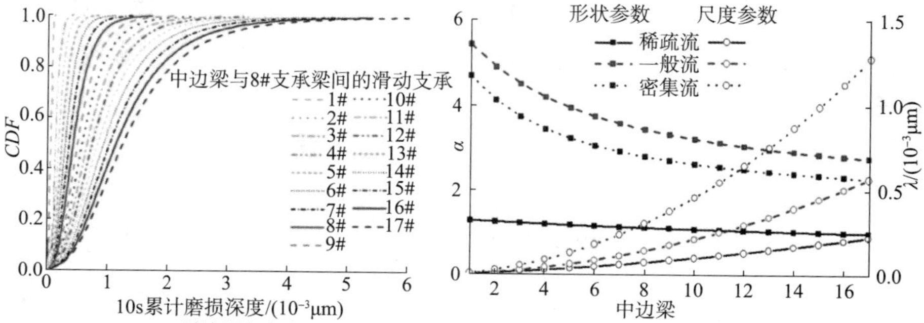

(a)累计概率密度 (b)分布参数

图 5. 23 随机车流作用下滑动支承磨损深度分布参数

以 H17 滑动支承为例，采用抽样法模拟 360 个一般流作用下滑动支承 10s 内磨损累计值的模拟结果，如图 5. 24(a)所示，可以看出，单位时段内的累计模拟值呈现出均匀随机分布特性，计算样本均值为 $1.44\times10^{-3}\mu m$，接近模拟数据的平均值 $1.49\times10^{-3}\mu m$。此外，将样本数据与模拟数据的累计概率进行对比，如图 5. 24(b)所示，可以看出两者的结果基本一致，验证了随机车流荷载下磨损深度分布特征及抽样模拟方法的准确性。

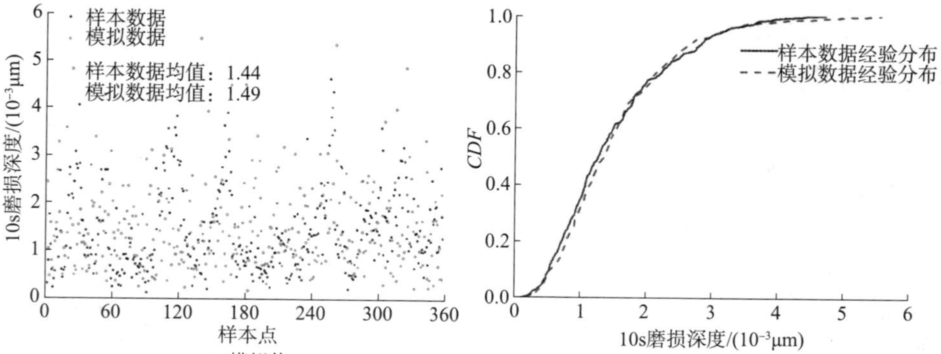

(a)模拟值 (b)累计概率对比

图 5. 24 H17 滑动支承模拟值及累计概率对比结果

基于 5. 4. 2 节内容，分别对稀疏流、一般流及密集流下滑动支承磨损失效概率进行分析，以一般流下支承梁 8#的滑动支承的失效概率为例，如图 5. 25 所示。

由图可知，随机车流作用下伸缩缝滑动支承 H4～H17 的服役时间均小于 15 年，且滑动支承 H8～H17 的服役年限小于 6 年。图 5.26 为稀疏流、一般流及密集流下滑动支承 H17 对应任意分位值下的服役年限，由图可知，对应 0.05 显著性水平下稀疏流、一般流及密集流作用滑动支承 H17 的服役年限分别为 6.692 年、1.351 年及 0.520 年，均远远小于伸缩缝的设计使用年限 15 年。

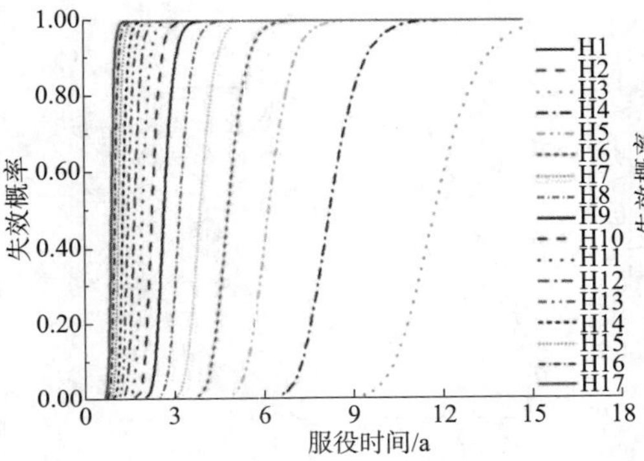

图 5.25　一般流下滑动支承失效概率

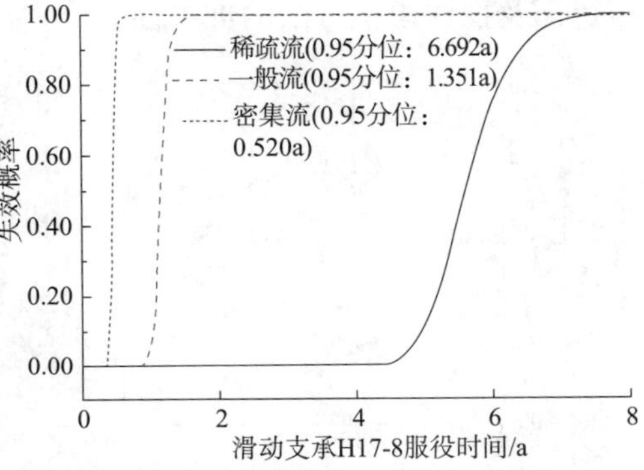

图 5.26　不同车流密度下 H17 服役年限

5.5.2　不同风速工况

以中边梁与 8#支承梁间滑动支承 H1～H17 的磨损深度统计变量为例，给出不同风速工况下对应 17 个滑动支承 10s 累计磨损深度的累计概率密度函数曲线，如图 5.27(a)所示。可知，滑动支承距主桥侧越近，其累计磨损深度越大。不同风速工况下滑动支承累计概率密度分布参数结果如图 5.27(b)所示。由图可知，滑动支承累计磨损深度分布的形状参数均随距主桥侧越近而越小，风速 5m/s 呈线性减小趋势，其他风速工况均呈曲线减小趋势，且形状参数随车流密度增大先增大后减小；尺度参数均随距主桥侧越近而越大，且随风速增大而增大。

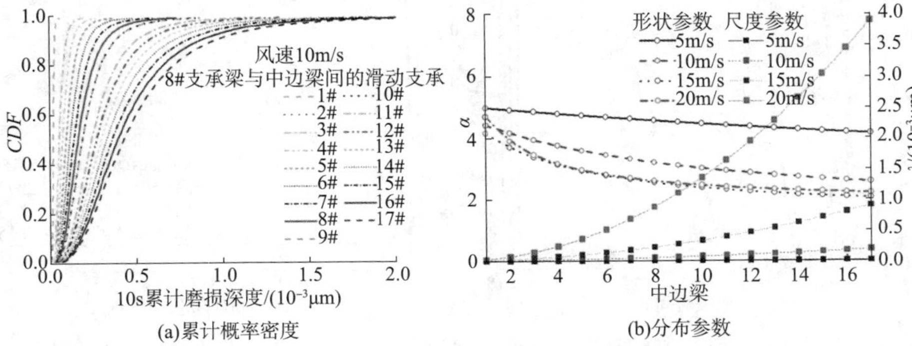

图 5.27　风作用下滑动支承磨损深度分布参数

以 H17 滑动支承为例，采用抽样法模拟 360 个风速 10m/s 工况下滑动支承 10s 内磨损累计值的模拟结果，如图 5.28(a)所示，可以看出，单位时段内的累计模拟值呈均匀随机分布特性，计算样本均值为 0.502 $\times 10^{-3}\mu m$，接近模拟数据的平均值 0.530 $\times 10^{-3}\mu m$。此外，将样本数据与模拟数据的累计概率进行对比，如图 5.28(b)所示，可以看出两者的结果基本一致，验证了风荷载下磨损深度分布特征及抽样模拟方法的准确性。

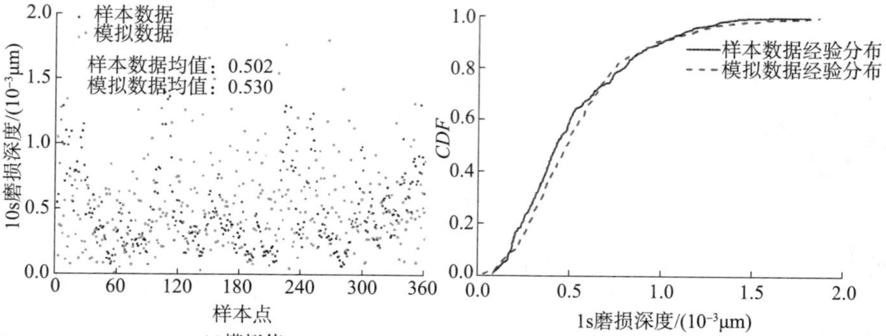

(a)模拟值　(b)累计概率对比

图 5.28　H17 滑动支承模拟值及累计概率对比结果

基于 5.4.2 节的内容，对四种风速工况下滑动支承磨损失效概率进行分析，以风速 10m/s 下支承梁 8#的滑动支承的失效概率为例，如图 5.29 所示。可知，伸缩缝滑动支承 H4 ~ H17 的服役时间均小于 15 年，且滑动支承 H13 ~ H17 的服役年限小于 6 年。图 5.30 为四种风速工况下滑动支承 H17 对应任意分位值下的服役年限，可知，对应 0.05 显著性水平下风速 5、10、15、20m/s 作用滑动支承 H17 的服役年限分别为 > 15a、5.758a、0.730a 及 0.159a。风速大于 10m/s 时，伸缩缝滑动支承的年限均小于设计使用年限。

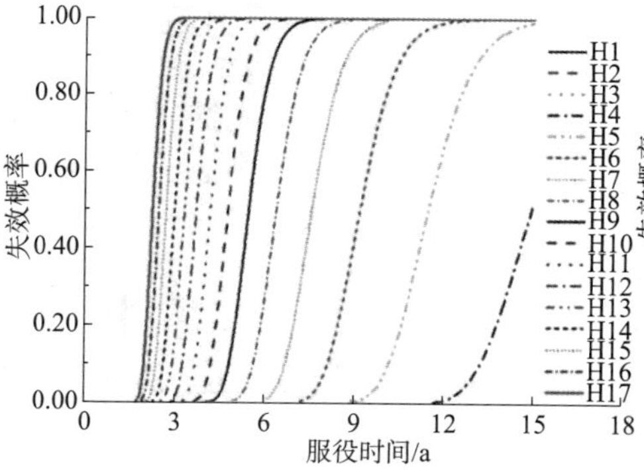

图 5.29　风速 10m/s 下滑动支承失效概率

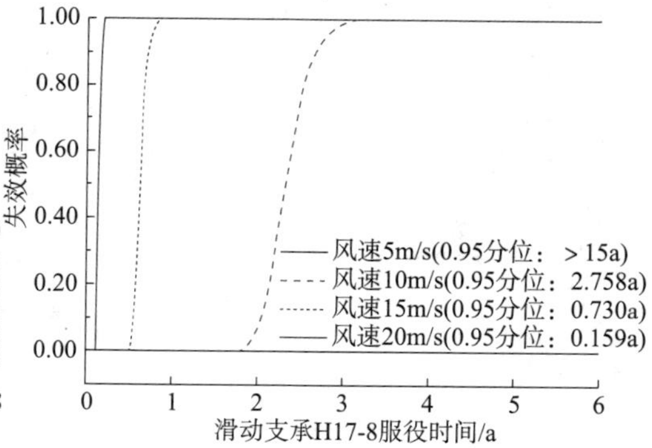

图 5.30　不同风速下滑动支承 H17 失效概率

5.5.3 随机车流 - 风联合工况

随机车流与风速联合作用下伸缩缝滑动支承服役年限及对应寿命期内更换次数如图5.31所示。可知，风速5m/s与稀疏流、一般流及密集流工况联合工况下滑动支承H17服役年限分别为1.170a、0.496a及0.178a，设计使用寿命期内的更换次数分别为14次、31次、74次，即年更换次数分别为0.9次/a、5.1次/a及4.9次/a。而距主桥侧最远的滑动支承H1的更换次数仅为0.13次/a。这表明，滑动支承服役年限随稀疏流、一般流及密集流依次减小，即随车流密度增大而减小，且距主桥侧越近更换次数越大；随机车流 - 风10m/s联合作用下滑动支承的服役年限与对应风速5m/s下的结果近似，这表明，风速小于10m/s下，滑动支承的服役年限及年更换次数主要受车流密度的影响。

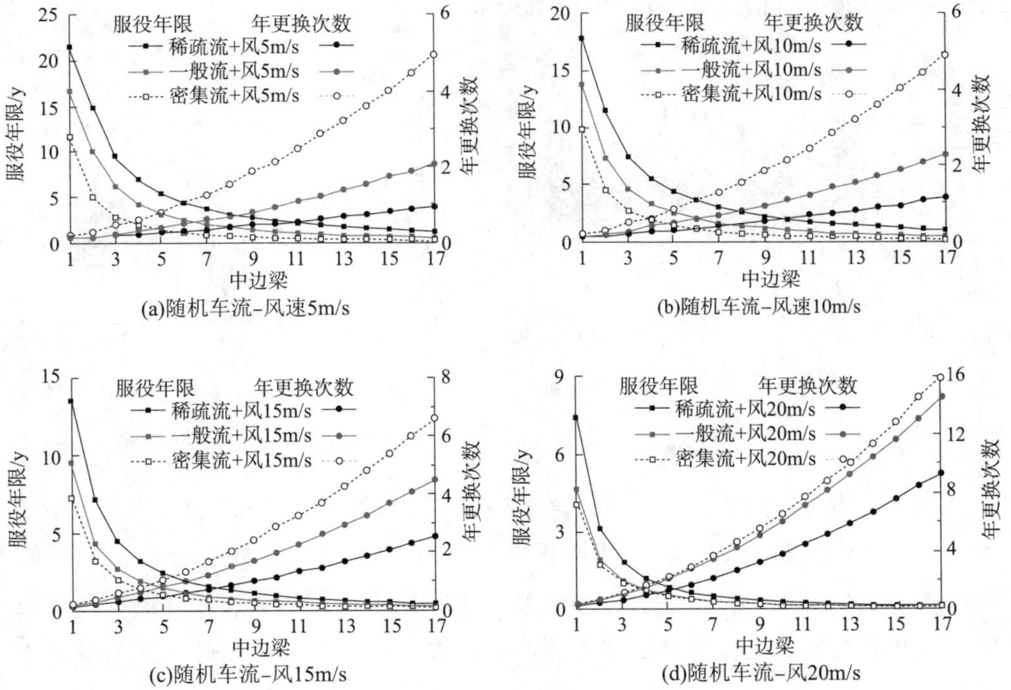

(a)随机车流-风速5m/s

(b)随机车流-风速10m/s

(c)随机车流-风15m/s

(d)随机车流-风20m/s

图5.31 随机车流 - 风联合作用下滑动支承服役年限及寿命期内更换次数

风速15m/s与稀疏流、一般流及密集流工况联合工况下滑动支承H17服役年限分别为0.405a、0.228a及0.154a，年更换次数分别为5.5次/a、4.5次/a及6.6次/a，相比风速5m/s下的结果，随机车流 - 风速15m/s联合下的服役年限缩短了65.4%、54.0%及25.5%，随机车流 - 风速20m/s联合下的服役年限缩短了90.8%、86.1%及69.5%。由图可知，当风速大于15m/s时，滑动支承的服役年限及年更换次数受风荷载影响较大。

综上所述，不同车流密度－风速联合作用对伸缩缝滑动支承的服役年限影响较大，建议管养部门针对桥址交通量荷载水平及风场条件制定伸缩缝滑动支承的合理更换周期，以避免滑动支承出现损坏而造成伸缩缝整体退出工作的现象发生。

5.5.4 极端风工况

基于4.3节的分析结果，获取对应伸缩缝滑动支承H17轨迹位移响应如图5.32(a)所示，对应单位时段10s位移累计值结果如图5.32(b)所示。由图可知，极端风场下伸缩缝滑动支承轨迹位移呈现出一定的均匀随机分布特性，其对应的磨损深度累计值具有一定的概率统计特性。

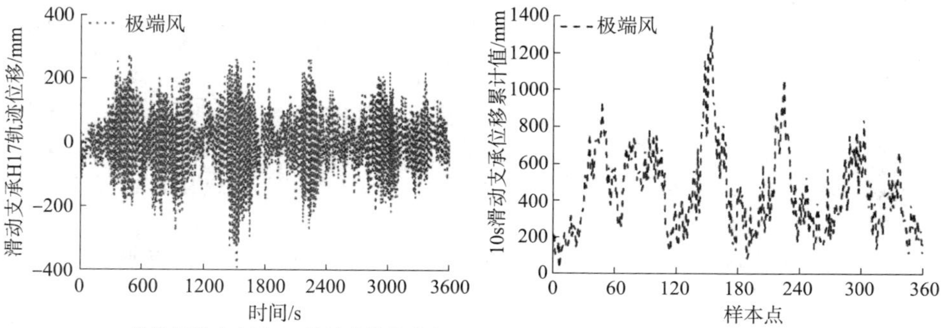

(a)伸缩缝滑动支承H17的轨迹位移响应　(b)10s位移累计值

图5.32　极端风工况下滑动支承轨迹位移

以中边梁与8#支承梁间滑动支承H1～H17的磨损深度统计变量为例，给出对应17个滑动支承10s累计磨损深度的累计概率密度函数及分布函数，如图5.33所示。由图可知，极端风下，滑动支承距主桥侧越近，累计磨损深度越大；形状参数随距主桥侧越近逐渐减小，尺度参数随距主桥侧越近呈曲线增大趋势。

极端风下伸缩缝滑动支承失效概率、服役年限及对应寿命期内更换次数如图5.34所示。由图可知，极端风事件下滑动支承的服役年限小于4a，且H3～H17的服役年限小于1年。相对密集流－风20m/s联合工况，极端风下滑动支承H17的服役年限缩短了55.8%，年更换次数增大了近2倍，这说明，极端风事件对滑动支承的服役寿命的影响是不可忽略的，应根据桥址处极端风事件出现的频率及时长评估其对伸缩缝滑动支承的服役状态的影响程度。

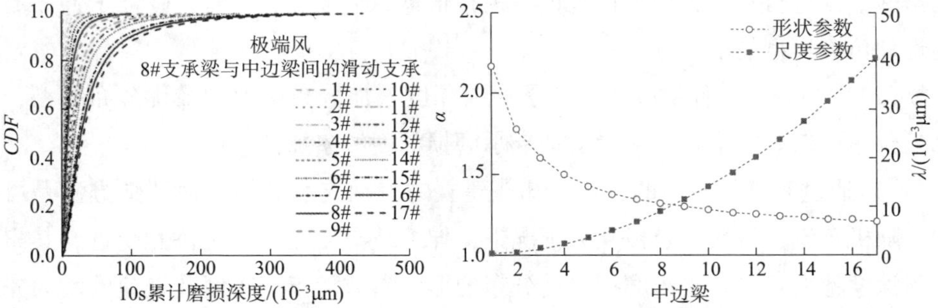

(a)累计概率密度　(b)分布参数

图 5.33　极端风作用下滑动支承磨损深度分布参数

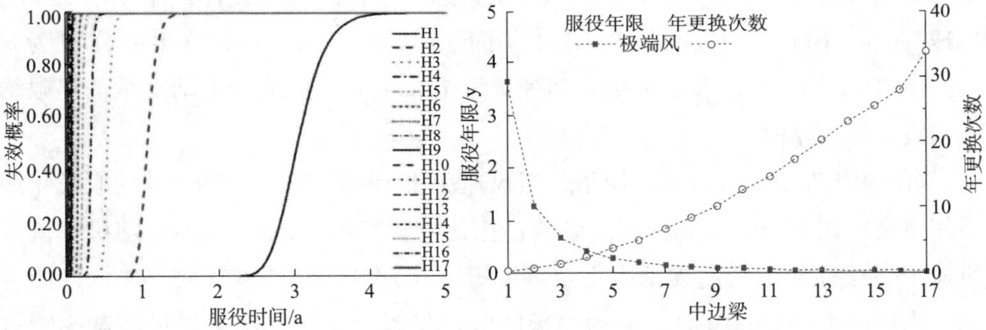

(a)失效概率　(b)服役年限及年更换次数

图 5.34　极端风下伸缩缝滑动支承失效概率、服役年限及年更换次数

5.6　本章小结

为实现在役悬索桥伸缩缝构件的寿命评估，以风和车流作用下悬索桥的纵向振动分析为基础，考虑伸缩缝的机构运动及磨损机理，建立了伸缩缝滑动支承的磨损寿命评估方法。首先，基于双滑块双连杆机构运动理论建立伸缩缝结构的运动学仿真模型，并进行了验证；其次，基于 Archard 磨损理论建立滑动支承磨损深度的计算模型，分析随机车流、风荷载下滑动支承磨损深度的最优分布，在此基础上，采用蒙特卡洛重要性抽样方法分析滑动支承在不同荷载工况下对应的失效概率及服役年限；最后，以一悬索桥为算例，对伸缩缝滑动支承进行磨损状况评估。主要成果如下：

(1)基于伸缩缝机构的运动机理，以变杆长双摇杆双滑块四连杆机构运动理论为基础，建立了多摇杆多滑块的伸缩缝机构运动学模型，并与8缝伸缩缝的运动试验数据进行对比，位移试验值与模拟值的误差均小于5%，验证了伸缩缝机构运动仿真模型的准确性。

(2)伽马分布是伸缩缝滑动支承磨损深度累加分布函数的最优分布类型，即伽马分布可较好的描述伸缩缝滑动支承磨损深度的累加概率值。

(3)通过对算例桥梁的分析可知，建立的滑动支承磨损寿命评估方法是可行的。随机车流、风荷载及极端风工况下，伸缩缝滑动支承距主桥侧越近，其累计磨损深度越大；滑动支承磨损深度分布的形状参数随车流密度及风速的增大先增大后减小，尺度参数随车流密度及风速的增大而增大。

(5)0.05显著性水平下稀疏流、一般流及密集流作用滑动支承H17的服役年限分别为6.692a、1.351a及0.520a，均远远小于伸缩缝的设计使用年限15年。风速5m/s、10m/s、15m/s、20m/s作用下滑动支承H17的服役年限分别为>15a、5.758a、0.730a及0.159a。风速大于10m/s时，伸缩缝滑动支承的年限均小于设计使用年限。

(6)随机车流－风联合工况下，当风速小于10m/s时，滑动支承的服役年限及年更换次数主要受车流密度的影响；相比随机车流－风速5m/s，随机车流－风速15m/s联合下滑动支承服役年限缩短了65.4%、54.0%及25.5%。由图可知，当风速大于15m/s时，滑动支承的服役年限及年更换次数受风荷载影响较大。综上所述，不同车流密度－风速联合作用对伸缩缝滑动支承的服役年限影响较大，建议管养部门针对桥址交通量荷载水平及风场条件制定伸缩缝滑动支承的合理更换周期，以避免滑动支承出现损坏而造成伸缩缝整体退出工作的现象发生；

(7)相对密集流－风20m/s联合工况，极端风下滑动支承H17的服役年限缩短了55.8%，年更换次数增大了近2倍。极端风事件对滑动支承的服役寿命的影响是不可忽略的，应根据悬索桥桥址处极端风事件出现的频率及时长评估其对伸缩缝滑动支承的服役状态的影响程度。

参考文献

[1] Ni Y Q, Hua X G, Wong K Y, et al. Assessment of bridge expansion joints using long－term displacement and temperature measurement [J]. Journal of Performance of Constructed Facilities, 2007, 21(2): 143－151.

[2]Ni Y Q, Wang Y W, Zhang C. A Bayesian approach for condition assessment and damage alarm of bridge expansion joints using long – term structural health monitoring data [J]. Engineering Structures, 2020, 212: 1 –13.
[3] Ding Y L, Li A Q. Assessment of bridge expansion joints using long – term displacement measurement under changing environmental conditions [J]. Frontiers of Architecture and Civil Engineering in China, 2011, 5(3): 374 –380.
[4]丁幼亮，周凯，王高新，王晓晶，张宇峰．苏通大桥斜拉桥伸缩缝位移的长期监测与分析[J]. 公路交通科技，2014，31(07)：60 –64 +71.
[5]蔡邦国，楼允鹏，尹恒，白雪梅．基于监测数据的斜拉桥伸缩缝服役性能评估[J]. 公路，2020，65(05)：98 –105.
[6]Huang H B, Yi T H, Li H N, et al. New representative temperature for performance alarming of bridge expansion joints through temperature – displacement relationship[J]. Journal of Bridge Engineering, 2018, 23(7): 04018043.
[7]邓扬，李爱群，丁幼亮，孙鹏．基于长期监测数据的大跨桥梁结构伸缩缝损伤识别[J]. 东南大学学报：自然科学版，2011，41(02)：336 –341.
[8]Sun Z, Zhang Y. Failure Mechanism of Expansion Joints in a Suspension Bridge[J]. Journal of Bridge Engineering, 2016, 21(10): 5016005.
[9]Hu J H, Wang L H, Song X P, et al. Field monitoring and response characteristics of longitudinal movements of expansion joints in long – span suspension bridges [J]. Measurement, 2020, 162: 107933.
[10]Guo T, Liu J, Zhang YF, Pan SJ. Displacement Monitoring and Analysis of Expansion Joints of Long – Span Steel Bridges with Viscous Dampers. Journal of Bridge Engineering. 2015; 20: 11.
[11]Tong G, Jie L, Huang L. Investigation and control of excessive cumulative girder movements of long – span steel suspension bridges[J]. Engineering Structures, 2016, 125: 217 –226.
[12]Guo T, Huang L, Liu J, et al. Damage Mechanism of Control Springs in Modular Expansion Joints of Long – Span Bridges[J]. Journal of bridge engineering, 2018, 23(7): 04018038. 1 –04018038. 11.
[13]刘成才，刘杰，黄灵宇．缆索承重桥梁附属结构工作状态分析[J]. 金陵科技学院学报，2017，33(01)：29 –34.
[14]王高新，丁幼亮，刘华，岳青．基于支座动位移监测的高铁桥梁支座磨损状态安全评估[J]. 中国铁道科学，2019，40(01)：39 –46.
[15]应明．转轴式伸缩缝在苏通大桥上的应用[J]. 现代交通技术，2008(05)：53 –55.
[16]尹烁，尹明富，赵镇宏．双驱动变杆长杆机构研磨机与 ADAMS 仿真研究[J]. 中国重型装备，2020(01)：33 –35 +46.
[17]曾鹏，李永平．基于 Simulink 的偏置摇杆滑块机构运动仿真分析[J]. 智能计算机与应用，

2020，10(03)：146－149.

[18]游令非，张建国，翟浩，李桥．模糊－随机混合参数的机构运动可靠度计算方法[J]. 北京航空航天大学学报，2019，45(04)：714－721.

[19]李聪波，何娇，杜彦斌，肖卫洪，王战江．基于 Archard 模型的机床导轨磨损模型及有限元分析[J]. 机械工程学报，2016，52(15)：106－113.

[20]何娇．基于有限元的机床导轨磨损拟合模型及可靠性研究[D]. 重庆大学，2016.

[21] Ala N，Power E，Azizinamini A. Predicting the Service Life of Sliding Surfaces in Bridge Bearings[J]. Journal of Bridge Engineering，2015，21：4015035.

6 基于时变退化进程吊索疲劳寿命评估

运营期内在循环交变荷载及环境腐蚀等因素联合作用下，吊索服役性能随时间逐渐退化。对钢丝绳吊索而言，运营期交变荷载作用是钢丝微动磨损及疲劳裂纹开展的主要因素，基于悬索桥纵向振动响应的分析结果，对吊索退化性能及服役年限的准确预测是悬索桥运维的重要工作。目前，钢绞线吊索及平行钢丝吊索的强度退化模型已被广泛研究[1-8]，而考虑运营荷载效应下钢丝绳吊索结构的性能退化研究较少[9-14]。因此，基于服役性能时变退化进程的吊索疲劳寿命评估工作亟待开展。

鉴于此，首先，根据钢丝绳吊索的几何构造，明确吊索服役性能的时变退化进程；其次，通过开展盐雾加速腐蚀试验对钢丝镀锌层腐蚀速率进行标定；再次，以第三章随机车流－风联合作用下悬索桥结构的纵向振动响应为基础，基于钢丝绳吊索内钢丝的受力特性推导建立钢丝的微动磨损深度及疲劳裂纹扩展深度的时变模型，考虑腐蚀因素建立了钢丝绳吊索有效截面面积的时变退化模型，基于可靠度理论建立了吊索疲劳寿命的评估方法；最后，以一悬索桥为算例，对在役吊索的服役年限进行了分析。基于时变退化进程的悬索桥吊索疲劳寿命评估流程如图 6.1 所示。

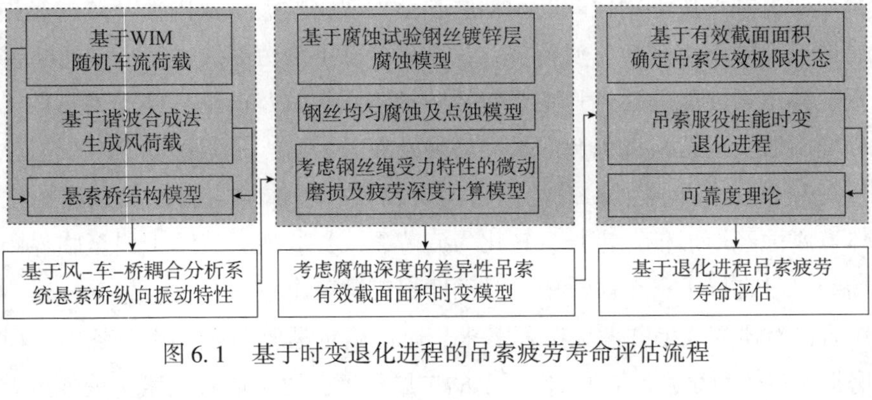

图 6.1　基于时变退化进程的吊索疲劳寿命评估流程

6.1 钢丝绳吊索服役性能时变退化进程

吊索是大跨悬索桥结构连接主缆及主梁的重要构件，主要包括锚头、索体及防护套等。根据集束及编织方式不同，吊索可分为平行钢丝索、钢绞线束吊索及钢丝绳吊索。钢丝绳吊索是将钢丝以若干根钢丝以某一角度捻制成股，并将绳股以某一角度捻制成钢丝绳结构，以 7×19 钢丝绳为例，横截面示意如图 6.2 所示。由于高强钢丝间的扭绞作用，钢丝绳吊索钢丝间存在较大的接触力，且拉伸时钢丝间存在相对滑动变形，钢丝间的接触作用及相对滑动位移使得钢丝存在微动磨损。

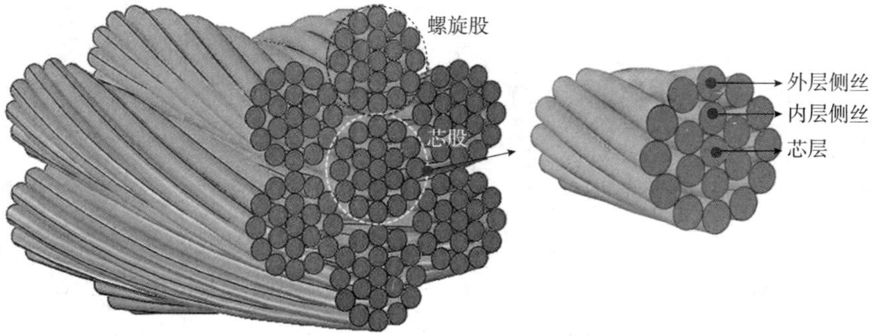

图 6.2　7×19 钢丝绳横截面示意

已有研究表明，运营阶段环境腐蚀因素、循环荷载疲劳效应及材料损伤等因素使得吊索承受腐蚀、磨损及疲劳等作用，造成吊索的服役性能随时间退化[14]。其中，在役吊索在环境因素下防护层失效后将造成钢丝表面镀锌层发生腐蚀，同时运营交变荷载作用下钢丝间的微动磨损会加快钢丝镀层及内部基体的受损；在均匀腐蚀或点蚀下出现初始疲劳裂纹；循环荷载下疲劳裂纹发展至钢丝断裂。

钢丝绳吊索性能退化进程主要包括防护体系失效及钢丝基体受力失效，同时考虑环境腐蚀及运营荷载引起的微动磨损及疲劳因素，吊索性能的时变退化进程大致可划分为三个阶段：①钢丝镀层均匀腐蚀，基体均匀腐蚀及点腐蚀发生；②基体点腐蚀经历形核、生长、转化为疲劳裂纹；③疲劳裂纹扩展至临界断裂深度后断裂。且在以上三个阶段中，微动磨损贯穿整个过程。

结合已有研究成果并考虑工程需求，通过确定运营荷载作用下各因素(腐蚀、微动磨损及疲劳裂纹开展)单独作用下的扩展深度，再考虑各因素扩展速度差异性以分阶段考虑整个过程，最终可基于时变退化进程进行钢丝绳吊索疲劳寿命评估。

6.2 基于腐蚀试验钢丝镀锌涂层腐蚀模型

6.2.1 乙酸盐雾加速腐蚀试验

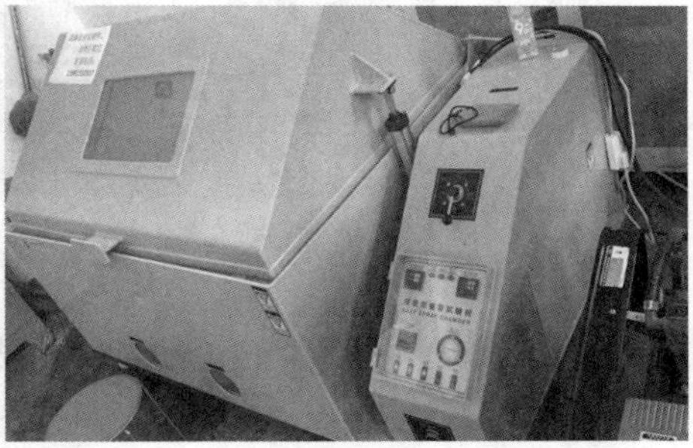

图 6.3 盐雾腐蚀试验箱

乙酸盐雾试验是将冰醋酸加入氯化钠溶液以模拟酸性环境，因其加速效果比中性环境快 3 倍，因此又称加速腐蚀试验。试验中采用的盐雾腐蚀试验箱 LX－120 如图 6.3 所示，试验条件设置如表 6.1 所示。盐雾试验中的腐蚀液按标准配置：①选用电导率不超过 20μS/cm 的蒸馏水溶解纯氯化钠液体，配置温度 25℃的 50g/L ± 5g/L 的溶液，溶液密度约为 1.05g/cm³；②加入适量冰乙酸以使腐蚀液 pH 值达到 3.1；③按标准配置酸洗液，即用密度为 1.19g/mL 的 500mL 盐酸，加入 3.5g 乌洛托品，最后加入适量蒸馏水以配成 1000mL 溶液。试样试验结束后，先放置 1h 进行自然干燥再吹干，最后使用毛刷对表面锈蚀残渣进行清除。值得注意的是，先使用目数超过 1000 的砂纸除锈，后用温度不超过 40℃的清洁水清洗再吹干，如此循环几次，当风干后的钢丝表面无白色残留即清洗干净。

表 6.1 试验箱试验条件

环境温度	饱和温度	喷雾压力控制	pH 值	实验周期
35℃ ±2℃	40℃	0.1MPa	3.2 ±0.1	24h/d 不中断

6.2.2 高强钢丝镀锌层腐蚀率

为获取高强钢丝镀锌层的腐蚀率，对直径 5.4mm 的热镀锌高强钢丝进行试验。镀锌钢丝共设置 10 组，每组 5 根，每根试件长度 200mm 且预留 20mm 长度贴标签，标签位置表面缠绕保鲜膜以防止被腐蚀。试验开始后，连续 24h/d 不间断直至镀锌层均匀腐蚀深度达到钢丝表面，不同腐蚀暴露时间高强钢丝镀锌层腐蚀外观如图 6.4 所示，对主要腐蚀外观进程进行描述：①试验开始前，高强钢丝镀锌层表面具备一定光泽；②试验开展 10d 后，表面失去光泽、粗糙且盐渍覆盖；③试验开展 20d 后，表面出现黄色锈斑，镀锌层失效。

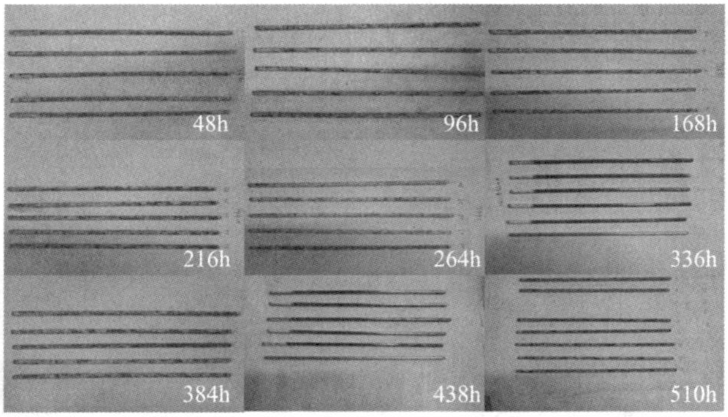

图 6.4　不同腐蚀暴露时间高强钢丝镀锌层腐蚀外观

为评价镀锌层腐蚀程度，通常采用失重法对试验数据进行处理并采用质量损失表示，单位长度质量损失为：

$$\eta = \frac{(m_0 - m_{corr})}{L_{corr}} \tag{6.1}$$

式中，m_0、m_{corr}分别为试件初始质量及去除腐蚀后质量，L_{corr}为腐蚀区域长度，即试件长度 - 标签区域长度。

基于质量损失与均匀腐蚀深度间的关系：

$$\Delta m = \pi\rho L_{corr}[d_u(D - d_u)] \tag{6.2}$$

式中，d_u 为均匀腐蚀深度；D 为镀锌钢丝直径，为 5.34mm；Δm 为腐蚀前后钢丝质量损失；ρ 为高强钢丝材料密度，$\rho = 7.85 - 4.015 \times 10^{-4} W_n/D - 5.044 \times 10^{-7}(W_n/D)^2$，$W_n$ 为镀锌层质量，为 338g/m^2。

依式(6.2)可推导出镀锌层的均匀腐蚀深度，为：

$$d_u = \frac{\pi\rho L_{corr} D - \sqrt{(\pi\rho L_{corr} D)^2 - 4\Delta m(\pi\rho L_{corr} D)}}{2\pi\rho L_{corr}} \tag{6.3}$$

依式(6.1)对 10 组试件进行分析，平均单位长度质量损失结果如表 6.2 所示，10 组试件平均单位长度质量损失随时间的变化结果如图 6.5 所示；依式(6.3)对 10 组试件镀锌层的腐蚀厚度均值进行分析，结果如表 6.3 所示，10 组试件镀锌层随时间的变化结果如图 6.6 所示。

对图 6.6 中试验值进行拟合，得到高强钢丝镀锌层均匀腐蚀深度 d_u 的时变模型，为：

$$d_u = 4.625t^{0.6932} \tag{6.4}$$

式中，d_u 为时间 t 的镀锌层均匀腐蚀深度；t 以天为单位的时间。

大气环境下 24μm 厚度镀锌层腐蚀时间约为 3.9a，试验环境下的时间约为 10.76d，可知试验时间与实际时间的比值约为 2.758d/a，试验中的钢丝镀锌层厚度约为 47.4μm，则镀锌层失效的实际时间约为 15.41a。

表 6.2　镀锌涂层钢丝试件参数及试验结果

试件组编号	腐蚀时长/h	初始质量/g	试件长度/cm	腐蚀后质量/g	质量损失/g	单位长度质量损失/(g/cm)	平均单位长度质量损失/(g/cm)
Zn-1	24	36.6135	18.09	36.5294	0.0841	0.0046	0.0053
		35.8443	17.63	35.7572	0.0871	0.0049	
		35.7361	17.53	35.6389	0.0972	0.0055	
		36.2705	17.81	36.1656	0.1049	0.0059	
		36.2034	17.95	36.1057	0.0977	0.0054	
Zn-2	48	35.6393	17.54	35.4855	0.1538	0.0088	0.0092
		35.6784	17.58	35.5239	0.1545	0.0088	
		35.6405	17.48	35.4678	0.1727	0.0099	
		36.6522	18.07	36.4920	0.1602	0.0089	
		35.5686	17.51	35.3994	0.1692	0.0097	
Zn-3	96	35.8951	17.69	35.6035	0.2916	0.0165	0.0157
		35.9180	17.63	35.6682	0.2498	0.0142	
		36.3040	17.86	36.0205	0.2835	0.0159	
		35.9414	17.67	35.6561	0.2853	0.0161	
		35.4778	17.38	35.2054	0.2724	0.0157	
Zn-4	168	35.7355	17.56	35.3352	0.4003	0.0228	0.0232
		35.8031	17.49	35.3764	0.4267	0.0244	
		36.4794	18.01	36.0593	0.4201	0.0233	
		36.0832	17.77	35.6884	0.3948	0.0222	
		35.7948	17.62	35.3866	0.4082	0.0232	
Zn-5	216	35.5983	17.50	35.1518	0.4465	0.0255	0.0277
		35.9338	17.68	35.4174	0.5164	0.0292	
		36.3402	17.92	35.8421	0.4981	0.0278	
		35.7801	17.59	35.2737	0.5064	0.0288	
		35.6354	17.56	35.1541	0.4813	0.0274	

续表

试件组编号	腐蚀时长/h	初始质量/g	试件长度/cm	腐蚀后质量/g	质量损失/g	单位长度质量损失/(g/cm)	平均单位长度质量损失/(g/cm)
Zn-6	264	35.5117	17.47	34.9604	0.5513	0.0316	0.0303
		35.7468	17.60	35.2078	0.5390	0.0306	
		36.0970	17.73	35.5822	0.5148	0.0290	
		35.5952	17.44	35.0766	0.5186	0.0297	
		35.6602	17.53	35.1278	0.5324	0.0304	
Zn-7	336	35.5720	17.49	34.8652	0.7068	0.0404	0.0405
		36.6099	17.98	35.8955	0.7144	0.0397	
		35.6974	17.58	35.0259	0.6715	0.0382	
		35.8598	17.53	35.0801	0.7797	0.0445	
		36.4764	18.03	35.7654	0.7110	0.0394	
Zn-8	384	35.6741	17.42	34.8902	0.7839	0.0450	0.0431
		35.5531	17.43	34.7748	0.7783	0.0447	
		35.5741	17.79	34.8130	0.7611	0.0428	
		35.4470	17.43	34.7231	0.7239	0.0415	
		36.5235	18.05	35.7727	0.7508	0.0416	
Zn-9	438	35.9415	17.67	35.0851	0.8564	0.0485	0.0453
		35.5950	17.53	34.8283	0.7667	0.0437	
		36.9309	18.22	36.1064	0.8245	0.0453	
		35.7927	17.67	35.0098	0.7829	0.0443	
		35.5905	17.54	34.8025	0.7880	0.0449	
Zn-10	510	36.5010	18.09	35.5958	0.9052	0.0500	0.0476
		35.6919	17.66	34.8302	0.8617	0.0488	
		36.5862	18.11	35.7085	0.8777	0.0485	
		35.7497	17.78	34.9503	0.7994	0.0450	
		35.7239	17.56	34.9214	0.8025	0.0457	

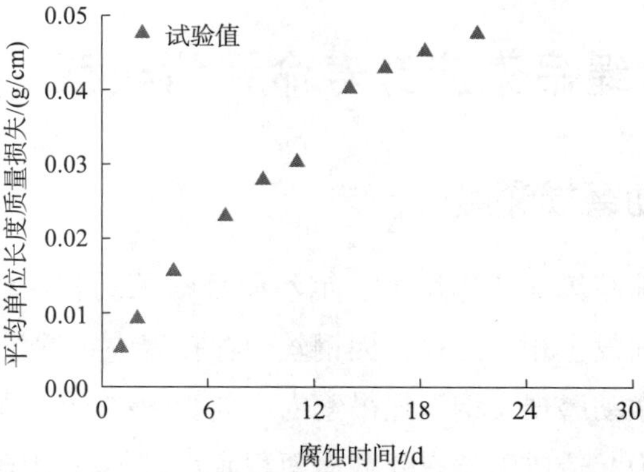

图 6.5 平均单位长度质量损失量

表 6.3 镀锌涂层钢丝试件腐蚀深度均值及标准差

试件组编号	腐蚀时长/h	腐蚀深度均值 d_u/μm	标准差
Zn-1	24	4.0367	0.3381
Zn-2	48	7.0144	0.3654
Zn-3	96	11.9668	0.6107
Zn-4	168	17.7226	0.5507
Zn-5	216	21.2250	0.9909
Zn-6	264	23.1625	0.6523
Zn-7	336	31.0042	1.6486
Zn-8	384	33.0568	1.1363
Zn-9	438	34.7742	1.2733
Zn-10	510	36.5152	1.4938

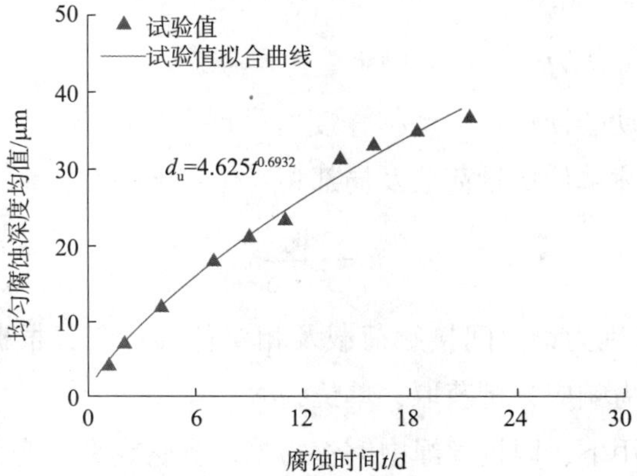

图 6.6 高强钢丝镀锌层均匀腐蚀进程

6.3 钢丝绳吊索疲劳寿命评估模型

6.3.1 微动磨损深度

在环境及车辆荷载等交变作用下，钢丝绳吊索承受着循环拉伸和弯曲荷载，这将造成绳内钢丝间发生相对滑移，因钢丝间存在着一定的接触应力使得接触面产生切向力而引发微动磨损。钢丝绳吊索内不同捻角结构的钢丝发生着不同交叉角度的微动磨损行为，造成钢丝有效截面面积减小，加速钢丝的疲劳断裂，从而影响悬索桥的结构安全。钢丝绳内钢丝间的接触荷载及相对变形是影响钢丝微动磨损的主要因素，钢丝间微动磨痕形状如图 6.7 所示。

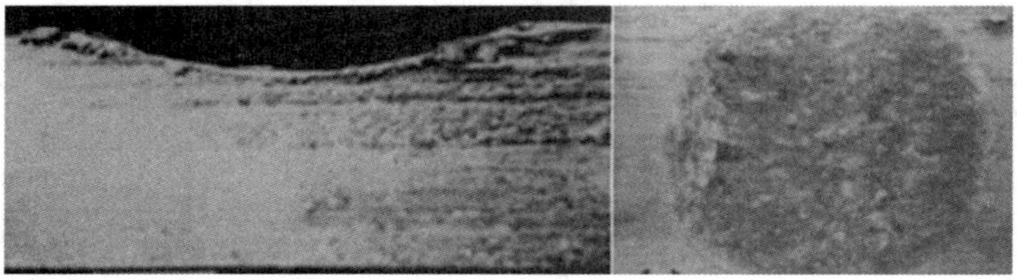

图 6.7 钢丝微动磨痕形状[17]

(1)钢丝微动磨损深度

当钢丝间交叉角 $\varphi=90°$时，钢丝表面磨痕形状近似呈圆形，交叉角 $\varphi\neq 90°$时，磨痕形状近似椭圆形，则 t 时刻磨损深度 $h_w(t)$ 对应的钢丝磨损体积近似为[17]：

$$W(t)=\pi h_w^2(t)\operatorname{cosec}\varphi\sqrt{R_3R_4}\left[1-\frac{h_w(t)}{8R_3}-\frac{h_w(t)}{8R_4}\right] \tag{6.5}$$

式中，$R_3=R_4=R$ 为上、下接触钢丝的半径。

为表征钢丝微动磨损过程中磨损深度的发展程度，基于 Archard 磨损模型引入磨损系数，即表述单位接触荷载及局部相对位移下的磨损量，即：

$$k=\frac{W}{F\cdot S} \tag{6.6}$$

式中，F、S 分别为钢丝间接触荷载及相对位移行程，根据运营荷载下的吊索索力及钢丝绳内力响应分析获取，单位为 N。

在拉伸载荷作用下，因钢丝绳中钢丝的捻角及螺旋半径变化微小，则在钢丝微动磨损深度的计算中忽略钢丝弯矩、扭矩及剪切力的影响，仅考虑钢丝的拉力及变形。拉伸荷载下钢丝绳第 l 股第 k 丝层钢丝的拉力为[17]：

$$F_{kl} = \frac{\cos^2\beta_l \cdot \cos^2\alpha_{kl} \cdot E_{kl} \cdot A_{kl}}{\sum_{j=0}^{n_s}\left(Z_j \cdot \cos^3\beta_j \cdot \sum_{i=0}^{n_{Wi}} Z_{ij} \cdot \cos^3\alpha_{ij} \cdot E_{ij}A_{ij}\right)} \cdot S \tag{6.7}$$

式中，j、l 分别为钢丝绳的股层及某股层；i、k 分别为绳股的丝层及某丝层；n_s、n_W 分别为股层总数及股中丝层总数；F、E、A、α 分别为钢丝拉力、弹性模量、横截面面积及丝捻角；β 为股捻角；Z 为捻距。

王大刚指出，钢丝绳中钢丝间微动磨损或微动疲劳主要归因于钢丝的受拉变形，同一丝层中钢丝因捻角及变形量相同，钢丝间的相对位移近似为0，而不同钢丝层间钢丝捻角及变形量不同而发生相对位移，钢丝间相对位移可由钢丝伸长量及拉力的关系获取[17]：

$$\Delta D_{ij} = \frac{L \cdot \Delta F_{ij}}{\cos\beta_j \cdot \cos\alpha_{ij} \cdot E_{ij} \cdot A_{ij}} \tag{6.8}$$

式中，ΔD、L 分别为钢丝间相对错动位移及钢丝绳长度。值得注意的是，钢丝间的相对错动主要是由于钢丝绳中钢丝的拉伸变形产生的。

钢丝绳间不同股层不同丝层间接触钢丝的接触载荷不同，钢丝绳中相邻钢丝间的接触载荷 P 可由下式计算：

$$\begin{cases}\text{第}j\text{股第}i\text{丝层钢丝间：}P_{ij}=0.5F_{ij}\cdot\sin(2\alpha_{ij})\\ \text{螺旋股第}i\text{、}i+1\text{丝层钢丝间：}P_{i(i+1)}=F_{ij}\cdot\sin\gamma\\ \text{第}j\text{、}j+1\text{股层外层钢丝间：}P_{j(j+1)}=(F_j\cdot\sin^2\beta_1\cdot\pi\cdot\sin\theta_S)/[Z_{S0}\cdot\sin(\theta_R-\theta_S)]\end{cases} \tag{6.9}$$

式中，$\theta_S=\arctan(L_S/\pi d_{CS})$；$\theta_R=\arctan(L_R/\pi d_{CS})$；$L_R$、$L_S$ 分别为绳捻距及股捻距，单位为 mm；d_{CS} 为芯股外切圆半径，单位为 mm；Z_{S0} 为外层股外丝数量；γ 为松捻角，与外丝层 α 钢丝捻角有关，按下式计算：

$$\begin{cases}\alpha\leqslant 6^\circ\text{时，}\gamma=60^\circ\\ 6^\circ<\alpha\leqslant 12^\circ\text{时，}\gamma=50^\circ\\ \alpha>12^\circ\text{时，}\gamma=40^\circ\end{cases} \tag{6.10}$$

联合式(6.5)、式(6.6)可得微动磨损深度求解式：

$$kFS-\pi h_w^2(t)\,\mathrm{cosec}\varphi\,\sqrt{R_3R_4}\left[1-\frac{h_w(t)}{8R_3}-\frac{h_w(t)}{8R_4}\right]=0 \tag{6.11}$$

其中，以风和车流作用下悬索桥吊索的构件响应为基础，吊索钢丝间接触荷载及相对位移可根据钢丝绳构造参数及式(6.7)～式(6.11)联合求解获取，为简化计算，对单位时段内，钢丝绳某一钢丝的接触荷载取对应时程曲线均值代替，相对位移行程 S 采用微动振幅 Δ 与循环次数 N 表示，即：$S=2\Delta N$。

(2)磨损系数

已有研究表明[17]，当钢丝交叉角为18°、微动振动为90μm时，钢丝磨损系数受接触荷载的变化影响较小，而在同一接触荷载下，磨损系数随微动振幅的增大而增大。基于试验数据拟合得到微动磨损系数与微动振幅间的关系：

$$k=0.347+9.7703\times10^{-4}\times\exp(\Delta/23.2561) \tag{6.12}$$

将式(6.12)代入式(6.11)可微动磨损深度的求解式：

$$\begin{aligned}&2F\Delta N[0.347+9.7703\times10^{-4}\times\exp(\Delta/23.2561)]-\\&\pi h_{w}^{2}(t)\operatorname{cosec}\varphi\ \sqrt{R_3R_4}\left[1-\frac{h_{w}(t)}{8R_3}-\frac{h_{w}(t)}{8R_4}\right]=0\end{aligned} \tag{6.13}$$

式(6.12)是依据钢丝微动磨损性能试验得到的拟合结果，考虑镀锌层与钢材的差异性，引入材料密度比值作为调整系数，镀锌层磨损深度随时间变化关系为：

$$h_{Zn}(t)=1.09h_{w}(t) \tag{6.14}$$

式中，$h_{Zn}(t)$、$h_{w}(t)$分别为时刻 t 镀锌层及钢丝微动磨损深度。对于钢丝涂层，可联立式(6.13)、式(6.14)以获取镀锌层在微动磨损下的服役时间。

6.3.2 腐蚀深度

对于大直径钢丝绳吊索而言，其表面缝隙较大，涂料保护层较难对吊索表面进行全覆盖密封，且施工过程中吊索表面保护层较易出现缝隙，导致环境腐蚀介质进入吊索而造成内部钢丝绳出现腐蚀，缆索桥梁拉吊索病害中常见的腐蚀现象是均匀腐蚀及点蚀现象，图6.8为江阴长江大桥钢丝绳吊索的腐蚀现象。

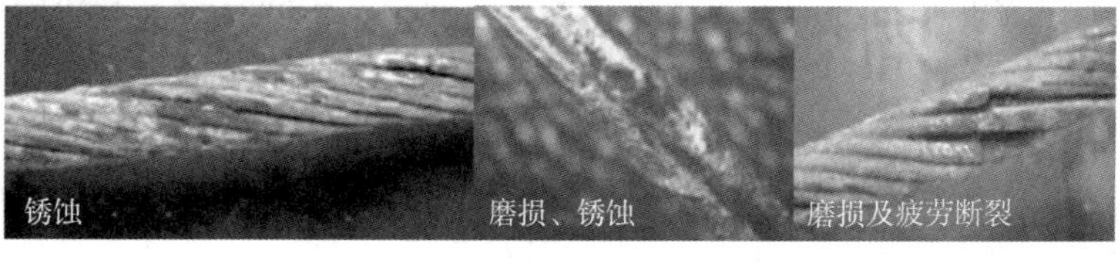

图6.8 钢丝绳吊索腐蚀现象[96]

(1)均匀腐蚀深度

均匀腐蚀是指环境腐蚀介质接触到金属表面后出现的腐蚀现象。对于钢丝绳吊索而言，均匀腐蚀通常发生在吊索保护层出现局部失效之后，可划分为两个阶段：钢丝镀锌层及钢丝均匀腐蚀。均匀腐蚀深度主要受腐蚀速率及持续时间的影响，可表示为：

$$\begin{cases} h_u(t)=h_{Zn}(t)=\psi_{Zn}t^{\gamma_{Zn}} & t\leqslant t_0 \\ h_u(t)=h_{Zn}(t)=h_{Fe}(t)=\psi_{Zn}t_0^{\gamma_{Zn}}+\psi_{Fe}(t-t_0)^{\gamma_{Fe}} & t>t_0 \end{cases} \tag{6.15}$$

式中，$h_u(t)$、$h_{Zn}(t)$、$h_{Fe}(t)$分别为时刻t的均匀腐蚀的总深度、镀锌层腐蚀深度及钢丝腐蚀深度；ψ_{Zn}、ψ_{Fe}、γ_{Zn}、γ_{Fe}分别为镀锌层及钢丝的均匀腐蚀速率及趋势，与钢丝材料及腐蚀环境相关[20]；t_0为钢丝材料均匀腐蚀的起始时刻。

根据6.2节中高强钢丝镀锌层的腐蚀试验结果，ψ_{Zn}、γ_{Zn}分别取值为4.625、0.6932，基于已有试验结果[21]，ψ_{Fe}、γ_{Fe}可分别取为0.672、0.915。

(2)点蚀深度

点蚀是一种深入材料内部的腐蚀形态，主要取决于材料本身特性，且与环境腐蚀介质及均匀腐蚀有关，通常采用点蚀系数来定义腐蚀程度$h_p(t)$[22]，表达式为：

$$h_p(t)=\phi_{max}h_u(t) \tag{6.16}$$

在已有研究中，点蚀系数极值服从Gumbel分布，即：

$$f(\phi_{max})=\frac{1}{\alpha_0}\exp\left\{-\left[\frac{\phi_{max}-\beta_0}{\alpha_0}+\exp\left(-\frac{\phi_{max}-\beta_0}{\alpha_0}\right)\right]\right\} \tag{6.17}$$

式中，$f(\phi_{max})$、α_0、β_0分别为累计概率密度函数、尺度参数及位置参数，均值及方差分别为$\beta_0+0.5772\alpha_0$、$\pi^2\alpha_0^2/6$，β_0表达式为：

$$\beta_0=5.08+0.98ln\left(\frac{lh}{1000}\right) \tag{6.18}$$

(3)均匀腐蚀及点蚀发展至疲劳裂纹发展的临界腐蚀深度(图6.9)

基于钢丝微动磨损、均匀腐蚀及点蚀深度，钢丝由腐蚀损伤向疲劳裂纹发展的临界腐蚀深度为：

$$h_c=h_w+h_p+h_u \tag{6.19}$$

式中，h_c、h_w、h_p、h_u分别为疲劳裂纹发展临界深度、微动磨损深度、点状腐蚀深度及均匀腐蚀深度。

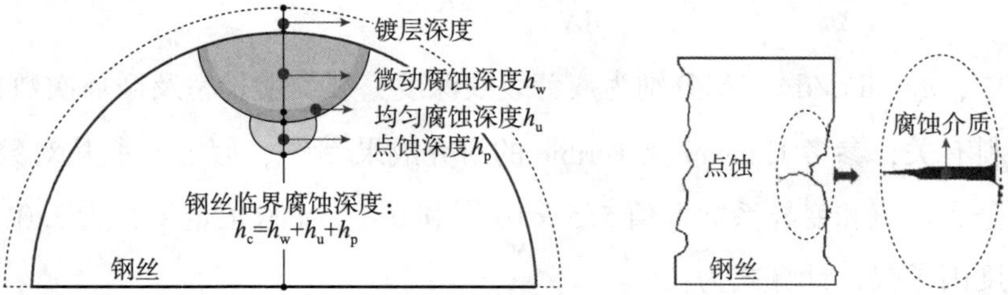

图6.9 钢丝绳吊索钢丝临界疲劳裂纹示意

当腐蚀深度最大点蚀坑裂纹的应力强度因子幅 ΔK 达到腐蚀疲劳裂纹扩展的临界值 ΔK_{th} 时，将进入疲劳裂纹扩展阶段，腐蚀裂纹的应力强度因子幅[24]为：

$$\begin{cases}\Delta K=\dfrac{2.2}{\pi}K_t\Delta\sigma_f\sqrt{\pi h_c}\\ \Delta K_{th}=-3.4324R+5.5351\end{cases}\tag{6.20}$$

式中，h_c、K_t 分别为腐蚀裂纹深度、应力集中系数(取值2.6)；$\Delta\sigma_f$ 为钢丝应力幅值，可由式(6.7)的钢丝拉力幅值与截面面积求解，并取 $\Delta\sigma_f=0.65(\sigma_{max}-\sigma_{min})$[25]；$R$ 为应力比，即 $R=\sigma_{min}/\sigma_{max}$。

由式(6.20)可知，临界腐蚀深度表达式为：

$$h_c=\pi\left(\frac{-3.4324R+5.5351}{2.2K_t\Delta\sigma_f}\right)^2\tag{6.21}$$

6.3.3 疲劳裂纹扩展深度

在随机车流、风等循环交变荷载作用下，吊索钢丝腐蚀疲劳裂纹将持续扩展，裂纹前缘逐渐从半圆形发展成平坦形状，如图6.10所示。

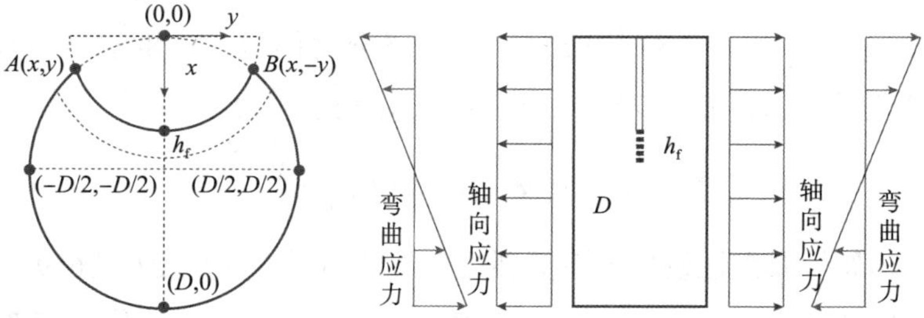

图6.10 裂纹扩展模型

腐蚀疲劳裂纹的应力循环响应下持续扩展并增长，对于钢丝腐蚀疲劳裂纹的扩展速率的分析广泛采用 Paris - Erdogan 准则[26]：

$$\frac{dh_f}{dN}=C(\Delta K)^m\tag{6.22}$$

式中，h_f、dh_f/dN、N 分别为疲劳裂纹深度、裂纹增长率及循环次数；C、m 均与材料有关，参考 Huneau 及 Toribio 的研究成果[27,28]，假定 C 服从对数正态分布，其分布均值和变异系数取值 5.5×10^{-12} 和 0.1，m 取恒定值，为3.0；ΔK 为应力强度因子幅，计算式为：

$$\Delta K=Y\Delta\sigma\sqrt{\pi h_f}\tag{6.23}$$

式中，$\Delta\sigma$、Y 分别为钢丝应力幅、无量纲应力强度因子。

钢丝应力循环次数为 $N=f_{\mathrm{p}}t$ 时，对式(6.22)积分可得疲劳裂纹深度：

$$h_{\mathrm{f}} = h_{\mathrm{c}} + f_{\mathrm{p}}\int C(\Delta K)^{m}\mathrm{d}t \tag{6.24}$$

式中，f_{p} 为钢丝应力循环频率。

对悬索桥吊索而言，锚固端钢丝裂纹扩展主要是由轴向应力 σ_1 及弯曲应力 σ_2 的联合作用，则裂纹尖端应力强度因子可通过以上两项叠加获取[96]：

$$K = Y_1\sigma_1\sqrt{\pi h_{\mathrm{f}}} + Y_2\sigma_2\sqrt{\pi h_{\mathrm{f}}} \tag{6.25}$$

式中，Y_1、Y_2 分别为轴向及弯曲两种受力状态下的无量纲应力强度因子，可根据相对裂纹深度确定：

$$\begin{cases} Y_1 = 0.92\,\dfrac{2}{\pi}\sqrt{\dfrac{2D}{\pi h_{\mathrm{f}}}\tan\left(\dfrac{\pi h_{\mathrm{f}}}{2D}\right)}\dfrac{0.752+2.02(h_{\mathrm{f}}/D)+0.37[1-\sin(\pi h_{\mathrm{f}}/2D)]^3}{\cos(\pi h_{\mathrm{f}}/2D)} \\ Y_2 = 0.92\,\dfrac{2}{\pi}\sqrt{\dfrac{2D}{\pi h_{\mathrm{f}}}\tan\left(\dfrac{\pi h_{\mathrm{f}}}{2D}\right)}\dfrac{0.923+0.199(h_{\mathrm{f}}/D)+0.37[1-\sin(\pi h_{\mathrm{f}}/2D)]^4}{\cos(\pi h_{\mathrm{f}}/2D)} \end{cases} \tag{6.26}$$

吊索轴向应力 σ_1 可根据有限元仿真分析获取，吊索底部锚固端弯曲应力 σ_2 可由下式确定[31]：

$$\sigma_2 = \tan\theta\cdot\sqrt{\sigma_1 E} \tag{6.27}$$

式中，θ 为吊索的相对转角，由风和车流作用下吊索两端相对纵向位移及长度获取，联立式(6.24)～式(6.27)，即可得到疲劳裂缝深度。当裂缝尖端应力强度因子最大值 $K_{\max}$ 超过材料断裂韧度 K_{C} 时，裂纹扩展进入失稳阶段至断裂。依据相关高强钢丝断裂韧度的试验成果，取值为 $62.2\mathrm{MPa}\cdot\mathrm{m}^{0.5}$。

6.3.4 吊索有效截面面积

当吊索防护层失效后，最外层绳股或钢丝将面临较严重的环境侵蚀、腐蚀－疲劳进程，而内层绳股及其钢丝的退化进程相对缓慢。为客观描述钢丝的腐蚀差异性，徐俊等[30]对重庆石门大桥更换的拉索进行钢丝腐蚀状态及截面腐蚀分布进行研究，研究发现钢丝锈蚀程度随到护套破损位置距离的增加而减低，建立了采用锈蚀比率 R 描述的钢丝腐蚀分布模型。为简便分析，假定钢丝绳吊索的同一层绳股腐蚀进程相同，不同绳股层或钢丝层的均匀腐蚀深度的差异性采用系数 ψ 表示，不同位置的 ψ 服从均值与标准差为 0.844、0.427 的正态分布[31]。

在明确钢丝绳吊索内所有钢丝的腐蚀疲劳深度后，钢丝绳吊索的有效截面面积可通过叠加全部钢丝的有效截面面积获取。当钢丝腐蚀疲劳裂纹超过裂纹限值 $|h|$ 时，钢丝将迅速失效，基于已有试验结果，钢丝相对裂纹深度 $h_f/|h|$ 临界值服从均值及变异系数为 0.390、0.414 的对数正态分布[31]，钢丝裂纹前缘边界及交点坐标为：

$$\begin{cases}(x-D/2)^2+y^2=D^2/4\\ x=h_f^2/D\\ y=\pm a\sqrt{D^2-h_f^2}/D\end{cases}\tag{6.28}$$

钢丝的有效截面面积 A_{eff} 为：

$$A_{eff}=\begin{cases}\pi D^2/4-2\left(\int_0^{h^2{}_f/D}\sqrt{Dx-x^2}\mathrm{d}x+\int_{h_f^2/D}^{h_f-h_f^2/D}\sqrt{h_f^2-x^2}\mathrm{d}x\right) & x\leqslant|h|\\ 0 & x>|h|\end{cases}\tag{6.29}$$

式中，A_{eff} 为经历磨损、腐蚀及疲劳裂纹开裂过程后钢丝的剩余有效截面面积。

经历磨损、腐蚀及疲劳开裂过程后，考虑不同钢丝位置的腐蚀差异性钢丝绳吊索有效截面面积 A_S 为：

$$A_S=\sum_{i=1}^{N}A_{i,eff}\tag{6.30}$$

式中，N 为钢丝绳中钢丝总数。

6.3.5 吊索疲劳寿命评估模型及流程

当吊索内钢丝的有效面积小于 90% 或断丝率超过 2% 时，吊索的服役性能将急剧下降，应进行吊索更换以免影响悬索桥的结构安全，故将此作为判定吊索失效的极限状态。假定吊索失效面积 A_f 及临界值 $|A|$ 服从对数正态分布，则吊索服役的可靠度及寿命为：

$$\begin{cases}\beta_A(t)=\dfrac{\mu_{\ln|A|}-\mu_{\ln A_f}}{\sqrt{\sigma_{\ln|A|}^2-\sigma_{\ln A_f}^2}}\\ T=f^{-1}[\beta_A(t)=0]\end{cases}\tag{6.31}$$

考虑运营荷载效应及腐蚀因素下基于时变退化进程的吊索疲劳寿命评估流程图 6.11。

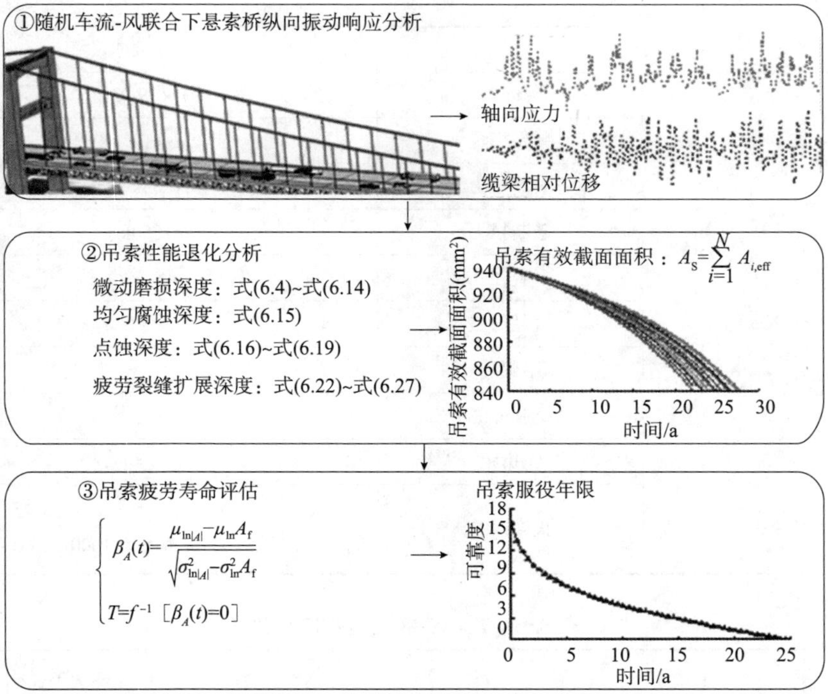

图 6.11　吊索疲劳寿命评估流程

6.4　算例分析

6.4.1　钢丝绳吊索几何参数

以 3.2.1 节的悬索桥为算例，该桥吊索采用骑跨式钢丝绳结构，直径为 45mm，典型横截面如图 6.2 所示，吊索钢丝绳的主要技术条件及几何参数如表 6.4～表 6.5 所示。

表 6.4　主要技术条件

项目		技术要求
制绳用钢丝	直径	3.0mm ±0.06mm
	抗拉强度	1850MPa
	镀锌量	235g/m²
	反复弯曲次数	≥9
	扭转次数	≥11

续表

项目		技术要求
吊索钢丝绳	型号	7×19Φ3
	弹性模量	≥.4×10^3MPa
	钢丝破断拉力综合	1735kN
	破断拉力	≥1550kN
	直径	45mm
	直径误差	0～+8°
	不圆度	≤7%
	捻制方法	右交互捻
	绳捻距	8倍钢丝绳直径
	长度误差	L≤400m：0～+5% L>400m：每1000m或不足1000m时0～+20m

表6.5　7×19钢丝绳几何参数

项目	股	捻角/(°)	捻距/mm	股径/mm	丝层	钢丝直径/mm	捻角/(°)	螺旋半径/mm	捻距/mm
7×19钢丝绳	直股	—	—	15	芯层	3	—	—	—
					内层	3	6.64	3	162
					外层	3	13.1	6	162
	螺旋股	16.2	324.4	15	芯层	3	—	—	—
					内层	3	6.64	3	162
					外层	3	13.1	6	162

6.4.2　吊索寿命评估

基于3.2.3节的计算结果，以一般流+风速(5m/s)工况为例，进行钢丝绳吊索寿命评估案例分析。图6.12为随机车流－风联合下吊索轴向应力及弯曲应力响应，由图可知，不同位置吊索轴向应力响应时程相似，且极值均较接近，而弯曲应力随吊索距跨中的距离越近而越大，这主要是由于越靠近跨中，吊索长度越短，较小的缆梁相对位移可产生较大的缆梁相对转角，则根据式(6.27)弯曲应力将越大。

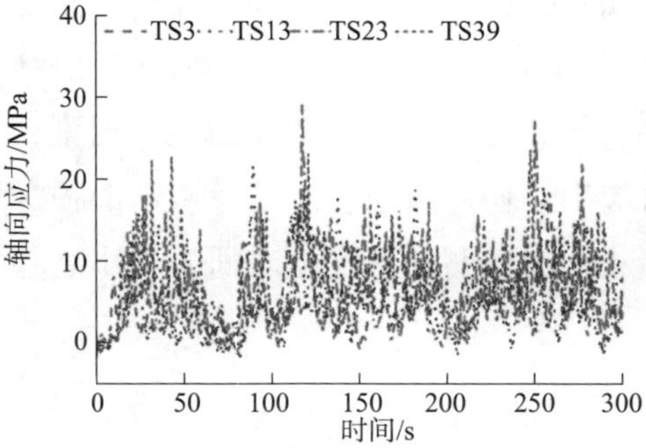

(a)轴向应力

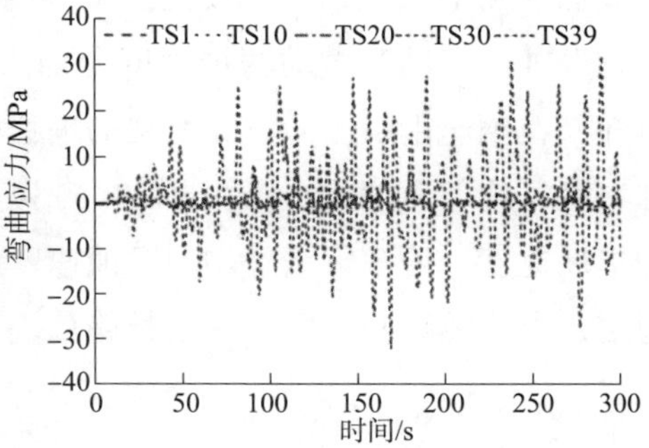

(b)弯曲应力

图 6.12 随机车流 - 风联合下吊索轴向应力及弯曲应力

当吊索涂层失效，钢丝绳吊索将同时出现镀锌层均匀腐蚀及微动腐蚀现象(图 6.13)，直径 3mm 质量为 238g/m² 的镀锌层厚度为 32.87μm，由试验数据拟合公式(6.4)及微动磨损公式(6.13)~式(6.14)联合求解获取镀锌层的磨耗时间，即 $t = 0.219$a，其中，镀锌层均匀腐蚀及微动磨损深度分别为 1.61μm 和 31.26μm，这表明，钢丝间微动磨损是镀锌层磨耗的主要因素，但完全不考虑镀锌层的均匀腐蚀影响将会使结果存在一定的误差。

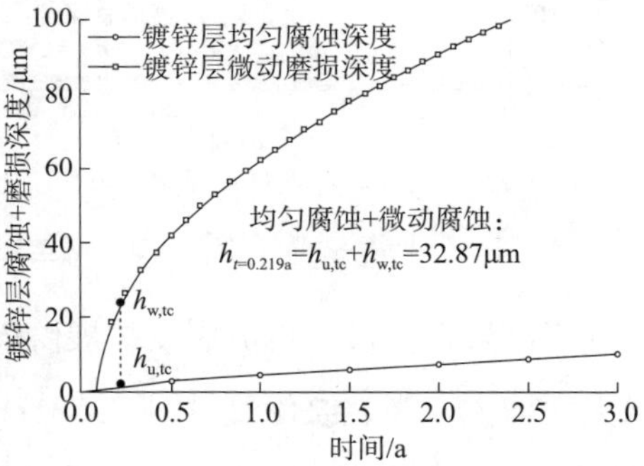

图 6.13 镀锌层腐蚀 + 微动磨损深度

对钢丝绳吊索而言，因钢丝间的相对拉伸变形，钢丝间存在不可忽略的接触荷载，当钢丝镀锌层磨耗完之后，钢丝暴露在环境腐蚀介质中，此时钢丝绳吊索钢丝将进入均匀腐蚀、点蚀及微动磨损并发阶段。因钢丝材料的点状腐蚀存在一定的随机性，故基于 100 个点状腐蚀深度的模拟随机过程，获取点状腐蚀随时间的磨损深度均值(图 6.14)，以此作为点状深度的计算模型，联合式(6.13)~式(6.14)及式(6.15)可求得当深度达到临界裂纹扩展深度 292.86μm 时对应的磨耗时间，

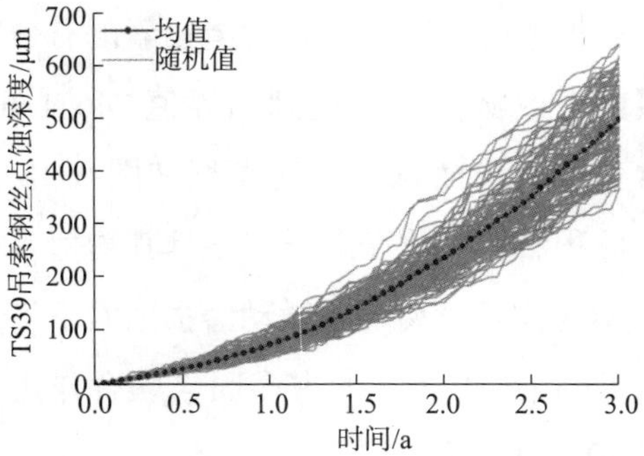

图 6.14 钢丝点蚀深度

结果如图6.15所示。由图6.15(a)可知，磨耗时间为 $t=10.25\text{a}$，其中，镀锌层均匀腐蚀、点蚀及微动磨损深度分别为5.65μm、74.83μm、212.38μm。由结果可知，在钢丝由腐蚀向裂纹发展的进程中，微动磨损是钢丝磨耗的主要因素，点蚀次之，均匀腐蚀最小；图6.15(b)为对应钢丝均匀腐蚀、点蚀及微动磨损深度的扩展速度，可知，钢丝均匀腐蚀速度最小，微动腐蚀速度随时间先减小后趋于稳定，点蚀随时间呈现线性增长趋势。

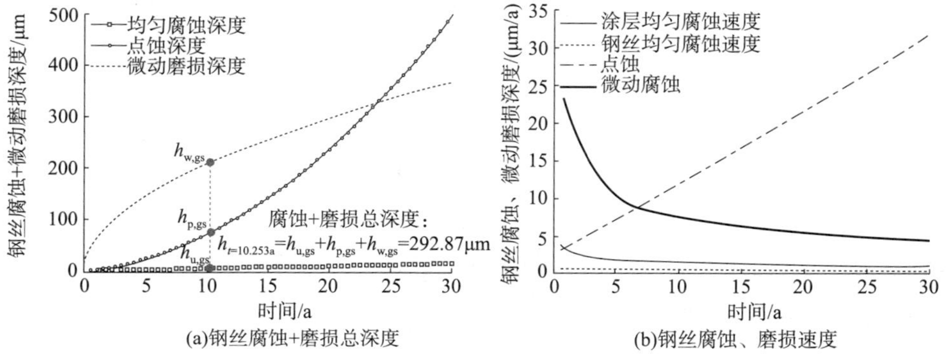

图6.15　钢丝腐蚀、磨损深度及速度

当吊索钢丝进入疲劳裂纹扩展阶段时，裂纹尖端应力强度因子随裂纹深度的增大而增大。当裂纹深度达到0.531mm时，裂纹尖端应力强度因子达到最大值 $62.2\text{MPa}\cdot\text{m}^{0.5}$，此时裂缝将进入失稳状态至断裂。图6.16为钢丝疲劳裂纹深度与吊索长度的关系，由图可知，吊索从疲劳裂纹开始扩展至疲劳断裂裂纹临界值的时间随吊索长度增大而减小，这主要是由于短吊索根部的弯曲应力随吊索长度的减小而迅速增大，疲劳应力幅相对较大而造成对应的寿命期较短，这也说明短吊索弯曲应力的存在是造成其寿命较短的主要原因。

经历磨损、腐蚀及疲劳开裂过程后，根据式(6.30)求解钢丝绳吊索的有效截面面积，结果如图6.17所示，当吊索截面有效截面面积达到临界值 846.1mm^2 时，吊索服役年限为21.9～27.3a。吊索失效截面面积的时变模型如图6.18所示，由图可知，随服役年限的增大，失效面积服从对数正态分布，且其均值及标准差随服役年限增加而增大。由式(6.31)对考虑钢丝腐蚀及微动磨损因素下吊索的服役年限进行评估，结果如图6.19所示，由图可知，考虑多因素联合作用下吊索TS39服役年限约为24.3a，小于吊索的设计寿命30a。

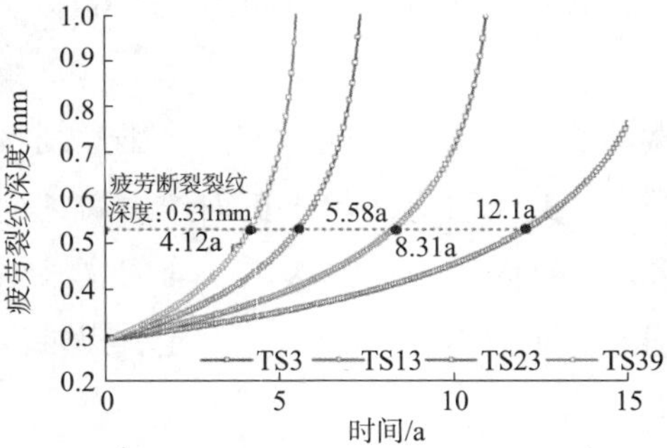

图 6.16　钢丝疲劳裂纹深度与索长关系

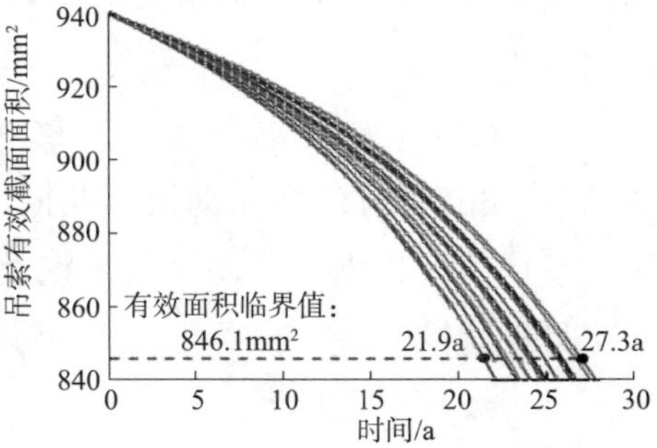

图 6.17　吊索有效截面面积

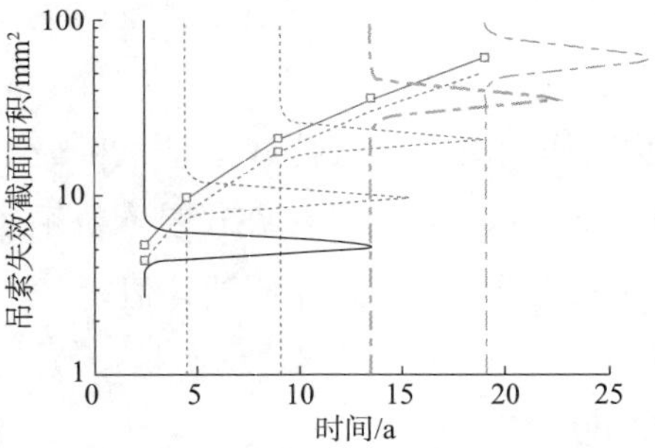

图 6.18　吊索失效面积时变模型

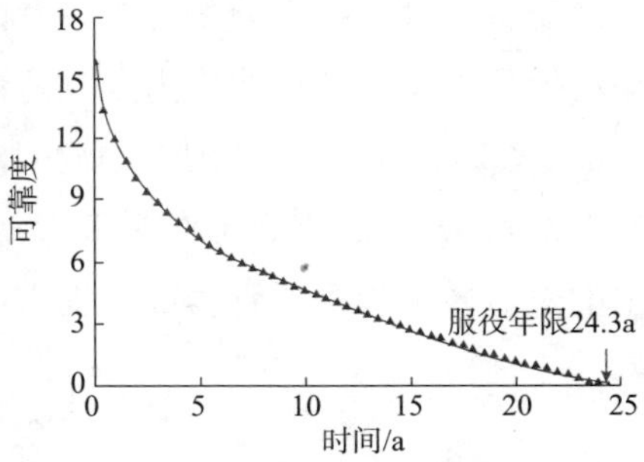

图 6.19　吊索服役年限

6.5　本章小结

为实现基于时变退化进程的钢丝绳吊索疲劳寿命评估，首先，基于盐雾加速腐蚀试验获取镀锌层均匀腐蚀深度的时变模型，根据钢丝绳吊索性能退化进程的三阶段，分别确定运营荷载下各因素(微动磨损、腐蚀及疲劳裂纹开展)单独作用下的扩展深度，再考虑各因素扩展速度差异性以分阶段考虑整个过程，建立吊索有效截面面积的时变退化模型，基于可靠度理论对钢丝绳吊索疲劳寿命进行了评估。主要成果如下：

(1)基于钢丝绳受力性能建立的钢丝间接触荷载及相对位移计算式，考虑环境腐蚀及运营荷载效应作用下微动磨损及疲劳因素建立了吊索有效截面面积的时变退化模型，提出了基于时变退化进程的吊索疲劳寿命评估方法。该方法可考虑运营期内循环交变荷载的随机性实现在役悬索桥钢丝绳吊索的时变性能分析及寿命评估。

(2)基于失重法计算试件钢丝镀锌层的均匀腐蚀深度，发现镀锌层均匀腐蚀深度随时间增长呈幂指数增长，且 47.4μm 镀锌层失效的试验时间为 10.76d，实际时间为 15.41a。

(3)对钢丝绳吊索钢丝而言，影响其微动磨损的主要影响因素是：钢丝间接触荷载、相对位移(即微动振幅及循环次数)、钢丝间交叉角；在钢丝由腐蚀向裂纹发展的进程中，微动磨损是钢丝磨耗的主要因素，点蚀次之，均匀腐蚀最小；且钢丝均匀腐蚀速度最小，微动腐蚀速度随时间先减小后趋于稳定，点蚀随时间呈现线性增长趋势。

(4)钢丝腐蚀及磨损在服役年限较短时较为显著，且随时间增长而减小；裂纹扩展速度在服役年限较短时小且平缓，当裂纹尖端应力强度因子超过限值时，裂缝开展将进入失稳至断裂。腐蚀及磨损因素下钢丝裂缝开展更早，且因主梁纵向振动导致的短吊索弯曲应力是其寿命较短的主要因素。

(5)考虑腐蚀、微动磨损及疲劳因素共同作用时，运营荷载下悬索桥最不利钢丝绳吊索 TS39 的服役工作年限为 24.3a。基于该方法可评估在役悬索桥钢丝绳吊索的寿命，可为桥梁管养部门提供吊索维修或更换的工作年限建议值。

参考文献

[1]郑祥隆，谢旭，李晓章，钱利芹，申永刚．钢丝裂纹扩展估算模型及其在预腐蚀疲劳寿命计算中的应用[J]．土木工程学报，2017，50(03)：101-107.

[2]马亚飞，陈志铖，叶钧，王磊，张建仁．桥梁吊索高强钢丝疲劳裂纹扩展试验与数值模拟[J]．防灾减灾工程学报，2019，39(01)：23-30.

[3]高文博，袁阳光，黄平明，许昕，王俊峰，韩万水．大件运输车载下考虑强度退化过程的钢绞线斜拉索安全评估[J]．中国公路学报，2020，33(08)：169-181.

[4]Li S, Xu Y, Li H, Guan X. Uniform and Pitting Corrosion Modeling for High-Strength Bridge Wires[J]. Journal of Bridge Engineering, 2014, 19(7): 04014025.

[5]Li S, Xu Y, Zhu S, Guan X, Bao Y. Probabilistic Deterioration Model of High-strength Steel Wires and its Application to Bridge Cables[J]. Structure and Infrastructure Engineering, 2015, 11(9): 1240-1249.

[6]Sun H, Xu J, Chen W, Yang J. Time-Dependent Effect of Corrosion on the Mechanical Characteristics of Stay Cable[J]. Journal of Bridge Engineering, 2018, 23(5): 04018019.

[7]陈小雨，唐茂林．悬索桥主缆钢丝腐蚀速率计算方法[J]．公路交通科技，2019，36(02)：43-49.

[8]蒋超，吴冲，姜旭．桥梁缆索高强钢丝均匀腐蚀及点蚀的规律[J]．同济大学学报：自然

科学版，2018，46(12)：1615－1621.

[9]Wang D，Zhang D，Wang S，Ge S. Finite Element Analysis of Hoisting Rope and Fretting Wear Evolution and Fatigue Life Estimation of Steel Wires[J]. Engineering Failure Analysis，2013，27：173－193.

[10]刘沐宇，陈齐风，吴志强．考虑微动疲劳的斜拉桥钢绞线斜拉索时变可靠性分析[J]. 土木工程学报，2012，45(07)：141－147.

[11]Guo T，Liu Z，Correia J，et al. Experimental study on fretting－fatigue of bridge cable wires[J]. International Journal of Fatigue，2020，131(Feb.)：105321.1－105321.9.

[12]Li H，Lan C M，Li D S. Experimental and Numerical Study of the Fatigue Properties of Corroded Parallel Wire Cables[J]. Journal of Bridge Engineering，2012，17(2)：211－220.

[13]Mahmoud K M. Fracture strength for a high strength steel bridge cable wire with a surface crack[J]. Theoretical & Applied Fracture Mechanics，2007，48(2)：152－160.

[14]刘中祥．桥梁吊索锈蚀－磨损耦合疲劳机理及寿命评估方法研究[D]. 东南大学，2019.

[15]阙家奇，吴中鑫，徐明．海洋环境下悬索桥钢丝绳吊索三胶两布三重防护体系研究与应用[J]. 公路，2019，64(12)：145－149.

[16]姜炜，何清，李知强．宜昌长江公路大桥吊索防腐涂装技术研究[J]. 公路交通科技：应用技术版，2012，8(06)：5－6.

[17]王大刚．钢丝的微动损伤行为及其微动疲劳寿命预测研究[D]. 中国矿业大学，2012.

[18]Warburton J，Bradford R. The progressive wear of tubes：The volumes of the intersections of cylinders with each other and with flats[J]. Wear，1986，113(3)：331－352.

[19]王以元．提升钢丝绳的失效与寿命预测[J]. 矿山机械，1991(10)：13－15.

[20]Suzumura K，Nakamura S. Environmental Factors Affecting Corrosion of Galvanized Steel Wires[J]. Journal of Materials in Civil Engineering，2004，16：1－7.

[21]Li S L.，Xu Y.，Zhu S，et al. Probabilistic Deterioration Model of High－Strength Steel Wires and its Application to Bridge Cables[J]. Structure and Infrastructure Engineering，2014，11(9)：1240－1249.

[22]Sheikh A K，Boah J K，Hansen D A. Statistical modeling of pitting corrosion and pipeline reliability[J]. Corrosion －Houston Tx－，2012，46：3(3)：190－197.

[23]Hawn D E. Extreme value prediction of maximum pits on pipelines[J]. Mater. Performance；(United States)，1977，16.

[24]徐宏．桥梁拉(吊)索损伤后力学分析及安全评价[D]. 长安大学，2008.

[25]Mayr_ Ba_ Url R M，Camo S. Cracking and Fracture of Suspension Bridge Wire[J]. Journal of Bridge Engineering，2001，6(6)：645－650.

[26]Paris P，Erdogan F. A critical analysis of crack propagation laws[J]. Journal of basic engineering，1963，85(4)：528－533.

[27] Huneau B, Mendez J. Evaluation of environmental effects on fatigue crack growth behaviour of a high strength steel in a saline solution with cathodic protection [J]. International Journal of Fatigue, 2006, 28(2): 124 - 131.

[28] Toribio J, Matos J C, Gonzúlez B. Micro - and macro - approach to the fatigue crack growth in progressively drawn pearlitic steels at different R - ratios [J]. International Journal of Fatigue, 2009, 31(11 - 12): 2014 - 2021.

[29] Mayr_ Ba_ Url R M, Camo S. Cracking and Fracture of Suspension Bridge Wire [J]. Journal of Bridge Engineering, 2001, 6(6): 645 - 650.

[30] 徐俊. 拉索损伤演化机理与剩余使用寿命评估[D]. 同济大学, 2006.

[31] Liu Z, Guo T, Hebdon M 等. Corrosion Fatigue Analysis and Reliability Assessment of Short Suspenders in Suspension and Arch Bridges[J]. Journal of Performance of Constructed Facilities, 2018, 32.

7 风和车流作用下悬索桥纵向约束体系减振优化

运营期循环交变荷载激励下大跨悬索桥时刻发生着竖向、横向及纵向振动，而过度的纵向振动及其累计振动响应直接影响桥梁构件伸缩缝及吊索的耐久性及安全性。为防控悬索桥伸缩缝及吊索损伤恶化悬索桥的整体受力性能并降低后期维护费用，有必要开展风和车流作用下纵向约束体系对悬索桥荷载激励响应的减振优化研究，该项研究的开展可为悬索桥结构或构件的设计或运维决策提供理论依据。目前，悬索桥纵向约束构造主要有中央扣及阻尼器两大类，学者对单一中央扣[1-8]或黏滞阻尼器[9-24]提升悬索桥动力特性、风致抖振响应及抗震性能等开展了大量研究，但联合中央扣及黏滞阻尼器进行风和车流作用下悬索桥纵向约束体系的最优化设计的研究较少涉及。

鉴于此，首先，描述了中央扣及黏滞阻尼器这两种悬索桥纵向约束体系构造；其次，基于已建立的分析系统，以刚性中央扣为例，分析中央扣对行车及制动激励下短吊索位移响应的影响，并对车辆制动参数进行了敏感性分析；再次，以第2~4章的研究成果为基础，分析随机车流、风、极端风及极端制动工况下纵向约束体系对悬索桥纵向振动的减振效果；最后，建立Kriging代理模型粒子群优化算法(KPSO算法)，联合中央扣及黏滞阻尼器实现以控制效率最优为目标悬索桥纵向约束体系的减振最优化设计。

7.1 悬索桥纵向约束体系构造

7.1.1 中央扣构造

悬索桥在地震、风及车辆荷载作用下，因主梁与主缆的纵向振动不一致而较易造成跨中短吊索的弯折现象，中央扣的设置可抵抗缆梁间的相对错动使得缆梁成为一个整体。自1950年中央扣构造的首次应用，逐渐形成了三种主要构造形式：刚性中央扣、柔性中央扣及直接将缆梁连结的形式。国内外采用中央扣的大跨悬索桥汇总如表 7.1 所示。由表可知，目前中央扣在大跨悬索桥中的应用较为广泛。

表 7.1　国内外采用中央扣结构的大跨悬索桥汇总表

桥梁	主梁形式	主跨/m	中央扣形式	建成时间
小贝尔桥	钢箱梁	600	刚性	1940
塔科马新桥	桁架梁	853	刚性	1950
麦基诺岛桥	桁架梁	1158	刚性	1957
坦卡维尔桥	桁架梁	608	刚性	1959
Aprilbridge	桁架梁	1013	刚性	1966
大鸣门桥	桁架梁	876	柔性	1985
彩虹桥	桁架梁	570	柔性	1993
白岛桥	钢箱梁	720	柔性	1996
大贝尔桥	钢箱梁	1624	刚性	1998
高海岸桥	钢箱梁	1210	刚性	1997
润扬长江大桥	钢箱梁	1490	刚性	2005
坝陵河大桥	桁架梁	1088	柔性	2009
四渡河桥	桁架梁	896	刚性	2009
矮寨大桥	桁架梁	1146	柔性	2011
澧水大桥	桁架梁	856	柔性	2013
贵州清水河大桥	桁架梁	1130	柔性	2015
兴康大桥	桁架梁	1100	铰接式耗能	2018
洞庭湖大桥	桁架梁	1480	柔性	2018
金安金沙江大桥	板桁结合加劲梁	1386	柔性	2020

7.1.2　黏滞阻尼器

为控制运营期悬索桥加劲梁的纵向振动，通常在梁端布设阻尼约束装置，如小速度指数黏滞阻尼器、混合控制阻尼体系及变参数黏滞阻尼器。其中，变参数黏滞阻尼器可分别对应地震、车辆及风、温度作用三种不同荷载触发对应阶段的黏滞阻尼以达到减震、减振的控制效果，这一阻尼体系可大大减小阻尼器的建造及安装成本。变参数黏滞阻尼器阻尼力本构关系模型采用分段函数为：

$$F_i = C_i v^{\alpha_i} sgn(v) = \begin{cases} C_1 \mid v \mid^{\alpha_1} sgn(v) & \mid v \mid \leqslant v_1 \\ C_2 \mid v \mid^{\alpha_2} sgn(v) & v_1 < \mid v \mid \leqslant v_2 \\ C_3 \mid v \mid^{\alpha_3} sgn(v) & \mid v \mid > v_2 \end{cases} \tag{7.1}$$

式中，F_i、C_i、α_i 分别表示第 i 阶段的阻尼力、阻尼系数及速度指数；v_1、v_2 分别为温度变化、车辆制动力及风荷载引起的梁端纵向截止速度。

目前，在温度效应和地震荷载下黏滞阻尼器对大跨缆索桥梁的减振研究较多，而针对风和车流工况下的结构减振研究较少，以变参数黏滞阻尼器为研究对象，分析风和车流作用下悬索桥纵向约束体系的减振效果，为悬索桥的纵向约束体系减振最优化设计提供理论参考。

7.2 中央扣对悬索桥短吊索车载激励响应的影响

为研究中央扣对悬索桥短吊索行车激励及制动激励响应的影响，以 3.2.1 节悬索桥为算例，建立无中央扣及有中央扣两种有限元仿真分析模型，选取 2 辆 40t 的三轴卡车为试验车辆。

7.2.1 行车工况

假定试验车辆以 10km/h、40km/h、80km/h 匀速过桥，吊索 TS39 缆梁相对位移响应如图 7.1 所示。由图 7.1(a)可知，无中央扣悬索桥的短吊索缆梁相对位移响应为波动形态，即主梁以吊索顶点为定点自由摆动，且幅值随车速增大而增大。由图 7.1(b)可知，有中央扣悬索桥的短吊索缆梁相对位移响应呈正弦曲线，即主梁绕中央扣顶点发生整体转动；幅值位于近跨中 $L/4$ 处，受车速影响较小。这主要是由于中央扣因使主缆及主梁成为整体而改变了缆梁间的相对运动，不仅降低了对车速的敏感性，同时也减小了缆梁间的错动循环次数。

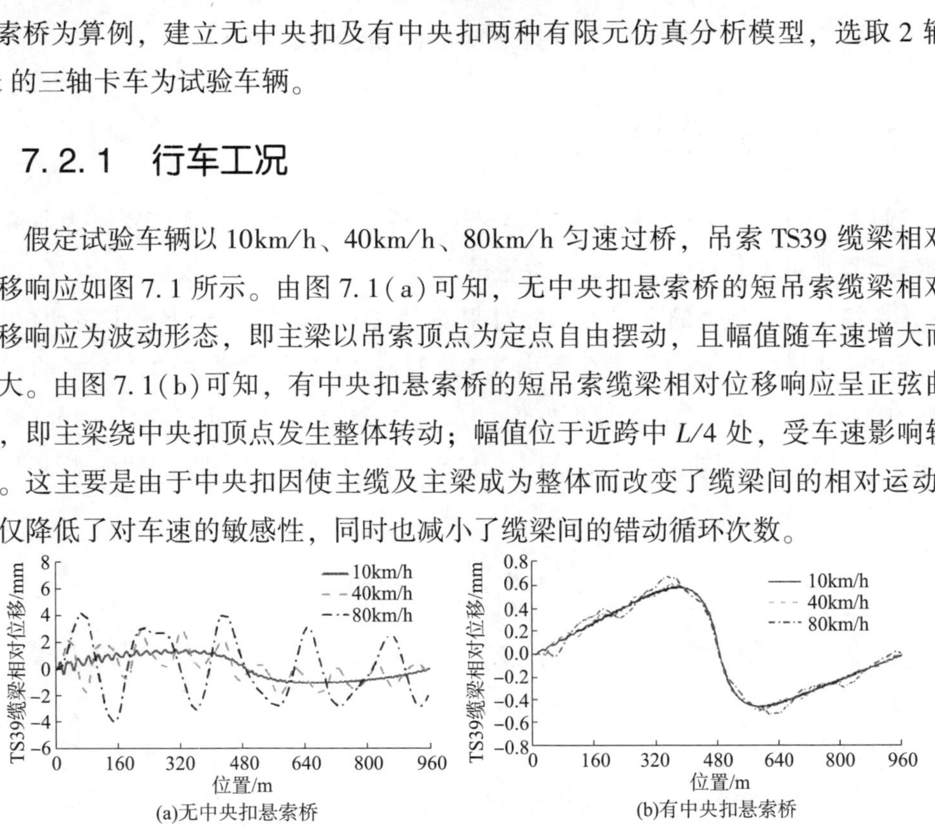

图 7.1 TS39 缆梁相对位移时程

不同车速下短吊索 TS30～TS39 缆梁相对位移幅值如图 7.2 所示。由图可知，车速为 80km/h 时无中央扣模型短吊索 TS39、TS30 位移幅值分别为 4.6mm、11.1mm，有中央扣模型的结果分别为 0.7mm、5.6mm。这一结果表明短吊索位移幅值随吊索距跨中距离越远越大；有中央扣模型短吊索位移幅值受车速的影响可忽略不计；当车速大于 $10\mathrm{km}\cdot\mathrm{h}^{-1}$时，中央扣可控制跨中 TS39 超 60.3% 的位移幅值响应。

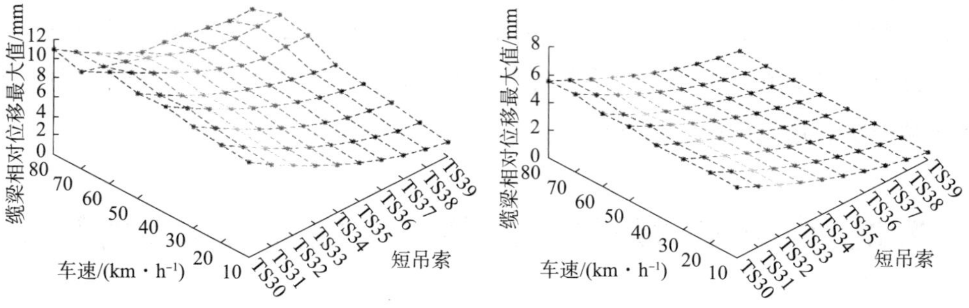

(a)无中央扣悬索桥　　(b)有中央扣悬索桥

图 7.2　不同车速下短吊索缆梁相对位移幅值

7.2.2　制动工况

假定车辆制动过程中制动力仅与车轮－桥面接触力线性相关[13]，为研究车辆制动激励对无、有中央扣悬索桥短吊索位移响应的影响，模拟试验车匀速行驶并在特定位置制动的全过程，并对制动参数进行敏感性分析：①制动位置：车辆匀速从梁端上桥，分别在跨内 $L/8$～$7L/8$ 的 7 个位置制动；②制动初速度：$10\sim80\mathrm{km}\cdot\mathrm{h}^{-1}$共 8 个速度取值；③制动减速度：$-2\mathrm{m}\cdot\mathrm{s}^{-1}$、$-4\mathrm{m}\cdot\mathrm{s}^{-1}$、$-6\mathrm{m}\cdot\mathrm{s}^{-2}$共 3 个制动减速度取值[71]。确定车载制动效应的减弱率为分析指标进行控制效果评价，计算式为：

$$\kappa=\frac{E_{\mathrm{M-A}}-E_{\mathrm{M-B}}}{E_{\mathrm{M-A}}}\times100\% \tag{7.2}$$

式中，κ 为响应减弱率；$E_{\mathrm{M-A}}$、$E_{\mathrm{M-B}}$分别为制动激励下无、有中央扣模型响应幅值。

(1)制动位置

假定车速为 $40\mathrm{km}\cdot\mathrm{h}^{-1}$，制动减速度为 $-6\mathrm{m}\cdot\mathrm{s}^{-2}$。不同制动位置下短吊索缆梁相对位移幅值减弱率如图 7.3 所示。由图可知，短吊索距中央扣位置越近，位移幅值的减弱率越大，且中央扣对位移幅值减弱率达92.9%以上。

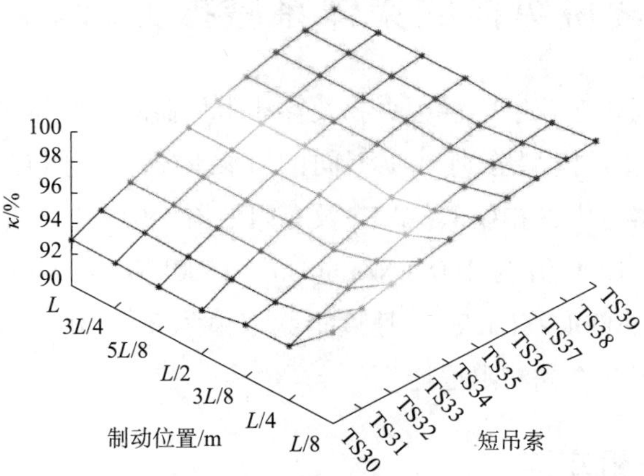

图7.3　不同制动位置工况

(2)制动初速度

考虑车辆最不利制动位置3L/8，制动减速度为$-6\mathrm{m}\cdot\mathrm{s}^{-2}$。不同制动初速度下短吊索缆梁相对位移幅值的减弱率如图7.4所示，由图可知，中央扣对位移幅值的减弱率达85.1%以上，且减弱率随制动初速度的增大而增大。这表明，中央扣降低了短吊索位移响应对制动初速度参数的敏感性。

(3)制动减速度

考虑车辆最不利制动位置3L/8，车辆制动初速度为$40\mathrm{km}\cdot\mathrm{h}^{-1}$。不同车辆制动减速度下短吊索缆梁相对位移幅值的减弱率如图7.5所示，由图可知，中央扣对位移幅值减弱率达85.0%以上，且减弱率随制动减速度的增大而增大。这表明，中央扣降低了短吊索位移响应对制动减速度参数的敏感性。

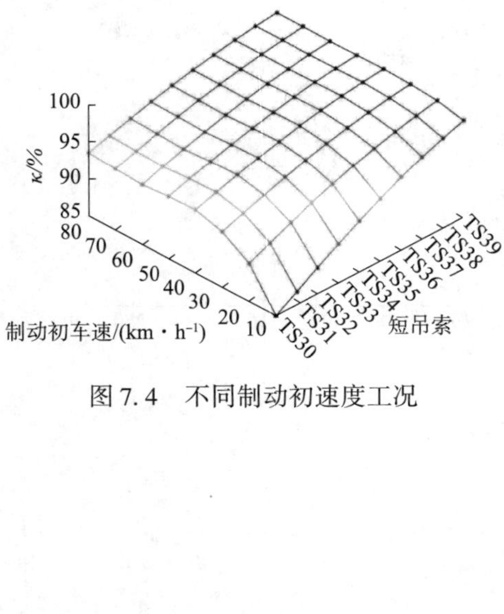

图7.4　不同制动初速度工况

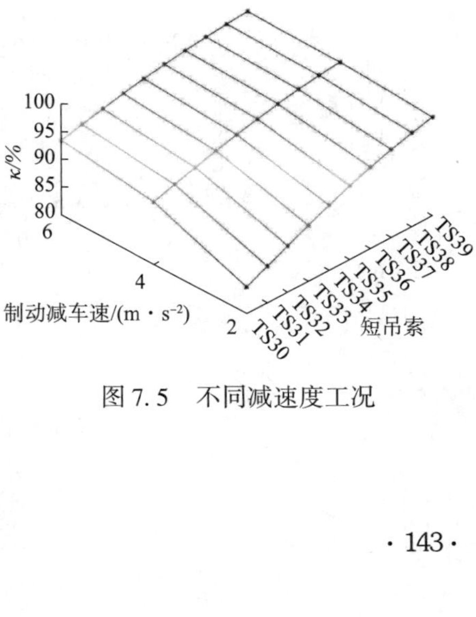

图7.5　不同减速度工况

7.3 悬索桥纵向约束体系减振分析

为分析风和随机车流下刚性中央扣及黏滞阻尼器对悬索桥纵向振动的减振效果，建立 3 种有限元模型分别对应不同的减振体系：无阻尼器无中央扣模型（WW）、无阻尼器有中央扣模型（ZYK）及有阻尼器无中央扣模型（ZNQ）。黏滞阻尼器的阻尼参数 C 取值为 1000kN/(m/s)、1500kN/(m/s)、2000kN/(m/s)、2500kN/(m/s)及 3000kN/(m/s)，速度指数取值为 0.1、0.2、0.3、0.4 和 0.5，塔梁连接处各设置 2 个黏滞阻尼器。

7.3.1 随机车流

选取一般流作为随机车流分析样本，基于已建立的风－车－桥耦合分析系统分析不同纵向约束体系下对悬索桥纵向振动的参数敏感性。以阻尼系数为 2000kN/(m/s)为例，不同纵向约束体系下梁端及塔顶纵向位移、TS39 缆梁相对位移结果如图 7.6 所示，无阻尼器无中央扣模型梁端纵向位移响应极值最大，为 188.26mm，中央扣及 $2000\text{kN/(m/s)}^{0.1}$阻尼器下梁端纵向位移极值最大分别为 15.53mm、6.38mm，且中央扣及阻尼器在抑制随机车流下梁端纵向位移方面效果均显著；中央扣下塔顶位移极值最小，为 4.25mm；无阻尼器无中央扣模型中，TS39 缆梁相对位移极值 44.94mm，而 $2000\text{kN/(m/s)}^{0.5}$阻尼器及中央扣下 TS39 缆梁相对位移极值分别为 67.74mm、2.58mm，阻尼器增大了跨中短吊索的缆梁相对位移，而中央扣显著减小了跨中短吊索的缆梁相对位移。为进一步解释这一现象，三种纵向约束体系下吊索 TS39 顶、底点纵向位移如图 7.7 所示，

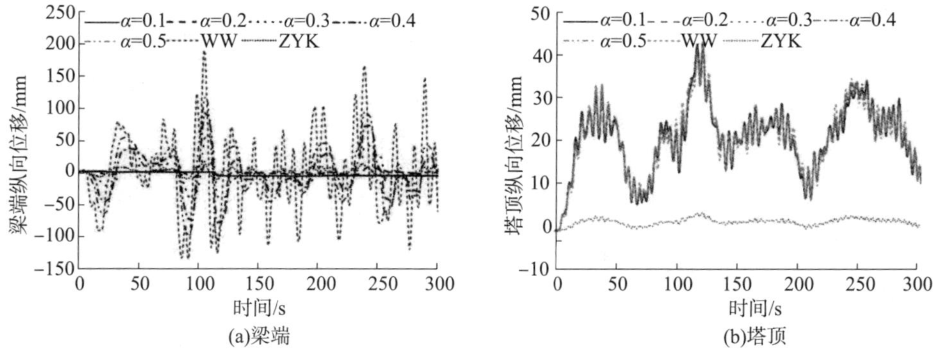

图 7.6　不同纵向约束体系下梁端及塔顶纵向位移时程

由图可知，无阻尼器无中央扣模型在竖向荷载下主梁及主缆发生竖向及纵向耦合变形，且缆梁间相对错动较小；当跨中设置中央扣时，跨中缆梁成为整体增大结构纵向刚度的同时削弱了缆梁间相对错动；当仅梁端设置阻尼器时，因阻尼器仅抑制梁端纵向变形，主缆纵向变形未受到约束，进而造成缆梁间相对错动较大，这表明正常运营阶段下阻尼器对悬索桥吊索的疲劳损伤存在一定程度的不利影响。

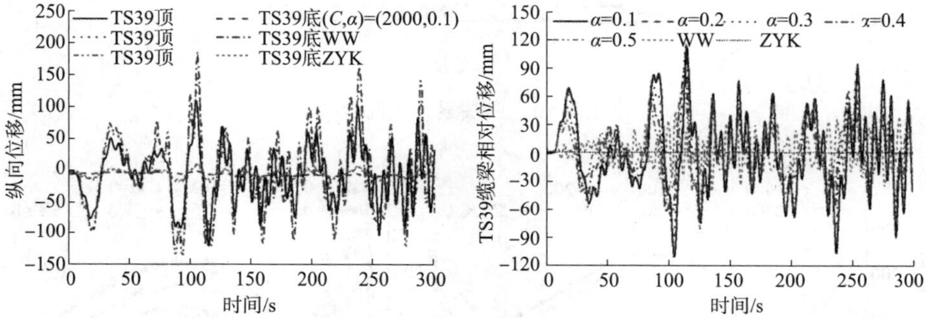

(a)TS39吊索缆梁相对位移 (b)TS39吊索顶、底点纵向位移

图 7.7 不同纵向约束体系下吊索 TS39 缆梁相对位移

采用不同阻尼系数及速度指数时，随机车流作用下梁端及塔顶纵向位移、吊索缆梁相对位移的变化如图 7.8 ~ 图 7.11 所示。由图可知，随机车流工况下，中央扣可显著减小悬索桥的纵向振动响应；阻尼器对梁端的纵向振动控制效果显著，对吊索 TS1 ~ TS9 缆梁相对位移起抑制作用，对吊索 TS10 ~ TS39 位移响应起放大作用。这表明，随机车流作用下阻尼器对短吊索的疲劳损伤存在不利影响。

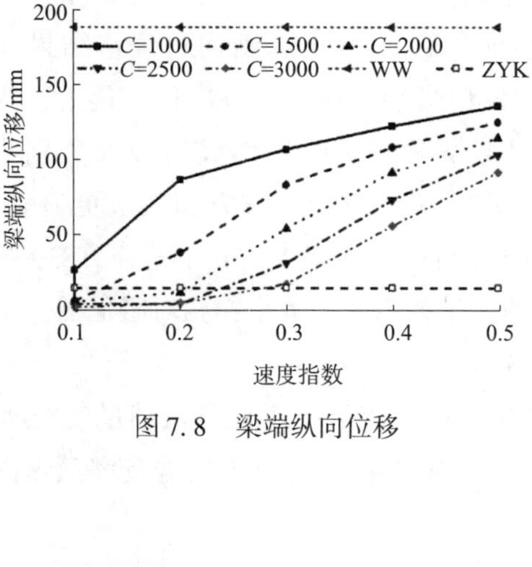

图 7.8 梁端纵向位移

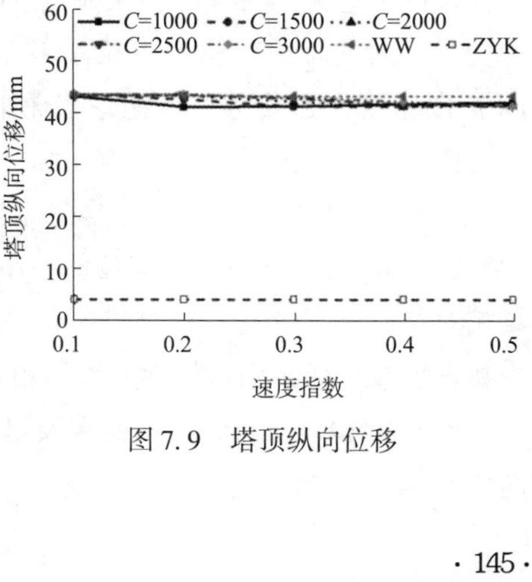

图 7.9 塔顶纵向位移

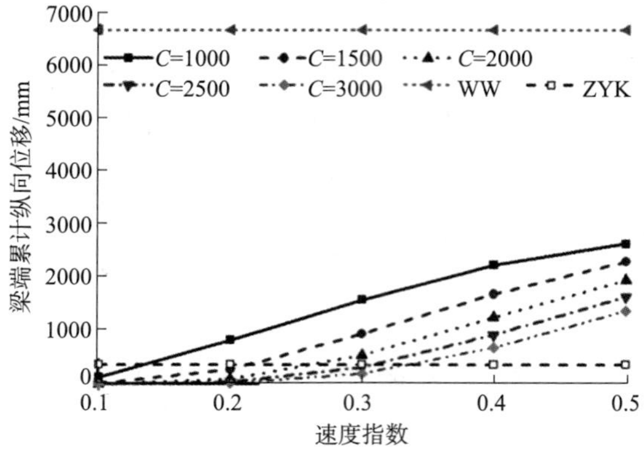

图 7.10　梁端累计纵向位移

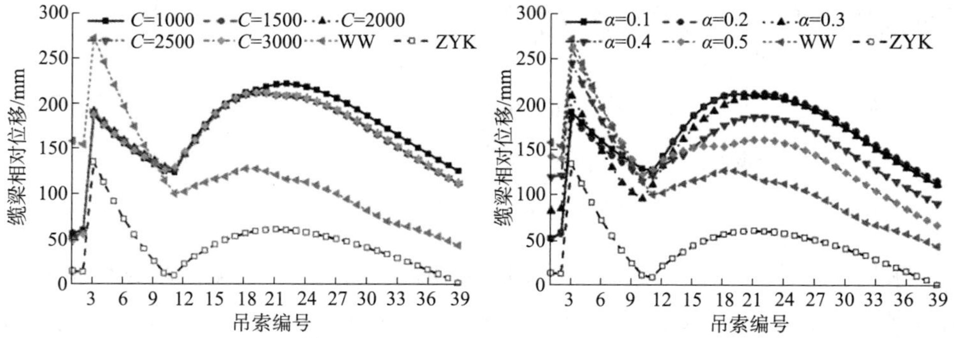

(a)阻尼系数　(b)速度指数

图 7.11　随机车流下吊索 TS1 ~ TS39 缆梁相对位移

7.3.2　风荷载

选取风速为 10m/s 作为风荷载工况分析样本，以阻尼系数为 2000kN/(m/s)$^{\alpha}$为例，不同纵向约束体系下梁端及塔顶纵向位移、TS39 缆梁相对位移结果如图 7.12和图 7.13 所示，无阻尼器无中央扣模型梁端纵向位移响应极值最大，为 44.81mm，中央扣及 2000kN/(m/s)$^{0.1}$阻尼器下梁端纵向位移极值最大分别为 41.72mm、0.001mm，且阻尼器在抑制风荷载下梁端纵向位移方面效果更显著；2000kN/(m/s)$^{0.3}$下塔顶位移极值最小，为 5.10mm；2000kN/(m/s)$^{0.3}$下 TS39 缆梁相对位移极值最大，为 25.71mm，且随速度指数增大而减小；相对阻尼器，中央扣显著减小了跨中短吊索的缆梁相对位移。

风速为 10m/s 工况下，梁端及塔顶纵向位移、缆梁相对位移最值的变化如图 7.14 ~ 图 7.17 所示。由图可知，风工况下，中央扣对悬索桥梁端及塔顶纵向振动控制的作用较小，对短吊索缆梁相对错动的控制效果较好；阻尼器对梁端纵向振动的控制效果显著，对吊索 TS1 ~ TS11 缆梁相对位移起抑制作用，对吊索 TS12 ~ TS39 位移响应起放大作用。这表明，风荷载作用下阻尼器对短吊索的疲劳损伤存在不利影响。

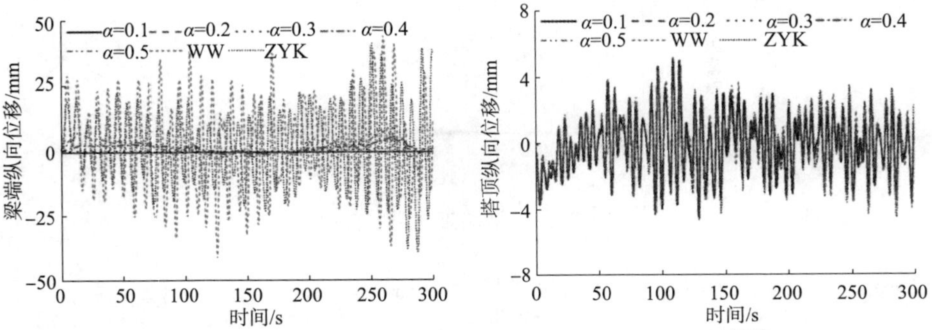

(a)梁端　　(b)塔顶

图 7.12　风荷载下梁端及塔顶纵向位移时程

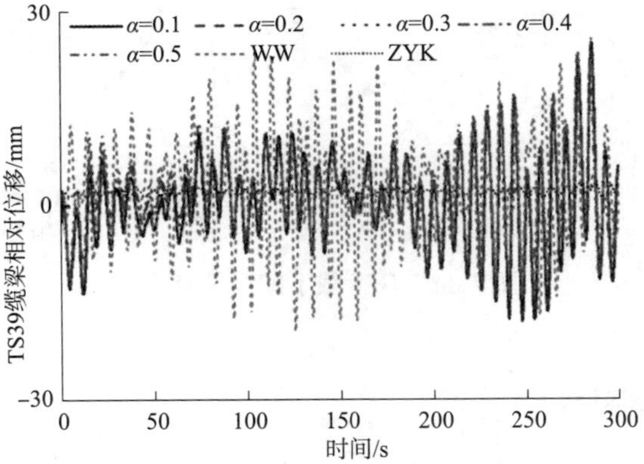

图 7.13　风荷载下吊索 TS39 缆梁相对位移

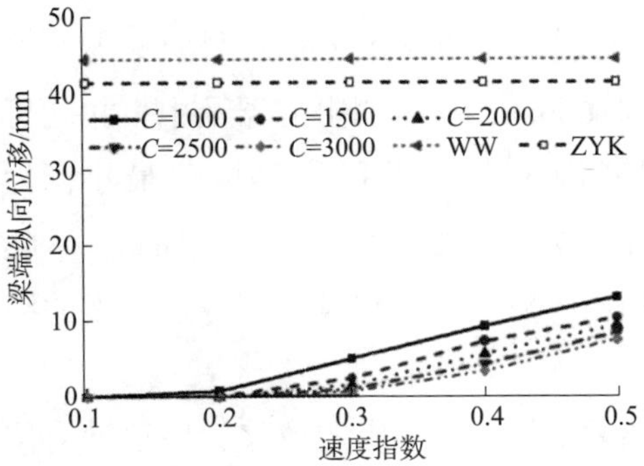

图 7.14　梁端纵向位移

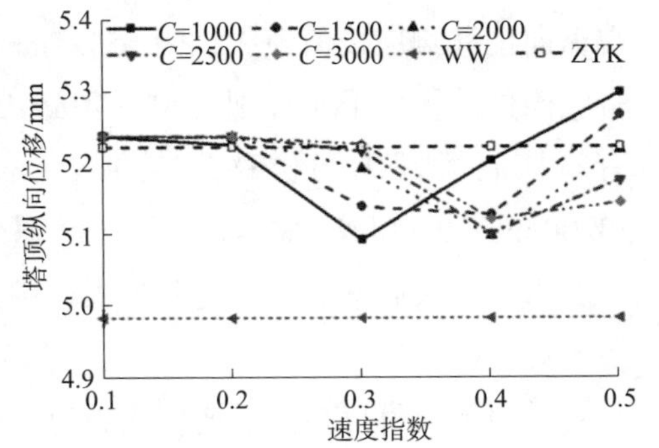

图 7.15　塔顶纵向位移

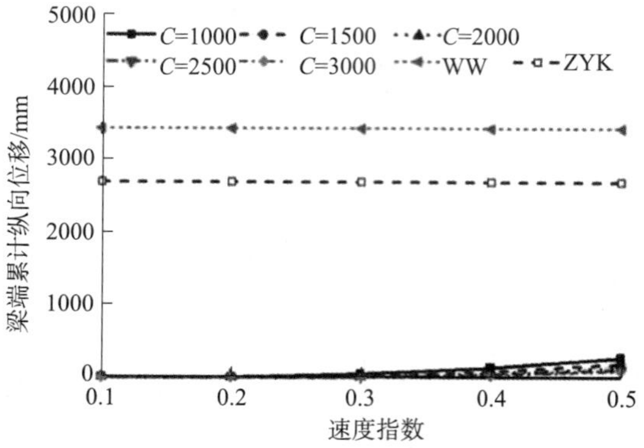

图 7.16　梁端累计纵向位移

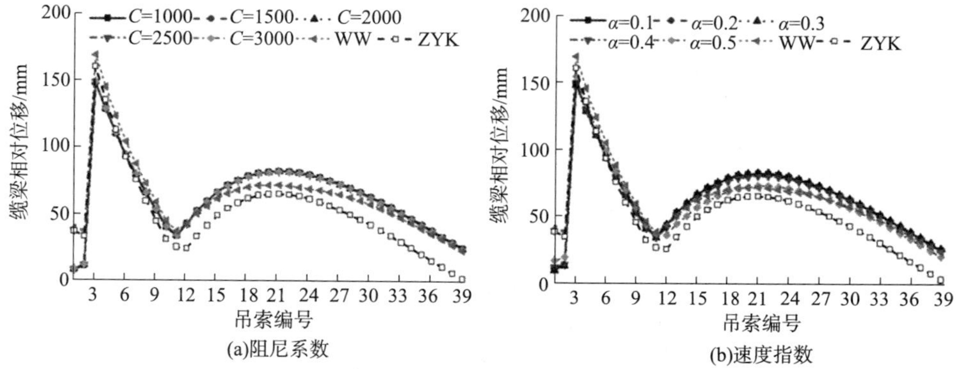

图 7.17　风荷载下缆梁相对位移

7.3.3　极端风

以阻尼系数为 2000kN/(m/s)$^{\alpha}$为例，不同纵向约束体系下梁端及塔顶纵向位移、TS39 缆梁相对位移结果如图 7.18 和图 7.19 所示，无阻尼器无中央扣模型梁端纵向位移响应极值最大，为 655.7mm，中央扣及 2000kN/(m/s)$^{0.1}$阻尼器下梁端纵向位移极值最小分别为 456.70mm、214.66mm，这表明阻尼器及中央扣均可有效抑制梁端纵向位移；2000kN/(m/s)$^{0.1}$ 阻尼器下塔顶位移极值最小，为 83.00mm；2000kN/(m/s)$^{0.3}$下 TS39 缆梁相对位移极值最大，为 25.71mm，且随速度指数增大而减小；相对阻尼器，中央扣显著减小了极端风下跨中短吊索的缆梁相对位移。

采用不同阻尼系数及速度指数时，极端风事件下梁端纵向位移、塔顶纵向位移及缆梁相对位移极值变化如图 7.20 ~ 图 7.23 所示。由图可知，极端风工况下，中央扣对悬索桥梁端及塔顶纵向振动控制的作用较小，对短吊索缆梁相对错动的控制效果较好；阻尼器对梁端及塔顶纵向振动的控制效果显著，对吊索 TS1 ~ TS8 缆梁相对位移起抑制作用，对吊索 TS9 ~ TS39 位移响应起放大作用。这表明，极端风作用下阻尼器对短吊索的疲劳损伤存在不利影响。

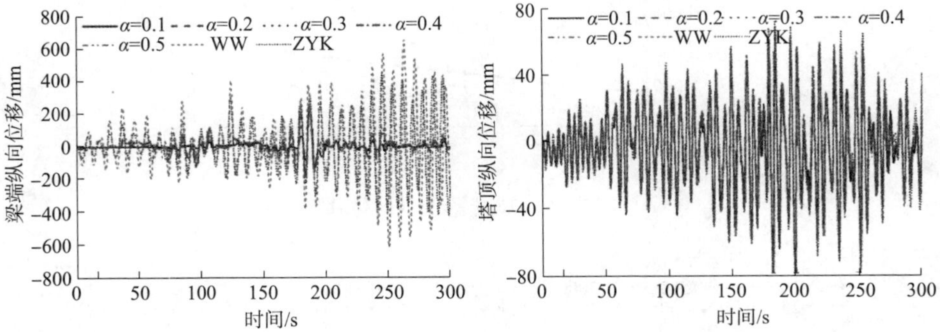

(a)梁端　(b)塔顶

图 7.18　极端风事件下梁端及塔顶纵向位移时程

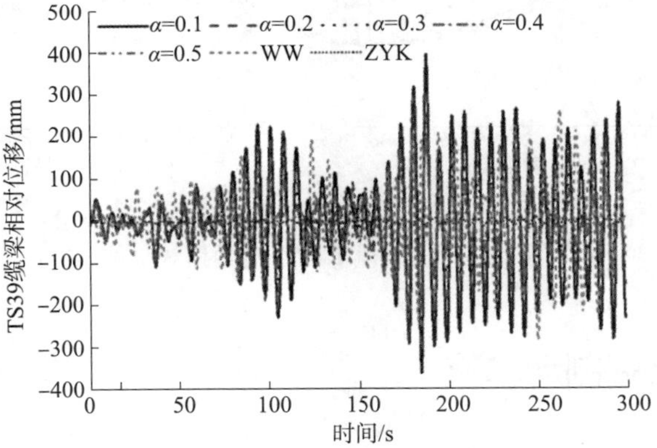

图 7.19　极端风事件下吊索 TS39 缆梁相对位移

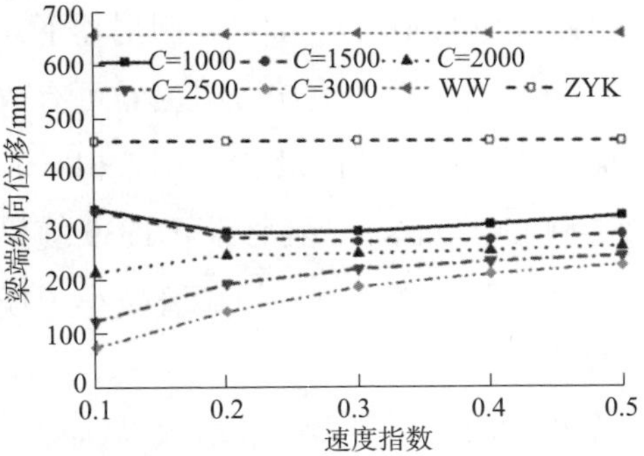

图 7.20　梁端纵向位移

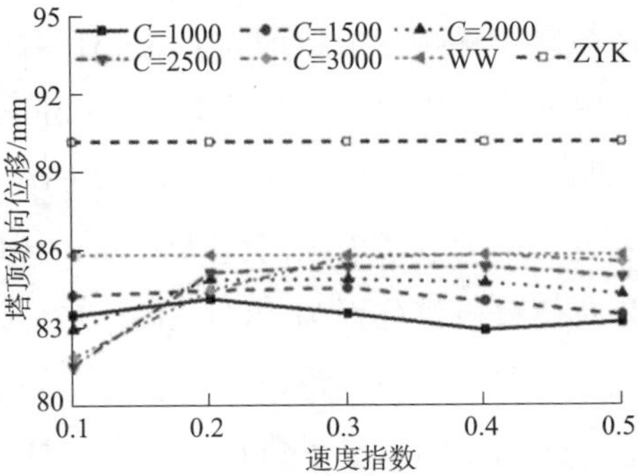

图 7.21　塔顶纵向位移

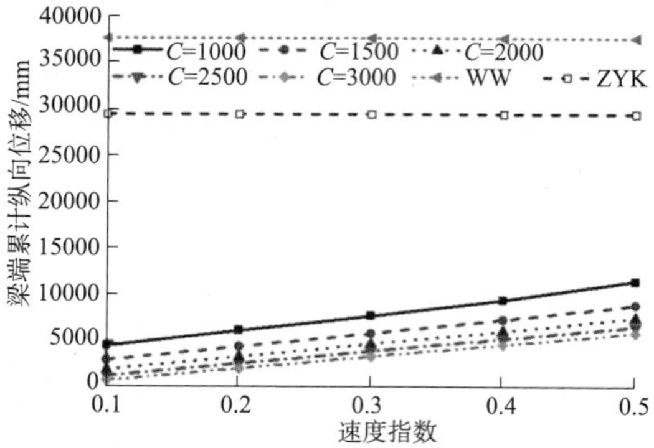

图 7. 22　梁端累计纵向位移

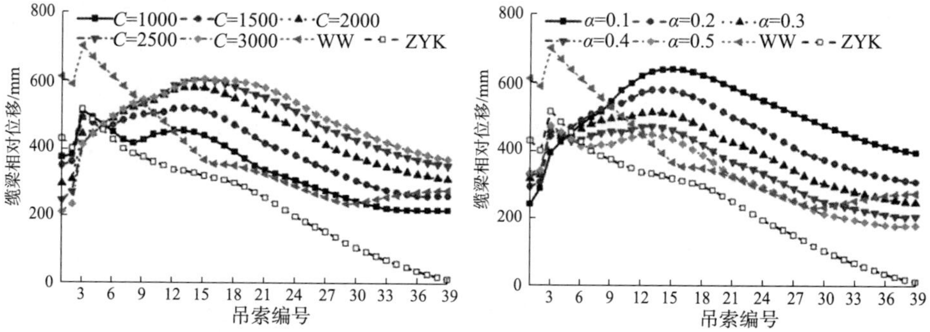

(a)阻尼系数　(b)速度指数

图 7. 23　极端风事件下缆梁相对位移

7. 3. 4　极端制动车流

以阻尼系数为 2000kN/(m/s)$^{\alpha}$为例，不同纵向约束体系下梁端及塔顶纵向位移、TS39 缆梁相对位移结果如图 7. 24 和图 7. 25 所示，无阻尼器无中央扣模型梁端纵向位移响应极值最大，为 431. 41mm，中央扣及 2000kN/(m/s)$^{0.1}$阻尼器下梁端纵向位移极值最小分别为 399. 06mm、236. 39mm，相对中央扣，阻尼器可有效抑制梁端纵向位移；2000kN/(m/s)$^{0.5}$阻尼器下塔顶位移极值最小为 417. 61mm，中央扣增大了桥塔纵向位移响应；中央扣及 2000kN/(m/s)$^{0.1}$阻尼器下 TS39 缆梁相对位移极值分别为 18. 45mm、175. 09mm，相对阻尼器，中央扣显著减小了极端车流制动荷载下跨中短吊索的缆梁相对位移。

采用不同阻尼系数及速度指数时，极端车流制动工况下梁端及塔顶纵向位移及缆梁相对位移的变化如图 7. 26 ~ 图 7. 29 所示。由图可知，极端车流制动工况下，中央扣对悬索桥梁端及塔顶纵向振动控制的作用较小，对短吊索缆梁相对错动的控制效果较好；阻尼器对梁端纵向振动的控制效果显著，对吊索 TS1 ~ TS6 缆梁相对位移起抑制作用，对吊索 TS7 ~ TS39 位移响应起放大作用。这表明，极端车流制动作用下阻尼器对短吊索的疲劳损伤存在不利影响。

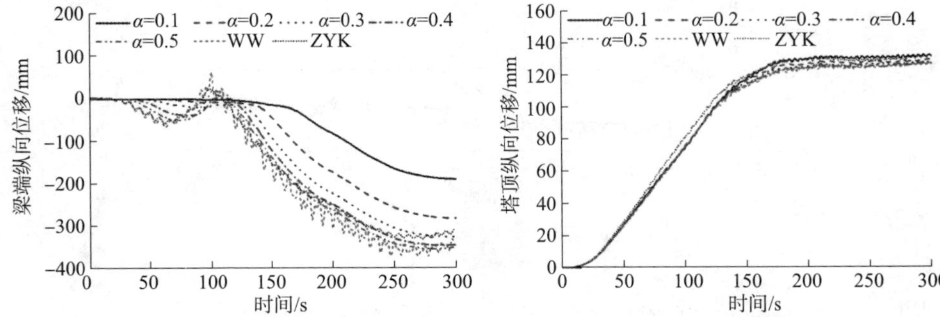

(a)梁端　(b)塔顶

图 7.24　极端制动工况下梁端及塔顶纵向位移时程

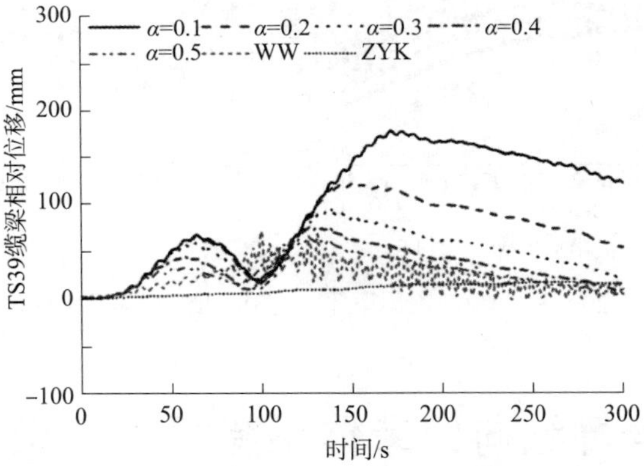

图 7.25　极端制动工况下吊索 TS39 缆梁相对位移时程

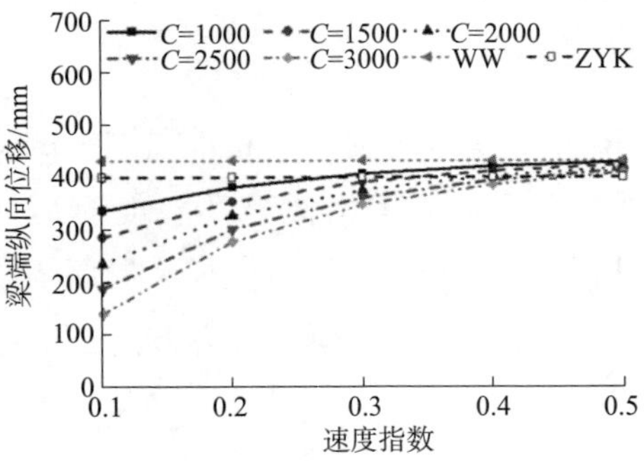

图 7.26　梁端纵向位移

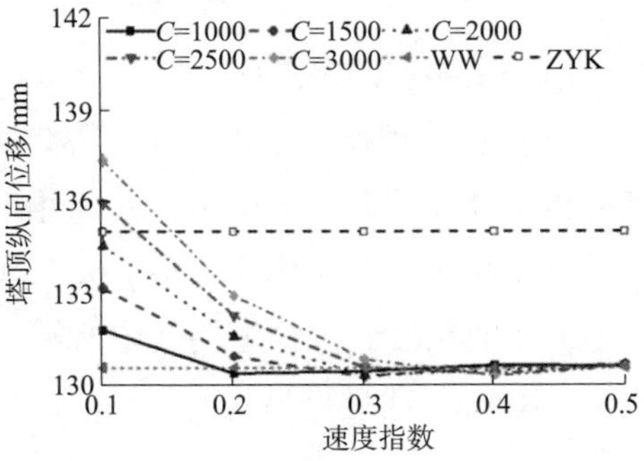

图 7.27　塔顶纵向位移

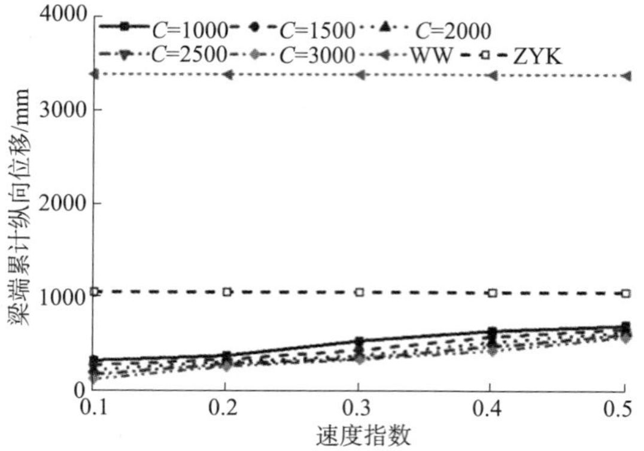

图 7.28　梁端累计纵向位移

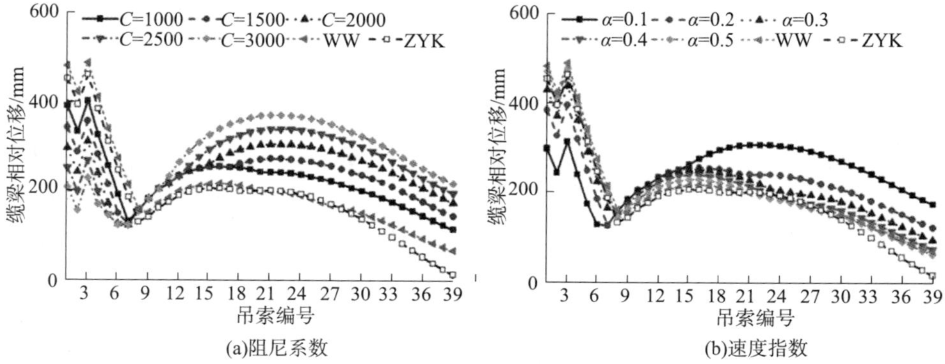

图 7.29　极端制动工况下吊索 TS1 ~ TS39 缆梁相对位移

7.4　悬索桥纵向约束体系减振优化设计

7.4.1　基于 Kriging 代理模型粒子群优化算法(KPSO)

(1) Kriging 代理模型

Kriging 代理模型是以高斯过程理论为基础的元建模方法，可精准预测未试验点的仿真值及不确定的度量，在高维非线性拟合方面有突出优势[25]。与响应面法及神经网络模型等相比，Kriging 代理模型插值更精确，可计算全局及局部函数模型的插值精度，因模型构建中所需参数较少，已作为最优模型计算方法被广泛应用。Kriging 代理模型式为：

$$\hat{y}(\boldsymbol{x}) = \mu + z(\boldsymbol{x}) \tag{7.3}$$

式中，$\{y^{(1)}, y^{(2)}, y^{(3)}, \cdots, y^{(N)}\}$ 为 N 次抽样样本点 $\{\boldsymbol{x}^{(1)}, \boldsymbol{x}^{(2)}, \boldsymbol{x}^{(3)}, \cdots,$

$\boldsymbol{x}^{(N)}\}$的目标预测值；μ 为描述 $\boldsymbol{y}$ 总体趋势的均值；误差项 $z(\boldsymbol{x})$ 服从 $N(0, \sigma^2)$；$\hat{\boldsymbol{y}}(\boldsymbol{x})$为局部偏差。

基于 Kriging 代理模型，Ω_o 域内两点 $x_k^{(i)}$、$x_k^{(j)}$ 的 $z(\boldsymbol{x})z(\boldsymbol{x})$ 项存在相关性，即

$$\mathrm{Corr}\{z[\boldsymbol{x}^{(i)}],z[\boldsymbol{x}^{(j)}]\} = \exp\{-\sum_{k=1}^{o}\theta_k \mid x_k^{(i)} - x_k^{(j)} \mid^{p_k}\}p_k \tag{7.4}$$

式中，o 为变量 $\boldsymbol{x}$ 的个数，θ_k、$p_k(k=1, 2, \cdots, o_k)$为待定系数，可由 Kriging 代理模型求解未知点 $\boldsymbol{x}$ 处的预测值：

$$\hat{\boldsymbol{y}}(\boldsymbol{x}) = \hat{\mu} + \boldsymbol{r}^{\mathrm{T}}\boldsymbol{R}^{-1}(\boldsymbol{y} - \mathbf{1}\hat{\mu}) \tag{7.5}$$

对应的方差及偏导值为：

$$\begin{cases} s^2(\boldsymbol{x}) = \hat{\sigma}^2\left[\mathbf{1} - \boldsymbol{r}^{\mathrm{T}}\boldsymbol{R}^{-1}\boldsymbol{r} + \dfrac{(1-\mathbf{1}^{\mathrm{T}}\boldsymbol{R}^{-1}\boldsymbol{r})^2}{\mathbf{1}^{\mathrm{T}}\boldsymbol{R}^{-1}\mathbf{1}}\right] \\ s'(\boldsymbol{x}) = 2\hat{\sigma}^2[(\mathbf{1}^{\mathrm{T}}\boldsymbol{R}^{-1}\mathbf{1})^{-1}(\mathbf{1}^{\mathrm{T}}\boldsymbol{R}^{-1}\boldsymbol{r}) - \boldsymbol{R}^{-1}\boldsymbol{r}'] \end{cases} \tag{7.6}$$

式中，$\boldsymbol{R}$ 为样本点的 $N \times N$ 相关函数矩阵；$\boldsymbol{r}$ 为未知点 $\boldsymbol{x}$ 与样本点间 $N \times 1$ 的相关系数向量；$\boldsymbol{r}_{ij} = Corr\{z(\boldsymbol{x}), z[\boldsymbol{x}^{(i)}]\}$；$\boldsymbol{y}$ 为样本点响应值的 $N \times 1$ 列向量；估算值 $\hat{\mu} = \dfrac{\mathbf{1}^{\mathrm{T}}\boldsymbol{R}^{-1}\boldsymbol{y}}{\mathbf{1}^{\mathrm{T}}\boldsymbol{R}^{-1}\mathbf{1}}$，预测方差为 $\hat{\mu}^2 = \dfrac{(y - \mathbf{1}\hat{\mu})^{\mathrm{T}}\boldsymbol{R}^{-1}(\boldsymbol{y} - \mathbf{1}\hat{\mu})}{n}$。

(2)PSO 算法

PSO 算法又称粒子群优化算法，工作原理是：首先，通过初始化粒子的随机位置及速度以生成一组随机粒子；其次，粒子跟从当前最优粒子的解空间进行寻找，进而迭代找到最优位置及速度。假定第 i 个粒子的位置和速度分别为 $X^i = (x_{i,1}, x_{i,2}, \cdots, x_{i,n})$和 $V^i = (v_{i,1}, v_{i,2}, \cdots, v_{i,n})$；每一次迭代中，粒子通过更新其位置及速度的最优解来更新自己，确定个体极值 pbest$(p_{i,1}, p_{i,2}, \cdots, p_{i,n})$及整体最优解 gbest$(p_g)$，当确定这两个最优值时，粒子将进一步更新自己的速度及位置：

$$\begin{cases} v_{i,j}(t+1) = wv_{i,j}(t) + c_1r_1[p_{i,j} - x_{i,j}(t)] + c_2r_2[p_{g,j} - x_{i,j}(t)] \\ x_{i,j}(t+1) = x_{i,j}(t) + v_{i,j}(t+1) \end{cases} \tag{7.7}$$

式中，w、c_1、c_2 分别为惯性权重和学习因子且 $c_1 = c_2 \in (0 \sim 4)$；r_1、r_2 分别为服从均匀分布的随机数。

(3)基于 Kriging 代理模型粒子群优化算法

建立 Kriging 代理模型 – 粒子群优化算法(KPSO 算法)，具体步骤如下(图 7.30)：

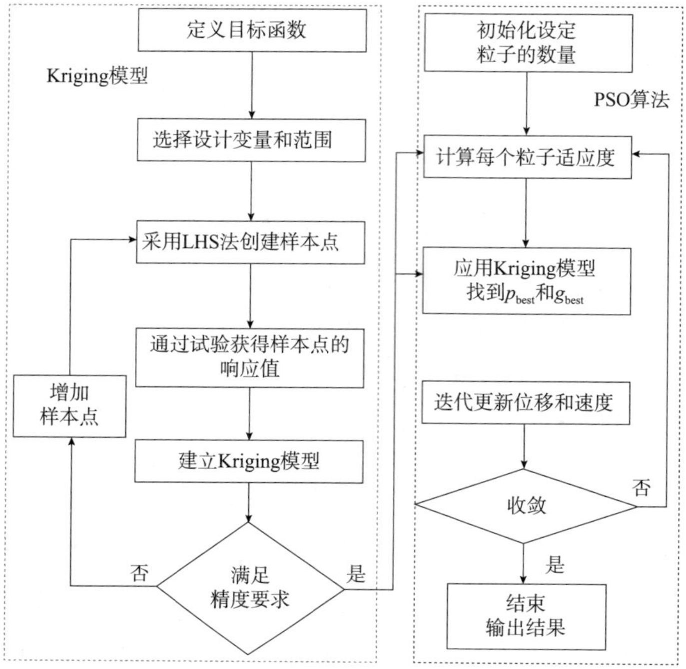

图 7.30　KPSO 优化算法流程图

①根据目标问题，定义设计变量、目标及约束函数，确定设计变量范围，采用拉丁超立方抽样方法(LHS)在初始设计空间中生成初始样本点，同时初始化粒子群；

②以试验数组及样本点的响应值为基础，求解设计变量和目标函数之间的 Kriging 代理预测模型；

③基于 PSO 算法优化目标函数，并通过 Kriging 代理模型来估计目标函数值，并找到粒子最优速度及位置；

④迭代更新粒子群位移及速度，寻求目标函数的优化值，并输出最优目标函数值及对应的设计变量组合。

基于 Kriging 代理模型及粒子群优化算法，归纳并建立了 KPSO 优化算法的基本流程。以一悬索桥为例进行纵向约束体系的最优化设计时，首先要确定纵向约束体系的设计参数；其次，以运营期荷载水平为分析对象，确定不同荷载工况水平下的加权系数；最后，基于风 - 车 - 桥耦合振动下的结构响应结果，利用 KPSO 优化算法确定不同荷载水平下的最优设计参数取值，进而确定合理的纵向约束体系构造。

7.4.2 纵向约束体系减振优化设计参数确定

7.4.2.1 设计变量、目标函数及约束条件

风和车流作用下悬索桥纵向约束体系减振优化设计的主要目的是通过合理优化纵向减振构造参数使得结构纵向变形(梁端、塔顶及缆梁相对变形)的控制效率最大，以提高运营阶段对梁端伸缩缝、吊索的保护作用。为联合考虑中央扣及黏滞阻尼器对悬索桥纵向振动的减振效果，合理优化纵向约束体系，分别选取三种纵向约束体系进行减振效果分析：仅有跨中中央扣体系、仅有梁端阻尼器体系、中央扣+阻尼器体系，设计变量选为纵向约束体系关键构造参数 x_1 及 x_2，具体代表值如表7.2及表7.3所示。

表7.2 设计变量 x_1 代表值

参数 x_1	水平1	水平2	水平3	水平4	水平5
代表值	1000	1500	2000	2500	3000
备注	梁端阻尼器阻尼系数参数取值				

表7.3 设计变量 x_2 代表值

参数 x_1	水平1	水平2	水平3	水平4	水平5	水平6	水平7	水平8
代表值	0.1	0.2	0.3	0.4	0.5	中央扣	中央扣+阻尼器(x_1-0.1)	中央扣+阻尼器(x_1-0.2)

构建目标函数时，综合考虑随机车流-风、极端风及车流制动三种工况下纵向约束体系的控制效果，因此，目标函数定义为：

$$z = \max(w_1\eta_1 + w_2\eta_2 + w_3\eta_3) \tag{7.8}$$

式中，z 为分析指标最优值，其中指标分别选取响应最大值及响应累计值进行分析；η_1、η_2 及 η_3 分别为风-随机车流工况(WT)、极端风工况(JF)及风-极端制动工况(JS)悬索桥纵向变形控制效率；w_1、w_2 及 w_3 分别为对应荷载工况组合的加权系数。约束条件选定为桥梁结构在对应荷载组合下的设计值。悬索桥纵向振动响应考虑梁端及塔顶纵向位移、缆梁相对位移，纵向位移响应控制效率 η 为：

$$\eta = \alpha\Delta_{ld} + \beta\Delta_{td} + \gamma\alpha\Delta_{ll} \tag{7.9}$$

$$\Delta_{ld} = \frac{S_{ld}^0 - S_{ld}}{S_{ld}^0} \times 100\%, \quad \Delta_{td} = \frac{S_{td}^0 - S_{td}}{S_{td}^0} \times 100\%, \quad \Delta_{ll} = \frac{S_{lt}^0 - S_{lt}}{S_{lt}^0} \times 100\% \tag{7.10}$$

式中，Δ_{ld}、Δ_{td}及Δ_{ll}分别为梁端、塔顶纵向位移及缆梁相对位移的控制效率；α、β及γ分别为位移响应对应的权重，且$\alpha+\beta+\gamma=1$，按照《公路桥梁技术状况评定标准》中悬索桥部件及构件权重值综合确定，$\alpha=0.253$，$\beta=0.404$，$\gamma=0.343$；S_{ld}^0、S_{td}^0及S_{ll}^0分别为无纵向约束体系下梁端、塔顶及缆梁相对位移响应值；S_{ld}、S_{td}及S_{ll}分别为有纵向约束体系下梁端、塔顶及缆梁相对位移响应值。

7.4.2.2 加权系数及荷载工况

为分别研究风－随机车流联合工况及极端风、极端车流制动工况及其不同组合工况下悬索桥的最优纵向约束体系，选取不同的加权系数取值，如表7.4所示。

表7.4 不同荷载组合工况的加权系数组合

编号	加权系数			备注
	w_1	w_2	w_3	
工况Ⅰ	1	0	0	仅考虑随机车流－风联合
工况Ⅱ	0.9	0	0.1	考虑随机车流－风联合及极端车流制动工况
工况Ⅲ	0.9	0.1	0	考虑随机车流－风联合及极端风工况
工况Ⅳ	0.8	0.1	0.1	同时考虑随机车流－风联合、极端风工况、极端车流制动工况
工况Ⅴ	0.7	0	0.3	考虑随机车流－风联合及极端车流制动工况
工况Ⅵ	0.7	0.3	0	考虑随机车流－风联合及极端风工况

7.4.2.3 优化分析及纵向约束体系参数设计

基于KPSO优化算法进行风和随机车流下悬索桥纵向约束体系的最优化设计，工况Ⅰ~Ⅵ下响应指标最大值（A－Ⅰ~A－Ⅵ）的Kriging代理模型及样本点如图7.31所示。由图可知，仅设黏滞阻尼器（即$x_2=1\sim5$）时，纵向约束体系对悬索桥纵向位移最大值的控制效率范围为19.49%~41.20%左右；仅设置跨中中央扣时，对纵向位移最大值的控制效率范围为76.13%~94.84%；当阻尼器＋跨中中央扣组合设置时，对纵向位移最大值的控制效率范围为48.22%~84.88%；三种纵向约束体系下，对悬索桥纵向位移响应最大值的控制效率按仅有跨中中央扣体系、中央扣＋阻尼器体系、仅有梁端阻尼器体系的顺序依次减小，这主要是由于中央扣将主梁及主缆形成整体后，结构纵向刚度增大，位移响应最大值减小，使得纵向振动幅值的控制效果最优，而阻尼器因仅大大限制主梁纵向振动而对塔缆影响较小，造成阻尼器对纵向振动幅值的控制效果最差；中央扣＋阻尼器体系对悬索桥纵向振动的控制效果居两者之间。综上所述，从纵向位移极值响应的控制效率看，仅跨中中央扣体系是最合理的。

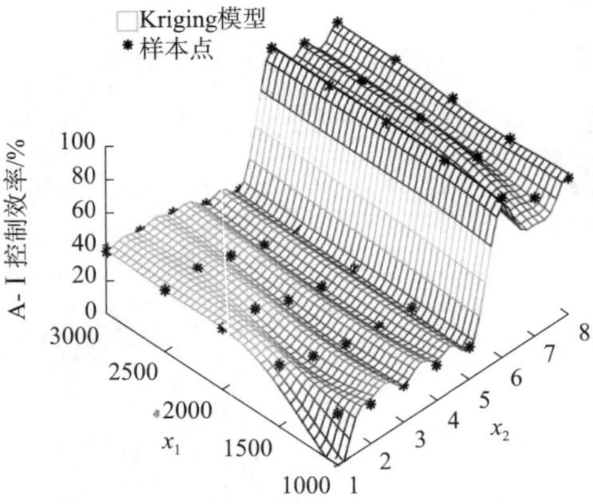

(a)A-Ⅰ

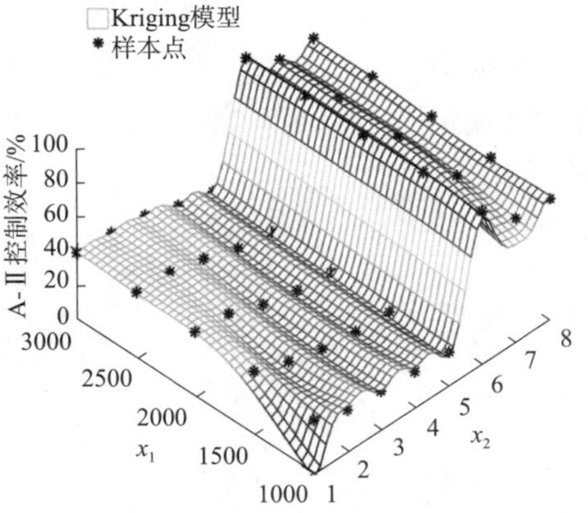

(b)A-Ⅱ

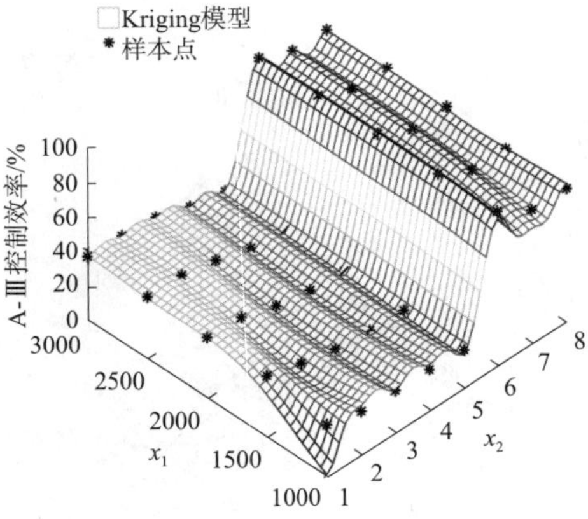

(c)A-Ⅲ

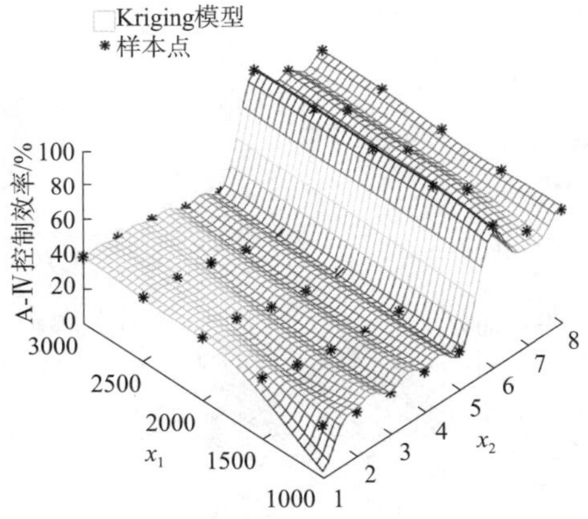

(d)A-Ⅳ

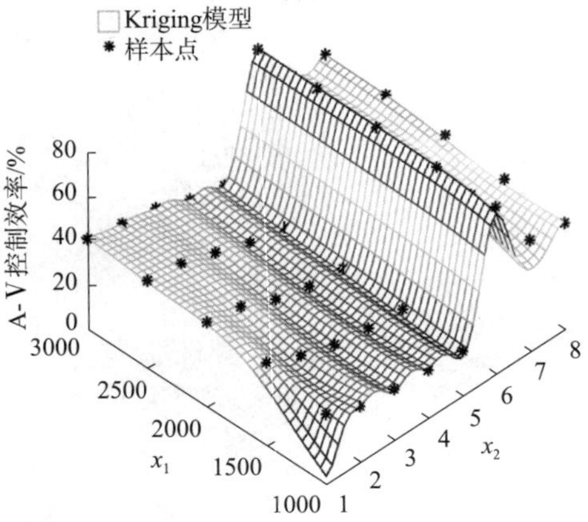

(e)A-Ⅴ

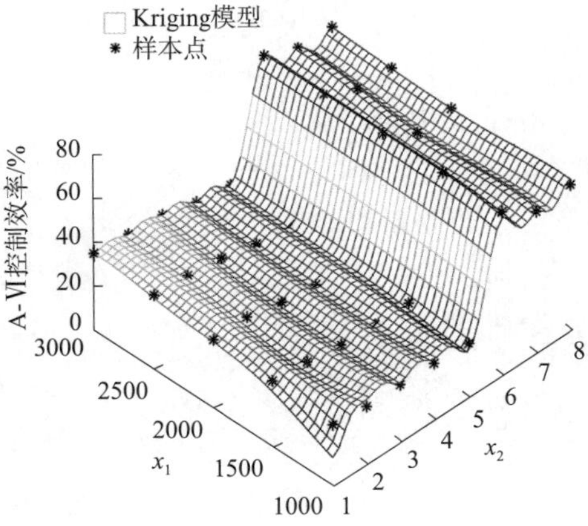

(f)A-Ⅵ

图 7.31 A－Ⅰ～A－Ⅵ分析指标 Kriging 代理模型及样本点

因伸缩缝磨损及吊索疲劳损伤均是在累计作用下产生的，故选取分析指标的累计响应值为分析对象，对纵向约束体系进行最优化设计，工况Ⅰ～Ⅵ下响应指标累计值(B－Ⅰ～B－Ⅵ)的Kriging代理模型及样本点如图7.32所示。由图可

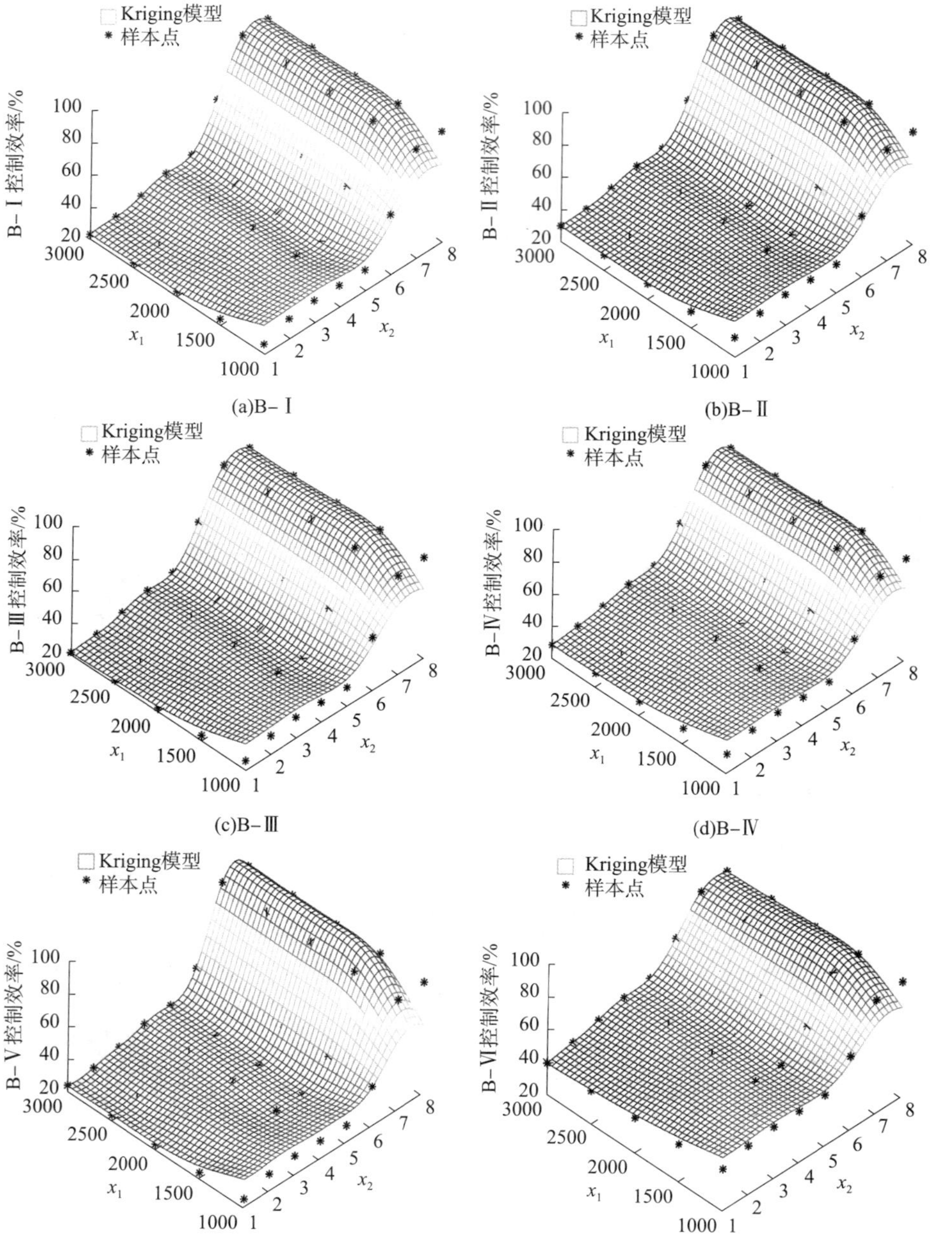

(a)B－Ⅰ (b)B－Ⅱ

(c)B－Ⅲ (d)B－Ⅳ

(e)B－Ⅴ (f)B－Ⅵ

图7.32 B－Ⅰ～B－Ⅵ分析指标Kriging代理模型及样本点

知，仅设黏滞阻尼器(即 $x_2=1\sim5$)时，纵向约束体系对悬索桥纵向位移累计值的控制效率范围为 21.99% ~48.99% 左右，；仅设置跨中中央扣时，对纵向位移累计值的控制效率范围为 53.42% ~58.30%，；当设置中央扣 + 阻尼器体系时，对纵向位移累计值的控制效率范围为 80.05% ~90.86%；三种纵向约束体系下，对悬索桥纵向位移响应累计值的控制效率按中央扣 + 阻尼器体系、仅有跨中中央扣体系、仅有梁端阻尼器体系的顺序依次减小。这主要是由于中央扣 + 阻尼器联合设置时，可综合限制梁端纵向位移及缆梁相对位移，当仅有阻尼器时，虽可大大限制梁端纵向位移累计但增大了缆梁间相对位移，当仅有中央扣时，仅大大限制了纵向位移幅值，但并未减少结构纵向位移的反复循环次数。综上所述，从纵向累计位移响应的控制效率看，中央扣 + 阻尼器体系是最合理的。值得注意的是，Kriging 代理模型的引入会导致一定的误差，通过对比样本试验值和代理模型计算值，两者间的估计误差均小于 5%，这一误差水平对 Kriging 代理模型的整体趋势水平影响较小，可认为因代理模型引入产生的误差对总体计算结果影响忽略不计。

采用 KPSO 优化算法 A－Ⅰ~A－Ⅵ及 B－Ⅰ~B－Ⅵ分析指标下迭代次数与适应度值的关系如图 7.33 所示。由图可知，KPSO 算法的迭代收敛速度随粒子群数量的增加而增加，且当迭代次数较小时粒子的速度及位置实现收敛，这也说明了 KPSO 优化算法的有效性。不同工况指标下纵向约束体系参数结果如表 7.5 所示。

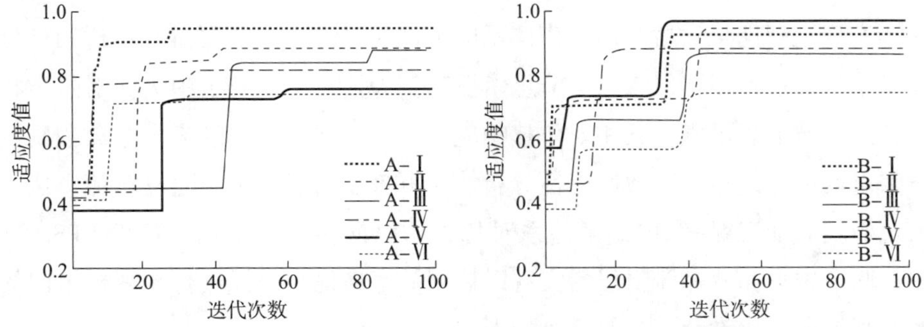

图 7.33 不同工况指标下迭代次数与适应度值的关系

表 7.5 不同工况指标下纵向约束体系减振优化参数

工况指标		x_1	x_2	控制效率/%
工况Ⅰ~Ⅵ 分析指标最大值	A－Ⅰ	—	6.03	95.05
	A－Ⅱ	—	6.03	88.76
	A－Ⅲ	—	6.03	88.21
	A－Ⅳ	—	6.03	81.93
	A－Ⅴ	—	6.02	76.20
	A－Ⅵ	—	6.03	74.55

续表

工况指标		x_1	x_2	控制效率/%
工况Ⅰ～Ⅵ 分析指标累计值	B－Ⅰ	1073.65	7.51	93.19
	B－Ⅱ	1088.23	7.51	94.71
	B－Ⅲ	1054.62	7.52	86.99
	B－Ⅳ	1067.27	7.52	88.51
	B－Ⅴ	1140.14	7.50	96.96
	B－Ⅵ	1021.31	7.53	74.61

由表7.5可知，考虑不同权重系数的工况Ⅰ～Ⅵ下，以分析指标最大值的控制效率为目标时，设计变量 x_2 取值均在6.0附近，这表明悬索桥合理纵向约束体系为仅在跨中设置中央扣；当以分析指标累计值的控制效率为目标时，设计变量(x_1，x_2)取值均在(1000，7.5)附近，综合考虑阻尼力最小原则悬索桥合理纵向约束体系为考虑中央扣＋阻尼器(1000－0.2)体系。因悬索桥梁端伸缩缝的磨损及吊索疲劳主要由于运营阶段的损伤累计产生的，因此，悬索桥纵向约束体系选取中央扣＋阻尼器(1000－0.2)体系。

7.5 本章小结

为实现运营期悬索桥纵向约束体系的最优化设计，以达到对悬索桥构件伸缩缝及吊索的保护作用，以3.2.1节悬索桥算例为依托，研究了中央扣对悬索桥行车、制动工况下短吊索缆梁相对位移响应的影响，并对影响悬索桥车载激励响应的三个重要因素进行了参数敏感性分析。风和车流作用下(如随机车流、风、极端风及极端制动工况)纵向约束体系对悬索桥纵向振动的影响，基于KPSO优化算法，联合中央扣及黏滞阻尼器实现以控制效率最优为目标进行悬索桥纵向约束体系的减振最优化设计。主要成果如下：

(1)中央扣可改变悬索桥缆梁间相对错动，对短吊索行车激励下位移幅值的减弱率达60.3%，对制动激励下位移幅值的减弱率可达85%以上。

(2)不同风及车流工况下，阻尼器对梁端纵向振动的控制效果显著，对靠近梁端的吊索缆梁间的相对错动起抑制作用，对靠近跨中的吊索位移响应存在放大作用；中央扣对吊索缆梁相对位移响应的控制作用较显著。

(3)考虑不同权重系数的工况Ⅰ～Ⅵ下，以分析指标最大值的控制效率为目标时，设计变量 x_2 取值均在6.0附近，这表明悬索桥合理纵向约束体系为仅在跨中设置中央扣；当以分析指标累计值的控制效率为目标时，综合考虑阻尼力最小原则悬索桥合理纵向约束体系为考虑中央扣+阻尼器(1000－0.2)体系。考虑悬索桥梁端伸缩缝的磨损及吊索疲劳主要由于运营阶段的损伤累计产生的，因此，悬索桥纵向约束体系建议为中央扣+阻尼器(1000－0.2)体系。

参考文献

[1]王浩，李爱群，杨玉冬，李建慧．中央扣对大跨悬索桥动力特性的影响[J]．中国公路学报，2006(06)：49－53.

[2]王浩，李爱群．中央扣对大跨度悬索桥风致抖振响应的影响[J]．土木工程学报，2009，42(07)：78－84.

[3]焦常科，李爱群，王浩，杨玉冬，吉林．中央扣对三塔悬索桥地震反应的影响[J]．东南大学学报：自然科学版，2010，40(01)：160－164.

[4]徐勋，强士中，贺拴海．中央扣对大跨悬索桥动力特性和汽车车列激励响应的影响[J]．中国公路学报，2008(06)：57－63.

[5]徐勋，强士中．中央扣对大跨悬索桥动力特性和地震响应的影响研究[J]．铁道学报，2010，32(04)：84－91.

[6]彭旺虎，邵旭东．设置中央扣悬索桥的扭转自振分析[J]．中国公路学报，2013，26(05)：76－87.

[7]王连华，孙璋鸿，崔剑锋，黄国平，胡思聪．车辆激励下中央扣对悬索桥梁端位移的影响[J]．湖南大学学报：自然科学版，2019，46(03)：18－24.

[8]Liu Z，Guo T，Huang L，et al. Fatigue Life Evaluation on Short Suspenders of Long－Span Suspension Bridge with Central Clamps[J]. Journal of Bridge Engineering，2017，22(10)：04017074.1－04017074.11.

[9]赵国辉，刘健新，李宇．基于随机振动的液体黏滞阻尼器参数优化[J]．西南交通大学学报，2013，48(06)：1002－1007.

[10]胡国辉．大跨度混合梁斜拉桥地震响应分析及阻尼器参数优化[D]．西南交通大学，2017.

[11]王波，马长飞，刘鹏飞，汪正兴．基于随机地震响应的斜拉桥黏滞阻尼器参数优化[J]．桥梁建设，2016，46(03)：17－22.

[12]Xu X，Li Z，Liu W，et al. Investigation of the wind－resistant performance of seismic viscous dampers on a cable－stayed bridge[J]. Engineering Structures，2017，145：283－292.

[13]梁剑青，欧进萍．大跨斜拉桥桥面风致抖振的黏滞阻尼控制分析[J]．地震工程与工程振动，2006(01)：139－144.

[14]Nie L，Song H，Fan L. Discussion on effects of fluid viscous damper on protecting function for

expansion joints in long span bridges[J]. Journal of Earthquake Engineering & Engineering Vibration, 2007, 27(2): 131 –136.

[15] Yang M G, Yang Z Q. Investigation Concerning Vibration Reduction of Self – Anchored Suspension Bridge under Vehicle Braking Forces[J]. Advanced Materials Research, 2011, 163 –167: 2689 –2692.

[16] Yang M G, Yang Z Q. Longitudinal Vibration Control of Floating System Bridge Subject to Vehicle Braking Force with Viscous Dampers[J]. Advanced Materials Research, 2012, 446 –449: 1256 –1260.

[17] Guo T, Liu J, Zhang YF, Pan SJ. Displacement Monitoring and Analysis of Expansion Joints of Long – Span Steel Bridges with Viscous Dampers. Journal of Bridge Engineering. 2015; 20: 11.

[18] Tong G, Jie L, Huang L. Investigation and control of excessive cumulative girder movements of long – span steel suspension bridges[J]. Engineering Structures, 2016, 125: 217 –226.

[19] Guo T, Huang L, Liu J, et al. Damage Mechanism of Control Springs in Modular Expansion Joints of Long – Span Bridges[J]. Journal of bridge engineering, 2018, 23(7): 04018038.1 – 04018038.11.

[20] 吕龙，李建中. 黏滞阻尼器对地震、列车制动和运行作用下公铁两用斜拉桥振动控制效果分析[J]. 工程力学，2015，32(12): 139 –146.

[21] 吕龙，李建中. 列车制动和运行下大跨度公铁两用斜拉桥纵向振动分析[J]. 铁道学报，2017，39(03): 90 –95.

[22] 吕龙，薛小强. 列车制动力对大跨度铁路斜拉桥地震响应影响[J]. 地震工程与工程振动，2018，38(04): 180 –185.

[23] 吕江，张仲勇，宋腾腾，汪正兴. 新型多功能黏滞阻尼器研究及应用[J]. 世界桥梁，2020，48(06): 60 –63.

[24] 马长飞，汪正兴，王波，李兴华. 武汉杨泗港长江大桥变参数黏滞阻尼约束体系研究[J]. 桥梁建设，2019，49(S1): 45 –50.

[25] 陈静，唐傲天，刘震，徐森，曹晓聪. 一种基于 Kriging 模型加点策略的多目标粒子群优化算法[J]. 吉林大学学报：理学版，2020，58(05): 1159 –1166.